普通高等教育高职高专园林景观类『十二五』规划教材

园林

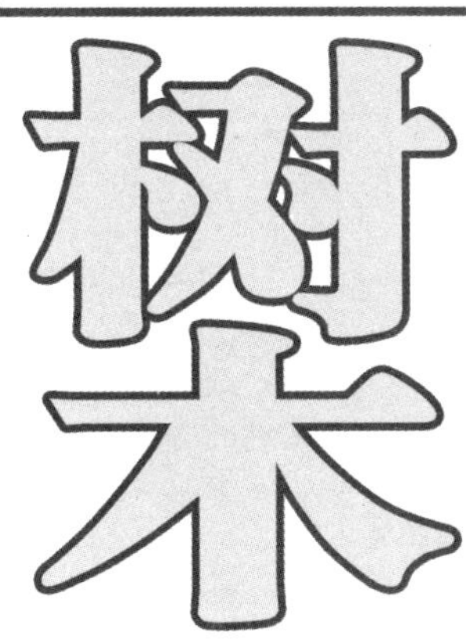

主　编　李进进　马书燕
副主编　徐　琰　冯　磊　黎建文

中国水利水电出版社
www.waterpub.com.cn

内 容 提 要

本教材内容包括总论、各论、附录等部分。总论部分包括绪论、园林树木的分类、园林树木的生长习性及功能、园林树木的选择与配置；各论部分包括乔木类、灌木类、藤蔓类、棕榈树木类和竹类；附录为木本植物常用形态术语。总论部分含有知识目标、能力目标和素质目标，并附有技能训练项目，各章节后面附“思考与练习”；各论部分共介绍了96种比较常见的园林树木，并附有相应的彩色图片或照片。

本教材除作为高职高专园林类及相近专业教材外，还可供农、林、城建、师范等院校相关专业师生和园林工作者参考。

图书在版编目（CIP）数据

园林树木 / 李进进，马书燕主编. -- 北京 : 中国水利水电出版社，2012.1(2019.1重印)
普通高等教育高职高专园林景观类“十二五”规划教材
ISBN 978-7-5084-9221-6

Ⅰ. ①园… Ⅱ. ①李… ②马… Ⅲ. ①园林树木－高等职业教育－教材 Ⅳ. ①S68

中国版本图书馆CIP数据核字(2011)第281451号

书　　名	普通高等教育高职高专园林景观类“十二五”规划教材 **园林树木**
作　　者	主编　李进进　马书燕　副主编　徐琰　冯磊　黎建文
出版发行	中国水利水电出版社 （北京市海淀区玉渊潭南路1号D座　100038） 网址：www.waterpub.com.cn E-mail：sales@waterpub.com.cn 电话：（010）68367658（营销中心）
经　　售	北京科水图书销售中心（零售） 电话：（010）88383994、63202643、68545874 全国各地新华书店和相关出版物销售网点
排　　版	北京时代澄宇科技有限公司
印　　刷	北京印匠彩色印刷有限公司
规　　格	210mm×285mm　16开本　10.5印张　329千字
版　　次	2012年1月第1版　　2019年1月第3次印刷
印　　数	5001—7000册
定　　价	45.00元

凡购买我社图书，如有缺页、倒页、脱页的，本社营销中心负责调换

本书编委会

主　编　李进进　广东轻工职业技术学院

马书燕　唐山职业技术学院

副主编　徐　琰　北京农业职业学院

冯　磊　河南建筑职业技术学院

黎建文　湖南生物机电职业技术学院

参　编　唐秋子　广东省广州市林业和园林局

阙彩霞　广东顺德职业技术学院

前言 Preface

园林树木是园林绿化工作的主体，是改善和建设城市生态环境的主要因素之一，是使城市绿化、美化、香化、彩化和园林艺术化的主角。从园林建设的发展趋势来看，必定是以植物造园为主流。园林树木是园林专业知识结构中的一门主干课程，是园林专业的专业基础必修课之一。

根据高职高专教育的特点，为使学生具备识别和鉴定树木种类的能力，并会合理应用园林树木来建设生态园林，使树木能长期和充分地发挥其园林功能，培养学生成为城市生态园林建设第一线需要的高素质、高技能型园林人才，该书编写时以“理论适度够用，技能培养为主”为原则，明确了基本理论知识、一般技能和关键技能，突出理论为实践应用服务，因此该书编写的内容包括总论、各论、附录等部分。每章后面的技能训练主要针对各章节内容，加强技能和实训方面的训练，让学生在园林树木的辨识、园林树木育苗技术及修剪与整形、园林树木的物候期观测与记载、园林树木的配置等方面的技能得到加强。

本教材适用于园林专业及相近专业主要的专业基础必修课，这是一门实践性较强的课程，目标是培养学生在了解园林树木的自然美和艺术美、生物学和生态习性的基础上能识别和鉴定树木种类，能够科学地、艺术地应用园林树木来建设城市生态园林。全书内容深入浅出，集实用性、技术性、针对性和直观性为一体，图文并茂，信息量较大。本教材编写中选择的树种种类介绍兼顾了北方和南方的树种，实训部分既有专业技能的训练，也有综合能力的培养，教学时各区域院校可根据具体情况自行选择教学内容。

本书由李进进、马书燕担任主编。编写分工如下：第 1 章、第 2 章由李进进、马书燕编写；第 3 章由冯磊、李进进编写；第 4 章由李进进、冯磊、马书燕编写；第 5 章由马书燕、徐琰、黎建文编写；第 6 章由唐秋子编写；第 7 章由徐琰、黎建文编写；第 8 章由阙彩霞、李进进编写；第 9 章由马书燕、冯磊编写；附录部分由李进进编写。书稿完成后主要由主编、副主编统稿并适当修改，再由第一主编李进进修改并定稿。由于水平有限，加上时间仓促，漏误之处在所难免，恳请各位专家、同行批评指正。

编者

2011 年 11 月

目录
Contents

第二篇 各 论

第一篇 总论

第1章　绪　论

随着社会、科学和经济的发展，人类正进入物质生活和文化生活最丰富的时代，美丽舒适的环境，怡人的风景是当人类在解决了温饱问题之后的美好向往和追求。伴随着现代化及科学发展的步伐，我国的园林事业正在以前所未有的速度发展壮大，并走向平民化、大众化。园与林是一个有机的结合体，有园必有林，要建设出美丽的园林景观，需要学习和掌握一些有关园林、园林树木学的知识。本书主要介绍园林树木的种类、形态、分布、基本习性、观赏价值及园林应用等方面的知识。

1.1　园林树木的概念及与其他学科的关系

1.1.1　园林树木的概念

“园林”一词，最早见于西晋以后的诗文中，如西晋张翰《杂诗》就有“暮春和气应，白日照园林”之句；北魏杨玄之《洛阳枷蓝记》评述司农张伦的住宅时说：“园林山池之美，诸王莫及”。唐宋以后，“园林”一词的应用更加广泛，常用以泛指各种游憩境域。但现代园林的意义已不只是作为游憩之用，还具有保护和改善环境的功能。从一般概念上讲，园林是指在一定的地域内，运用工程技术和艺术手段，通过改造地形（如筑山、叠石、修水）、种植树木花草、营造园林建筑小品和布置园路等途径创作而成的美的自然环境。从开发方式上看，园林可分为两大类：一类是荒理乱，即利用原有自然风景，修整开发、开辟路径、布置园林建筑，从而形成自然园林，如湖南的张家界、四川的九寨沟，因具有优美风景的大范围自然区域，略加建设、开发，即可利用，称为自然风景区；而泰山、黄山、武夷山等，开发历史悠久，具有文物古迹、神话传说、宗教艺术等内容的称为风景名胜区。另一类是人工园林，即在一定的地域范围内，为改善生态、美化环境、满足游憩和文化生活需要而创造的环境，如小游园、花园、公园等。

因此，狭义的园林是指一般的公园、花园、庭园等。广义的园林除包括公园、花园、庭园以外，还包括森林公园、风景名胜区、自然保护区或国家公园的游览区，以及城乡绿化、道路绿化以致机关、学校、厂矿的建设和家庭的装饰布置；现代园林还包括各种专类园，如百草园、岩石园、沼泽园、桂花园、月季园、牡丹园及木兰园等。

树木是木本植物的统称，包括乔木、灌木、木质藤本和竹类。乔木是指具有明显直立的主干而上部有分枝的树木，通常主干高度在3m以上，如雪松、悬铃木等。根据一定的高度又分大乔木、中乔木和小乔木等。灌木是指不具明显主干而由地面分出多数枝条，或虽具主干而高度不超过3m，如石榴、千头柏、大叶黄杨等。木质藤本是指茎干柔软，只能依附他物支撑的树木，如紫藤、凌霄等。

园林树木是指在城市各类绿地及风景区栽植应用的各种木本植物。具有一定观赏价值，适用于室内外布置或栽植，用以美化环境、改善环境，并丰富人们生活的，在城乡各类园林绿地及风景区栽植应用的各种木本植物，包括各种针叶、阔叶树木和竹类，它们在园林中一般作为遮阴树、风景树、行道树、绿篱、盆景等加以应用。园林树木是构成公园、风景区及城乡绿化的基本材料。

1.1.2　园林树木的内容、任务和学习方法

园林树木是园林绿化、景观建设中的重要因素。园林树木学是系统介绍研究园林树木的种类、形态、分布习

性、观赏特性、繁殖、栽培管理及园林应用等方面知识的一门课程，园林树木学属于应用科学范畴，是为园林建设服务的，是园林类专业的重要课程。要学好《园林树木》这门课程，需要注意学习方法：

首先要有明确的学习目的，热爱园林事业，有建设优美的园林环境的使命感。其次要尊重科学，要对本专业、本课程有一定的认识和兴趣。园林树木种类繁多，学习过程中存在着繁琐、难记、易混、易忘等现象。因此，要学好本课程，要记住"观察、比较、归纳"的六字要诀。

（1）观察。要学会观察。园林树木种类繁多，地域差异很大，形态、习性各不同。在学习过程中要注意观察各种树种的形态特征、园林表现和应用效果，从中找出不同特点。任何复杂烦琐之事，只要能够反复观察揣摩，就能找到其奥妙之处并发现其规律。

（2）比较。有比较就有区别，没有最好，只有更好。在观察的基础上对各种园林树木的形态、园林表现和应用效果进行比较，从中找出适合我国不同地区园林应用的最好树种、最佳效果、最适宜栽植的环境和表现方法。

（3）归纳。要将园林树木应用自如，使其达到最佳效果，需要不断地对各种园林树木、景观设计、园林布置特征进行归纳和总结，找出规律，才能在各种环境、各种场合、各种应用中达到理想的效果。

因为《园林树木》是一门实践性、季节性及分类理论较强的课程，在学习过程中必须理论联系实际，多看、多闻、多问、勤思考，举一反三、同中求异、异中求同。并根据植物形态特征，正确识别和鉴定树木种类，认识不同树木生态学和生物学特性，合理栽培和配置园林树木。十年树木，百年树人，实践出真知，十年磨一剑，不断学习，反复实践，就一定能取得良好的学习效果，创造出优美的园林景观，为祖国的大好河山增色添景。

1.1.3 园林树木学与其他学科的关系

当了解了园林树木的概念和研究内容后，不难理解园林树木学与其他学科的关系。园林树木学不仅与植物学、植物生理学、植物分类学、生态学、气象学等基础课和专业基础课密切相关，同时与花卉学、树木栽培与养护、植物保护学、园林规划设计、园林建筑学及园林工程学等专业课存在着彼此呼应、相辅相成的关系。因此，学习园林专业的学生，除了要具备扎实的专业理论基础外，还必须具有较好的艺术修养和广博的知识面，这不仅是学好园林树木这门学科的需要，也是当今世界科学高度分化又高度综合，科学向综合化方向迈进的而对我们提出的新要求的需要。

1.2 我国园林树木种质资源

1.2.1 种质资源的概念

树木种质资源即为树木携带各种不同遗传物质的总称，又称遗传资源或品种资源。我国园林树木的种质资源极为丰富，为世界性宝贵财富。许多资源已在世界性的观赏植物育种工作中作出了卓越的贡献。例如我国的种质资源在月季花、山茶花、杜鹃花的育种工作中已起了不可取代的作用。当今世界上风行的现代月季花、杜鹃花及山茶花，虽然品种上百逾千，但大多数都含有中国植物的血缘。又如以中国原产的玉兰和辛夷，19世纪在巴黎杂交育成的二乔玉兰，生长更旺，抗性更强，已广泛应用于许多国家的庭园中。"中国是世界园林之母"，"没有中国的植物便不能成为花园"，西方人士对中国观赏植物的这些高度评价，体现了我国观赏植物在世界园林中所起的作用。我国绚丽多彩的园林树木很早便逐渐被引种国外，目前世界的每个角落几乎都有原产于中国的园林树木。例如，北美从我国引种的乔木及灌木就达1500种以上，且多见于庭园之中。从裸子植物的例证看来，更能说明中国原产的园林树木在世界园林中的地位与贡献，被欧洲人誉为活化石的银杏，还有水松、水杉、银杉、穗花杉等都是我国特有种。银杏早在宋代（1127～1178年）传入日本，18世纪初再传至欧洲，1730年传入美洲，现已遍及全世界。1944年才在我国发现的水杉，1948年美国引入种子繁殖成功后，很快传遍世界，目前已有近100个国家和地区有栽培，就连地处 N60°，严冬时冻土层厚达 1.2m 的阿拉斯加地区也能见到水杉的踪影。我国特产的金钱松，1853 年引至英国，次年又引入美国，备受大众喜爱，被列为世界五大园景树之一。

1.2.2 我国园林树木种质资源特点

因我国国土辽阔、地形复杂、气候多变、物种丰富多样，被称为世界生物多样性的五大热点地区之一，蕴藏着十分丰富的园林植物资源，仅原产我国的乔灌木就有约 8000 种，我国园林树木资源具有以下两个特点：

1. 树木种类多，种质资源丰富

据不完全统计，地球上约有 25 万种高等植物，我国约有 3 万种，牡丹、月季、茶花等一些具有较高观赏价值的花卉，均产自中国。山茶属全球约 250 种，其中 90% 以上的种类产在我国；杜鹃花属全世界有 960 种，我国产有 542 种，这些丰富的种质资源在世界园林树木育种工作中发挥了巨大的作用。

2. 特有观赏价值的科、属、种众多

我国园林树种不仅种类丰富，而且有许多种类为我国特有，其中我国特有的科有银杏科、水青树科、杜仲科、珙桐科等；特有的属有金钱松属、银杉属，水松属、水杉属、白豆杉属、青钱柳属、青檀属、拟单性木兰属、腊梅属、石笔木属、金钱槭属、梧桐属、喜树属等；而特有种更是不胜枚举，这些丰富多样的园林树种为世界的园林景观大增异彩。

1.3 园林树木在园林建设中的地位

园林树木是构成这个世界的基本要素。它是现代城市园林绿地及风景区应用的骨干材料，是优良环境的创造者，是园林美的构成者。在城市与工矿区绿化及风景区建设中具有改善和保护环境的生态功能。现在全世界都在重视环境建设和环境保护工作，在现代文明社会建设中具有不可替代的重要地位。它们在各类型园林绿地及风景区起着重要的骨干作用。随着城市化进程加快，生态环境矛盾日益突出，人们对绿色植物的渴望之情也更加迫切。城市园林作为城市唯一具有生命的基础设施，在改善生态环境，提高环境质量方面有着不可替代的作用。各种园林树木，不论是乔木、灌木、藤本或地被植物，经过精心选择，巧妙配置，都能在保护环境、改善环境、美化环境和经济等方面发挥重要作用。

1.3.1 园林树木是构成园林风景的主要素材

园林是地形、水、植物和建筑等的综合。园林树木是适于在城市园林绿地及风景区栽植应用的木本植物，在园林绿地中占有较大的比重。园林树木是构成园林风景的主要素材。

1. 构成景观、丰富园林色彩

园林以植物造景为主，不论是乔木、灌木、藤本或地被植物，还是观花、观果、观叶，观树姿，都各有所长。无论是单独布置，还是与其他景物配合都能很好地形成景色。园林树木的叶色、花色、枝干色彩十分丰富。不同的植物有不同的色彩，同一种植物不同的部位、不同的季节、年龄又呈现不同的自然色彩，在观赏特性上起到丰富园林色彩的作用。

2. 组合空间，控制风景视线

植物可以起到组织空间的作用。植物有疏密、高矮之别，利用植物所形成的空间同样具有“界定感”。由于植物的千差万别，故不同的乔、灌、藤本植物相互组合可以形成不同类型和不同感受的空间形式。

通过不同植物高低、疏密的灵活配置，可以阻挡视线、透漏视线，达到变幻风景视线的透景效果，从而限制和改变景色，加强了园林的层次和整体性。组合空间的形式主要有：开敞空间、封闭空间、半开敞空间、覆盖空间和垂直空间。

3. 表现季节，增强自然气氛

表现季相的更替，是植物所特有的作用：植物的枯荣变化强调了季节的更替，使人感到自然界的变化，特别是落叶植物的发芽、展叶、开花、结果，秋叶的变化，使人明显地感到春、夏、秋、冬的季节变化。植物是自然活体，植物的生长带来的景色变化是其他素材所不能替代的（雪枝露华、蝉鸣蝶舞、鸟踪兽迹、荫浓生凉、反光、生姿、发声等）。

4. 改观地形，装点山水建筑

高低、大小不同植物配置造成林冠线起伏变化，改观了地形。如平坦地栽植高矮有变的树木远观形成起伏有变的地形。若高处植大树、低处植小树，便可增加地势的变化。

在堆山、叠石及各类水岸或水面之中，常用植物来美化风景构图，起补充和加强山水气韵的作用。亭、廊、轩、榭等建筑的内外空间，也须植物的衬托。所谓“山得草木而华、水得草木而秀、建筑得草木而媚”。

5. 覆盖地表，填充空隙

园林中的地表多数是用植物覆盖，绿化植物是既经济又实用（护岸固坡、防止冲刷）的户外地面铺砌材料。此外，山间、水岸、庭院中不易组景的狭窄空间隙地，大多也可以利用植物进行装饰美化。

1.3.2 园林树木在园林绿化中是骨干材料，是优良环境的创造者，是园林美的构成者

园林树木的外形变化较多，构成空间和形成各种氛围。有尖塔形、圆锥形、圆柱形、圆球形、伞形、垂枝形及钟形等，丰富了人们的视野，给人以美的感觉。植物的花果、叶枝、树皮是植物色彩的来源，花色和果色有季节性，持续时间短只能作为点缀而不能作为基本的设计要素来考虑。一般来说，树叶色彩是主要的、大面积效果的。对落叶树来说，树枝、树干的色彩在冬季就成了重要因素。

植物的质感是以视觉属性为依据代替视觉经验进行的判断。树木的质感：树皮的光滑与粗糙，树木的形状与叶面性质等。树木的质感依植物被看到的距离远近而不同。近看时的质感是枝叶的大小、枝叶所占据的空间、树皮的表皮、叶的形状及叶面性质、叶柄长度和硬度所产生的效果，如毛白杨的皮孔，香樟树皮的裂纹等。质感细的有后退的感觉，恰当地布于某些背景中可以明显扩大空间范围，亦或近距离孤植、丛植、林植欣赏，呈现出精细的外表，完整光洁的表面，使建筑群的粗糙线条变得柔和、协调。

1.3.3 园林树木具有改善和保护环境的生态功能

园林树木在城市与工矿区绿化及风景区建设中能保护环境，在改善环境中可起相当显著的作用。随着工业的迅速发展，城市大气污染日趋严重。在城市绿化中，许多树木还能吸收滞留在空气中的 SO_2、HF 和 Cl 等有害有毒气体，净化空气、吸滞灰尘、杀灭和减少细菌，调节温度、湿度，改善小气候。此外，还能减弱噪音，在城乡建设中还有防风固沙、美化绿化和防止水土流失、涵养水源等作用。

1. 园林树木能改善温度条件

众所周知，树荫下会使人感到凉爽宜人，这主要是树冠遮挡了阳光，减少了阳光的辐射热并降低了小气候的温度所致。不同的树种有不同的降温能力，这主要取决于树冠大小、树叶密度等因素。阳光下与树荫下温差在 4℃以上的树种有：银杏，刺槐，悬铃木，枫杨；3℃以下的树种有：旱柳，槐，梧桐。

2. 园林树木能提高空气湿度

杨树等树种具有很强的增加空气湿度的能力。如用各树木或树丛进行大面积种植，则提高小环境湿度的效果尤为显著，数据测定，一般树林中的空气湿度要比空旷地高 7% ~ 14%。一株中等大小的杨树在夏季白天每小时可由叶部蒸腾 25kg 水分至空气中，一天即达 0.5t。

3. 园林树木能自然净化空气

由于树木吸收二氧化碳放出氧气，而人呼出的二氧化碳只占树木吸收二氧化碳的 1/20，这样大量的二氧化碳被

树木吸收，又放出氧气，具有积极恢复并维持生态自然循环和自然净化的能力。

4. 园林树木能吸收有害气体，能滞尘、杀菌、消除噪声

园林树木具有吸收不同有害气体的能力，可在环境保护方面发挥相当大的作用。还可以阻滞空气中的烟尘，起滤尘作用，而且可以分泌杀菌素，杀死空气中的细菌、病毒，减弱噪声。

（1）阻滞尘埃：最强的树种有：榆树 12.27g/m^2；朴树 9.37/m^2。

（2）减弱噪声：城市中工厂林立，人口集中，车辆运输频繁，各种机器马达的声响嘈杂，汽车、火车、船舶、飞机、建筑工地的轰鸣尖叫，常使人们处于噪声的环境里，不仅影响人们的正常生活，妨碍睡眠和谈话。一般来说树木分枝底、树冠低、叶多、多枝、树冠紧密者减噪音效果好。我国隔音好的树种有：乔木类：雪松、柏、龙柏、水杉、悬铃木、梧桐、垂柳、云杉、山胡桃、鹅掌楸、柏木、臭椿、樟树、榕树、柳杉、栎树等。小乔木及灌木：珊瑚树、椤木、海桐、桂花、女贞等。

（3）阻滞烟尘：在城市居民区和厂矿区的空气中，除了有害气体外，尚含有大量的微尘，常可导致人们发生眼病、皮肤病或呼吸道病。树木的枝叶对于空气中的尘埃可以产生阻滞的作用，使之吸附于树上，以后被雨水冲走。不同树种的滞尘能力不同。凡树冠浓密、叶面粗糙或多毛树种都有较强的滞尘力，如：构树、榆树、朴树、木槿、刺楸等。

1.3.4 园林树木的经济价值

很多园林树木既有很高的观赏价值，又是经济树种。在发挥其绿化、美化、生态、环保功能的同时，还应该结合发挥其社会经济效益。现代公园是为广大游人服务的，主要功能和城市绿化一样是改善和美化城市环境，提倡植物造景，突出自然的植物群体景观，强调植物的配置，如表现植物层次、轮廓、色彩、疏密和季相等。下面简述园林树木的主要经济用途。

1. 果品类

果品类果实味美可口，富含营养物质。

北方：梨、杏、柿、枣、李子、山楂、海棠果及葡萄等。

南方：柑橘、龙眼、橄榄、木菠萝、芒果、杨梅、枇杷及香蕉等。

2. 淀粉类

淀粉类果实、种子富含淀粉。

栗类、栎类、栲类、榆树、薜荔、银杏及芭蕉属等。

3. 油脂类

油脂类果实、种子富含油脂。称为油料树种。

松属、胡桃属、山核桃属、杏、山杏、扁桃（巴旦杏）、花椒、乌桕、油桐、栾树、山桐子及翅果油树等。

4. 纤维类

纤维类茎富含纤维。

杨属、榆树、刺槐、桑树、构树、柘树、扁担杆、络石及杠柳等。

5. 芳香油类

芳香油类花富含芳香油。

茉莉、含笑、白兰花、珠兰、桂花、鸡蛋花、花楸、玫瑰、香水月季等。

6. 橡胶类

橡胶类橡胶树、印度橡皮树、卫矛、丝绵木、薜荔等。

7. 药用类

药用类银杏、侧柏、牡丹、十大功劳、五味子、金银花、连翘、枸杞、梅花、接骨木等。

8. 用材类

用材类的园林树木包括松、杉、柏、楸、樟、杨、柳及泡桐等。

1.4 我国园林树木资源利用现状与发展趋势

1.4.1 我国园林树木资源特点

我国是世界园林植物的重要发祥地之一，植物种类位居世界第三。我国地大物博，植物资源极其丰富，是公认的“花卉王国”、“世界园林之母”，“没有中国的植物便不能成为花园”。我国的园林植物资源有以下特点。

1. 种类繁多

探究我国树木种类丰富的原因，一是我国幅员广阔、气候温和、地形变化多样；二是由于地史变迁的因素，使我国的植物资源在世界树种总数中所占比例极大。据不完全统计，我国种子植物超过 25000 种，其中乔灌木种类约 8000 多种，乔木树种约 2500 种，并且还保存了许多欧洲已经灭绝的树种，如银杉、水杉、水松、穗花杉、鹅掌楸等被欧洲人称为“活化石”的树种。

据已故陈嵘教授在《中国树木分类学》(1937)一书中统计，非我国原产的乔木种类仅有悬铃木、刺槐、酸木树(*Oxydendron*)、箬棕(*Sabal*)、岩梨(*Arbutus*)、山月桂(*Kalmia*)、北美红杉、落羽杉、金松、罗汉柏、南洋杉等十多个属而已。

2. 分布集中

我国是很多著名观赏树木科、属的分布中心，尤其是华西地区是世界著名的园林树木分布中心之一，在相对较小的地区内，集中原产众多的种类，很多著名的花木，如山茶、丁香、溲疏、杜鹃、槭、椴等都以中国为其世界分布中心，如金粟兰(*Chloranthus*)世界总种数 15 种，国产种类 15 种，占世界的 100%，山茶(*Camellia*)世界总种数 220 种，国产种数为 195 种，占世界 89%，猕猴桃(*Actinidia*)国产 53 种，占世界 88%，另外，还有丁香(*Syringa*)、石楠(*Photinia*)、溲疏(*Deutzia*)、毛竹(*Phyllostachys*)、蚊母树(*Distylium*)占 80% 及以上。

3. 丰富多彩

我国地域广阔、环境变化多，所以经过长期的影响形成许多变异种类，在株型、花型、花色、花香、花序、常落叶等方面发生变异。如梅花全国有 233 个品种，分属直枝梅类、杏梅类、垂枝梅类、龙游梅类、樱李梅类，每类中有多种变型；常绿杜鹃，其植株习性、形态特点、生态要求和地理分布等差别极大，变幅甚广。小型的平卧杜鹃高仅 5 ~ 10cm，巨型的大树杜鹃高可达 25m，径围 2.6m，花序、花形、花色、花香等差别也很大。

4. 孑遗植物多

我国地跨五个气候带，气候温和、地形地势变化多，主要由于地史变迁，许多在欧洲已灭绝的树种，在我国仍然生存着，如：银杉、水杉、水松、穗花杉、鹅掌楸、银杏等被称为“活化石”的树种。

5. 特产树种多

中国还有许多特产的科、属、种。如：银杏科的银杏属；松科的金钱松属；杉科的台湾杉属；柏科的福建柏属；红豆杉科的白豆杉属、穗花杉属；榆科的青檀属；蔷薇科的牛筋条属、棣棠属；木兰科的宿轴木属；瑞香科的结香属；槭树科的金钱槭属；腊梅科的腊梅属；蓝果树科的珙桐属、旱莲木属；杜仲科的杜仲属；大风子科的山桐子属；忍冬科的猬实属、双盾木属；棕榈科的琼棕属以及梅花、桂花、牡丹、黄牡丹、月季、香水月季、木香、栀子花、南天竹、鹅掌楸等，他们在世界城市园林绿化种起着重要的作用。此外，中国还有在长期栽培中培育出独具特色的品种及类型，如黄香梅、龙游梅、红花檵木、红花含笑、重瓣杏花等，这些都是杂交育种工作中的珍贵种质资源。

1.4.2 我国园林树木资源对世界园林的贡献

1. 我国园林树木资源丰富了世界各国的园林

公元 300 年，桃花传到伊朗，以后传到欧洲各国。山茶花于公元 7 世纪传入日本，然后从日本又传入欧洲和美国。

罗伯特・福琼在从 1839 ~ 1890 年四次来华考察收集花卉种子、球根、插穗、植株等，将中国大量的植物引种到英国。如秋牡丹、桔梗、金钟花、枸骨、阔叶十大功劳、榆叶梅、榕树、溲疏、12 ~ 13 个牡丹栽培品种、2 种小菊变种和云锦杜鹃、2 种小菊变种后来成为英国杂种满天星菊花的亲本，云锦杜鹃在英国近代杂种杜鹃中起了重要作用。

亨利・威尔逊（Wilson）从 1899 ~ 1911 年四次到中国，采集湖北四川的植物的种子，球根、插穗及苗木共达 3500 种、1000 余种、70000 份植物标本。首次来华引种珙桐，其中有著名的巴山冷杉、血皮槭、猕猴桃、醉鱼草、小木通、铁线莲、矮生栒子、山玉兰、湖北海棠及金老梅等。

2. 我国园林树木资源为世界园林植物育种提供材料

我国在长期栽培中培育了一批独特的品种及类型，如黄香梅（直梅属直枝梅类、黄香型、花小、繁密、复瓣或重瓣、花色微黄）、现代月季多达 25 种，欧洲各国花园中原来只有夏季开花的法国蔷薇，突厥蔷薇、百叶蔷薇。亨利博士（E.H.Wilson）于 1900 年在华中发现了四季开花的中国月季。1889 年华南发现了巨蔷薇以及中国月季中的矮生红月季、宫粉月季、黄花香水月季。欧洲园艺学家利用这些品种和伊朗的谢香蔷薇杂交形成著名的诺赛特蔷薇。现代月季是世界花卉育种史上的奇迹，总共有 20000 多个品种。亲本大约由 15 个原种组成，其中来源于中国的原种有 10 个。世界月季育种家们承认，没有中国的月季就没有世界的现代月季，“现代月季品种的血管里流着中国月季的血”。

重瓣的山茶 1937 年从中国的沿海口岸传到西欧，现已培养出新的品种 3000 种以上，我国山茶占世界 89%，利用从云南引入的怒江山茶培育了更耐寒、花果更多的类型。

1.4.3 我国园林树木资源利用状况

虽然我国的园林树木资源比较丰富，但是在现代城市园林绿化中却呈现出园林植物（材料）种类不多，缺乏资源优势，南北城市应用的园林植物种类相差不大，构成景观的效果显得单调。目前，我国园林中的植物种类相对贫乏，城市园林绿地中应用的树种数量有限，一般大城市才有 200 ~ 400 种，中小城市约 100 种。“花城”广州仅有 300 种左右的植物；杭州、上海 200 余种；北京 100 种多；著名的南京玄武湖公园虽其陆地总面积达 360hm^2 以上，可乔灌木种类却只有 110 种左右；苏州园林中植物总种数也仅有 200 多种，这些数字与我国资源丰富的树木资源是极不相称的。而国外园林中观赏植物种类近千种，就连私人花园一般都有 400 ~ 500 种。

但是有些常绿树种引种进来后，许多都处于濒死边缘，仅仅是维持生命，更不要说发挥生态效益。相反，一些具有鲜明地方特色的落叶阔叶树种，不仅能够在夏季旺盛生长而发挥降温增湿、净化空气等生态效益，而且在冬季落叶阔叶增加光照，起到增温作用。目前许多城市在绿化建设中，热衷于引进外国植物及新品种，忽视乡土树种，尤其是建群种的应用。在植物景观设计和生态环境建设中，不重视植物的生物学和生态学特征，片面追求视觉效果和美化效果，导致城市森林景观单调，缺乏自然特性，生态效益低下，不能充分发挥单位面积上应有的森林生态效益。从全国城镇绿化的现状来看，除了城镇森林公园、城郊片林等原生绿地体现了多树种、多层次的乔灌草结合的复层结构以外，在其余的大部分的绿化模式中，品种单一，抗逆性差，甚至是仅为造景而造景的现象非常普遍，这类设计忽视了植物本身的生物学、生态学特性，与城市森林绿地建设自然化、生态化的趋势背道而驰。

目前，我国园林树木资源存在的问题如下。

1. 良种失传，濒于灭绝

我国园林树木资源极为丰富，但是一些以我国为分布中心的园林植物，杜鹃花属（*Rhododendron*）、山茶属

（*Camellia*）、月季属（*Rosa*）、丁香属（*Syringa*）等，没有很好利用，育出优良的栽培品种不足及退化，甚至有些物种濒于灭绝，目前我国有近3000多种植物处于受威胁或濒临绝灭的境地，大大影响了植物造景。

2. 对于现有资源，不能合理开发利用，科研相对滞后

在我国有大量可供观赏的种类仍处于野生状态，未被开发利用。一些西方国家非常重视植物资源的开发利用。在植物种类的收集、园艺栽培品种的选育及植物造景水平等方面都走在前列。

植物既能创造优美的环境，又能改善人类赖以生存的环境。因此，陆地上大量的植物资源，丰富的植物种类乃是创造丰富多彩园林景观、营造适合人类生存优美舒适环境的宝贵财富，人们应该很好地珍惜、保护它，进而进行科学的开发利用。因此，开发利用我国丰富的观赏植物资源势在必行，这也是植物景观本身的需要。

3. 缺乏管理制度

随着我国经济建设和城市绿化建设的迅猛发展，绿化苗木产业已经成为我国若干省市农业产业结构调整的支柱产业。由于缺乏各级林业部门的正确引导和管理，绿化苗木市场常常出现栽种面积暴增或暴减、苗木价格大幅上升或下降、苗木品种结构不合理的现象。如几年前出现了杨树苗一哄而上，法桐的大面积培育，紫叶李、美人梅、红桎木等彩叶树种供过于求的现象。

1.4.4 我国园林树木的发展趋势

由我国园林树木资源的特点以及目前存在的问题来看，我们应当注重艺术性、观赏性，效仿自然，高于自然，突出人工美，精心修剪，规范操作技术，制定标准，注重管理，精心细腻，学习国外先进经验，从精细上下工夫，在气魄上下力量，从广度和深度上求发展。注重彩叶树种，可丰富园林色彩，丰富园林形体、线条。

开展植物资源考察与调查，加强对现有植物种类种质资源的保护工作；积极引种，加强对种质资源研究和良种选育工作；建立必要的基因库，研究不同种类生态学、生物学特性，进行引种驯化，逐步大量地进行人工繁殖，选育园林植物优良新品种。

树木是城市文化、当然也是居住区文化的一个重要符号。各个城市不同的乡土树种，很大程度上体现着各个城市的不同风土特色。现在很多城市都已重视这个问题，不再盲目攀比地引进外地的奇花异树。在园林空间中，无论是以植物为主景，还是植物与其他园林要素共同构成主景，在植物种类的选择，数量的确定，位置的安排和方式的采取上都应强调主体，做到主次分明，以表现园林空间景观的特色和风格。对比和衬托利用植物不同的形态特征，运用高低、姿态、叶形叶色、花形花色的对比手法，表现一定的艺术构思，衬托出美的植物景观。在树丛组合时，要注意相互间的协调，不宜将形态姿色差异很大的树种组合在一起。

在园林树木生产时，应当注意园林树木的防护和美化作用是主导的、基本的，园林生产是次要的、派生的。要防止过分片面强调生产，导致破坏树木，使树木难以发挥其各种主要功能。要处理好三者的关系，分清主次，充分发挥园林树木的作用。我们一定要把祖国丰富多彩的园林树木资源充分发掘和利用起来，充分发挥本地资源优势，营造健康和生态平衡的城市景观。

本章小结

从当前我国和世界各国园林建设的发展趋势来看，以植物造园造景已成为主流。但在园林建设和绿化工作中，园林树木的配植和应用，绝不是在图纸上画出一张美丽的风景画或设计一张电脑效果图，而是要把握各种园林树木定植十几年或几十年以后将表现的效果，要达到这样的境界，不掌握好园林树木的基本习性是很难达到目的的。

随着城市化进程加快，生态环境矛盾日益突出，人们对绿色植物的渴望之情也更加迫切。城市园林作为城市唯一具有生命的基础设施，在改善生态环境，提高环境质量方面有着不可替代的作用。城市绿化不但要求城市绿起来，而且要美观，要体现植物个体与群体的形态美、色彩美和意境美，充分利用植物的形体、线条、色彩进行构图，通过植物的季相及生命周期的变化达到预期的景观效果。认识自然、尊重自然，改造自然，保护自然，利用自然，使人与自然和谐相处。

充分开发利用野生观赏植物资源在园林中应用，即可达到克服种类单调，丰富景观之功效，又能突出地方特色。

城市园林在人们的日常生活中的地位越来越重要了，我国城市园林的发展，也在日益加速。然而，我国城市园林的发展，和人民的需要是有差距的，这就需要对城市园林的现状及未来发展有系统的思考。

思考与练习

1. 树木与园林树木的概念。
2. 我国园林树木种质资源的特点。
3. 为何说园林树木具有改善和保护环境的生态功能？
4. 我国园林树木资源的特点。
5. 为什么说园林树木是构成园林风景的主要素材？

第2章　园林树木的分类

知识目标：

●了解园林树木的分类单位、分类方法。

●了解园林树木自然分类的几个系统及特点。

●掌握植物检索表的编制和检索方法。

●掌握园林树木的实用分类方法。

能力目标：

●能灵活运用园林树木的实用分类方法。

●能够熟练利用检索表检索园林树木。

●能熟练陈述双命名法的命名规则。

素质目标：

●培养学生具备细心观察事物的职业素质。

●培养学生具有利用园林树木分类进行园林美化的素质。

●培养学生具有独立检索辨别园林树木的意识。

地球上的植物约有50万种，而高等植物有35万种以上，其中已经被利用的园林树木仅为一小部分。因此，挖掘利用和提高植物为人类服务的范围和效益是既繁重又艰巨的任务。而对这样庞杂的种类，必须首先有科学、系统的识别和整理分类方法，才能进一步扩大和提高对他们的利用。园林树木分类是植物分类的一个分支学科，其分类原理和方法与植物分类相同。

2.1　植物自然分类系统及命名法规

2.1.1　植物分类法

自然分类法是以植物进化过程中亲缘关系的远近作为分类标准的分类方法。达尔文的生物进化论的出现，自然分类系统才逐渐发展起来。这种方法科学性较强，在生产实践中也有重要意义。在各系统中，主要是在种子植物门以下的分类等级差别较大，主要的分类系统有哈钦松系统、恩格勒系统、塔赫他间系统、克朗奎斯特系统及郑万钧系统等。本书主要介绍恩格勒系统、哈钦松系统和克郎奎斯特系统的特点。

1. 恩格勒系统

德国的阿道夫·恩格勒（Adolf Enger，1844～1930年）编写了两本巨著《植物自然分科志》和《植物分科志要》，系统描述了全世界的植物，内容丰富并有插图，很多国家采用了这个系统。特点如下：

（1）在被子植物中，单性而无花被的为原始特征，所以将木麻黄科、杨柳科、桦木科、山毛榉科等放在木兰科、毛茛科之前。

（2）认为双子叶植物比单子叶植物原始。1964年根据多数植物学家的研究，认为双子叶植物是较低级植物，放在单子叶植物前边。

（3）目与科的范围较大。

该系统较稳定而实用，所以在世界各国及中国北方多采用，如:《中国树木分类》、《中国植物志》、《中国高等植物图鉴》等书均采用本系统。

2. 哈钦松系统

英国的约翰·哈钦松（J. Hutchinson，1884 ~ 1972 年）在其著作《有花植物志科》中公布了这个系统。它的特点是:

（1）认为单子叶植物比较进化，故排在双子叶植物之后。

（2）在双子叶植物中，将木本与草本分开，并认为乔木为原始性状，草本为进化性状。

（3）认为花的各部呈离生状态、花的各部呈螺旋状排列、具有多数离生雄蕊、两性花等性状均较原始；而花的各部分呈合生或附生、花部呈轮状排列、具有少数合生雄蕊、单性花等性状属于较进化的性状。

（4）认为在具有萼片和花瓣的植物中，如果它的雄蕊和雌蕊在解剖上属于原始性状时，则比无萼片与花瓣的植物为原始，如木麻黄科、杨柳科等的无花被特征是属于退化的现象。

（5）单叶和叶呈互生排列现象属于原始性状，复叶或叶呈对生或轮生排列现象属于较进化的现象。

（6）目与科的范围较小。

目前很多人认为该系统较为合理，但原书中未包括裸子植物。中国南方学者采用该系统者较多。如《南方植物园》、《广州植物志》、《园林树木 1000 种》、《树木学》及《海南植物志》等都是哈钦松分类系统。

3. 克郎奎斯特系统

克郎奎斯特分类系统是美国学者阿瑟·约翰·克郎奎斯特（Arthur John Cronquist，1919 ~ 1992 年）1958 年发表的。他的分类系统亦采用真花学说及单元起源的观点，认为:

（1）有花植物起源于已经绝灭的原始裸子植物种子蕨。

（2）葇荑花序类起源于金缕梅目。

（3）木兰亚纲是有花植物基础的复合群，木兰目是被子植物的原始类型。

（4）单子叶植物起源于双子叶植物的睡莲目，并认为泽泻亚纲是百合亚纲进化线上近基部的一个侧枝。

（5）在 1981 年修订的分类系统中，被子植物（称木兰植物门）分为木兰纲和百合纲，

克郎奎斯特系统接近于塔赫他间系统，他在各级分类系统的安排上，似乎比前几个分类系统更为合理，科的数目及范围较适中，有利于教学使用。

2.1.2 植物分类阶层

植物分类的主要等级包括：界、门、纲、目、科、属、种，这些等级又称为分类阶层。在一个等级之下还可分别加入亚门、亚纲、亚目、亚科、亚属等辅助等级；另外，在科以下有时还加入族、亚族，在属以下有时还加入组或系等分类等级，见表 2-1。

表 2-1 植物界的分类阶层

分类阶层	拉丁文	英文	拉丁名缩写	拉丁文词尾	举例
界	Regnum	Kingdom	Reg.		植物界（Regnum vegetable）
门	Divisio	Division	Divis	-phyta	种子植物门（Gymnospermae）
亚门	Subdivisio	Subdivision	Subdivis.	-phytina	被子植物亚门
纲	Classis	Class	Cl.	-opsoda	双子叶植物纲
亚纲	Subclassis	Subclass	Subclass.	-idae	
目	Ordo	Order	Ordo	-ales	
亚目	Subordo	Suborder	Subord.	-ineae	
科	Familia	Family	Fam.	-aceae	

续表

分类阶层	拉丁文	英文	拉丁名缩写	拉丁文词尾	举例
亚科	Subfamilia	Subfamily	Subfam.	–oideae	
族	Tribus	Tribe	Trib.	–eae	
亚族	Subtribus	Subtribe	Subtrib.	–inae	
属	Genus	Genus	Gen.	–a.，–um.，–us	
亚属	Subgenus	Subgenus	Subgen.		
组	Sectio	Section	Sect.		
亚组	Subsectio	Subsection	Subsect.		
种	Species	Species	sp.		
亚种	Subspecies	Subspecies	subvar.		
变种	Varietas	Variety	var.		
变型	Forma	Forma	f.		

在植物分类的阶层系统中，植物学家把“种”定位为基本单位，以种为分类的起点。然后把相近的种集合为属，又将形态相似、亲缘关系相近的属集合为科，将类似的科集合为目，再将目集为纲，集纲合为门，集门合为界，这样就形成一个完整的自然分类系统。

（1）种（Species），是物种的简称，一般认为具有相同的形态学、生物学特征和有一定自然分布的种群。同一种内的许多个体具有相同的遗传性状，彼此间可以交配和产生后代。在一般条件下，不同种间的个体不能交配，或交配后也不能产生有生育能力的后代，即生殖隔离。种是自然界长期进化的产物，种可代代遗传，但又不是固定不变的，新种会不断地产生，已经形成的种也在不断发展变化和绝灭。

（2）亚种（Subspecies），是种的表型上相似种群的集群，在形态特征上与种有显著差异，与同一种内的其他居群在地理分布上界线明显。命名时在种加词后加 ssp. 或 subsp. 表示。

（3）变种（Varietas），指某一树种在形态上有一定的变异，但在地理分布上界限不明显。命名时在种加词后加 var. 表示。

（4）变型（forma），指某一树种在形态上变异较小，但特征上稳定的类群。如花色不同、花的单瓣、重瓣等。命名时在种加词后加 f. 表示。

（5）栽培品种（Cultivar）。这类由人工培育而成的植物，当达到一定数量成为生产资料时即可称为该种植物的“品种”。其名称以缩写 cv. 表示或加单引号表示。品种原来并不存在于自然界中而纯属人为创造出来的。所以植物分类学家均不把此作为自然分类系统的研究对象。

2.1.3　植物命名方法

1. 双命名法

双命名法规定用两个拉丁字或拉丁化的字作为植物的学名。头一个字是属名，第一个字母大写，第二个字是种加词。这两部分作为一种植物的学名，但完整的学名要求后边有命名人的名字，命名人的名字可以写全名，如果是多音节词往往缩写，缩写至第几个音节必须根据规定，以不重名为原则。L. 是 C.Linnaeus（林奈）的缩写，有时也写成 Linn.，缩写词后需加“.”。中国人的姓多为单音节词，不缩写，如 Hu（胡先骕）、Cheng（郑万钧）。为了避免同姓而造成的混乱，要加名字的缩写，通常用名字的第一个字母，如 S.Y.Hu（胡秀英）。外国人也是如此，如 E.Br（Eilen Brown）。如果某一树种由 2 位作者命名，在两个姓氏间加 et 连接，如水杉的拉丁学名是 *Metasequoia glyptostroboides* Hu et Cheng，如果某一树种由某一作者命名，而由另一作者代发表时，在两位作者姓氏之间用 ex 连接，如盐生桦 *Betula halophila Ching* ex P.C.Li。有些植物的学名后附上两个缩写人名，而前一个人名写在括号内，表示括号内的人是原来的命名人，但后来经后者研究后而更换了其属名。

种及以下的亚种、变种和变型的命名：

（1）种。“属名 + 种加词 + 命名人的姓氏或缩写”如银杏 *Ginkgo biloba* L.。

（2）变种。变种是在种加词之后加“var.”后再加变种名及变种命名人，“属名 + 种加词 + 命名人的姓氏或缩写 + var.+ 变种加词 + 变种命名人”。如樟子松是欧洲松的变种 *Pinus sylvestris* Linn. var. *mongolica* Litr.，龙爪槐 *Sophora japonica* L.var. *pendula* Loud.。

（3）变型。变型是在种加词后加“f.”，后再加变型名及变型命名人，“属名 + 种加词 + 命名人的姓氏或缩写 + var.+ 变型加词 + 变型命名人”。如小叶青岗栎 *Quercus glauca* Thung. f. *gracilis* Rehd. et. Wils.，五叶槐 *Sophora japonica* L. f. *oligophylla* Franch.。

（4）栽培品种。栽培品种是在种加词后加“cv.”，然后品种名用整体写出，或不写 cv.，而用单引号，首字母均用大写，其后不必附命名人，“属名 + 种加词 + 命名人的姓氏或缩写 +cv.+ 栽培品种加词”，如龙柏 *Sabina chinensis*（L.）Ant.cv.Kaizuka 或 *Sabina chinensis*‘Kaizuka’。

2. 国际植物命名法规

1867 年在法国巴黎召开了第一次国际植物学会议，通过起草植物命名法规决议，1905 年第二次国际植物学会上讨论了起草的法规。从 1935 年起正式采用国际命名法规。最近几十年来，国际植物学会议每 6 年举办一次，每次都会对国际植物命名法规进行修订，推出新版的法规。最新的法规是 2005 年 7 月第十七届国际植物学会议（在奥地利维也纳举办）通过的“维也纳法规”（Vienna Code）。

本文提供的是 1999 年 8 月第十六届国际植物学会议（在美国圣路易斯举办）通过的“圣路易斯法规”（St. Louis Code），由已故植物分类学家朱光华先生译为中文，并在国内正式出版（科学出版社，2001 年）。

（1）优先律原则。植物新种命名的发表有优先权，凡符合法规的最早发表的名称为正确的名称。合法名称的成立必须在正式国家刊物、杂志、著作发表，必须有拉丁文记载。

（2）每一种植物只有 1 个合法的正确学名。若发生同物异名的状况时，应将不符合命名法规的名称视为异名加以废弃。

（3）通过专门研究，专家认为某种植物应从原有的属转移到另一属中去时，假如等级不变，应将它原来的种加词在另一属中留用。这样组成的新名称称为“新组合”。原来的名称为基本名，原命名人则用括号括之，一并移去，转移的作者写在小括号之后。

（4）命名模式和模式标本。所有植物名都要用拉丁名或拉丁化的名称。为了使各种植物的名称与其所指的物种之间具有固定的、可以核查的依据，再给新种命名时，除了要有拉丁文的描述和图解外，尚需将研究和确立该种时所用的标本赋予特殊的意义，尤加重视，并永久保存，作为今后查考的有效资料。这样的标本为模式标本（Pype），常用的有主模式标本（holetype）、等模式标本（isotype）及合模式标本（syntype）。

3. 中文的命名原则

在我国，植物除采用国际通用的双命名法，还采用中文名，现在将《中国植物志》编委会对植物的中文命名原则的意见择要简述如下。

（1）一种植物只应有一个全国通用的中文名称；至于全国各地的地方名称，可任其存在而称为地方名。

（2）一种植物的通用中文名称，应以属名为基础，再加上说明其形态、生境、分布等的形容词，例如卫矛、华北卫矛。但是已经广泛使用的正确名称就不必强求一致，仍应保留原名，如丝棉木。

（3）中文属名是植物中名的核心，在拟定属名时，除查阅中外文献外，应到群众中收集地方名称，经过反复比较研究，最后采用通俗易懂、形象生动、使用广泛、与形态、生态、用途有联系而又不致引起混乱的中名作为属名。

（4）集中分布于少数民族地区的植物，宜采用少数民族所惯用的原来名称。

（5）凡名称中有古僻字或显著迷信色彩会带来不良影响的不可用，但如“王”、“仙”、“鬼”等字，对已广泛应用，如废弃时会引起混淆者仍可酌情保留。

（6）凡纪念中外古人、今人的名称应尽量取消，但已经广泛通用的经济植物名称，可酌情保留。

2.1.4 植物分类检索表及检索方法

检索表是根据法国拉马克（Lemarck，1744 ~ 1829 年）二歧分类原则编制而成的。植物检索表是用归纳与歧分法的方法把许多植物区分开来而编成得一个表。检索表编制是采取“由一般到特殊”和“由特殊到一般”的原则，把原来一群植物相对的特征、特性分成对应的两个分支，再把每个分支中相对的性状又分成相对应的两个分支，依次下去直到编制到科、属或种检索表的终点为止。检索表所列的特征，主要是形态特征，因此也要求编制检索表时所用的文字描述均采用植物学的形态术语。

由此，在编制检索表时，首先应将所采到的地区植物标本进行有关习性、形态上的记载，将根、茎、叶、花、果和种子的各种特点进行详细的描述和绘图，在深入了解各种植物特征之后，再按照各种特征的异同来进行汇同辨异，找出相互差异和相互显著对立的主要特征，依主、次要特征进行排列，然后根据所要采用的检索表形式，按次序逐项排列起来加以叙述，并在各项文字描述开端用数字编排，最后将全部植物编制成不同的门、纲、目、科、属、种等分类等级，写出该等级名称的中文名及拉丁名。该名称之间与检索表等级名称的文字描述末端用虚线连接。

检索表根据相对应的两项特征之间的间隔距离的不同，可以分为定距式检索表和平行式检索表。

1. 定距检索表

定距式检索表也叫阶梯式检索表，即每一序号排列在一定的阶层上，下一序号向后错一位，如《中国植物志》所用的检索表。该检索表的特点：相对立的特征编为同样的号码，且在书页左边同样距离处开始描写；下一级的两个相对性状特征从左向右逐渐内缩进，如此继续下去，描写行越来越短，直到检索到科、属或种的学名为止。

定距式检索表看起来一目了然，查起来较为方便，但如果编排的特征内容（即所涉及的分类群）较多，会使检索表的文字叙述向右过多偏斜而浪费较多的篇幅，同时还会出现两对应特征的项目相距较远的不足。现以柏科圆柏属分种检索表为例：

柏科圆柏属分种检索表

1. 植株具二型叶，鳞形及刺形，或幼树仅具刺形叶

2. 乔木、直立灌木，或变种为匍匐灌木

3 球果具 2 种子

4 鳞叶顶端钝，腺槽位于鳞叶中部；生鳞叶的小枝圆柱形或微呈四棱形 ……………………1. 圆柏 S. *chinensis*

4 鳞叶顶端急尖或渐尖，腺槽位于鳞叶中下部或近中部；生鳞叶小枝四棱形 ………… 2 北美圆柏 S. *virginiana*

3 球果具 1 种子

5 生鳞叶小枝四棱形，腺槽位于鳞叶近基部 ………………………………………………… 3 方枝柏 S. *saltuaria*

5 生鳞叶的小枝圆柱形或微呈四棱形

6 鳞叶顶端钝或微尖，腺槽位于鳞叶中部；球果长 9 ~ 16mm……………………………… 4 大果圆柏 S. *tibetica*

6 鳞叶顶端尖，腺槽位于鳞叶基部；球果长 8 ~ 13mm……………………………… 5 祁连圆柏 S. *przewalskii*

2 匍匐灌木

7 生鳞叶小枝四棱形，刺形叶长 8 ~ 12mm，球果长 7 ~ 10mm，具 1 种子 ……………………………………
…………………………………………………………………………………… 6 新疆方枝柏 S. *pseudosabina*

7 生鳞叶的小枝圆柱形或近圆柱形；球果具 1 ~ 4 种子

8 种子卵圆形，顶端急尖；刺形叶排列疏松，壮龄植株刺形叶多于鳞形叶，鳞叶顶端钝……… 7 兴安圆柏 S. davurica

8 种子卵圆形，微扁，顶端钝或微尖；刺形叶排列较密，壮龄树几乎全为鳞形叶，鳞叶顶端钝或尖……8 叉子圆柏 S. vulgaris

1. 植株仅具刺形叶

9 茎直立，灌木或小乔木；球果长 5 ~ 6mm，具 1 种子 ………………………………9 高山柏 S. squamata

9 匍匐灌木；球果长 8 ~ 9mm，具 2 ~ 3 种子 ……………………………………… 10 铺地柏 S. procumbens

2. 平行检索表

平行式检索表又称齐头式检索表，检索表各阶层序号都居每行左侧首位。该检索表的特点：每一相对立的特征描写紧紧并列，便于比较，在相邻的两行中也给予一个数字号码；在一行叙述完之后还注明下一步依次查阅的号码或已查到对象的学名，此数字重新列于较低的一行之首，与另一组相对性状平行排列；如此继续下去直至查出所需名称为止。

平行检索表，由于各项特征均排列在书页左边的同一直线上，既美观、整齐又节省篇幅，但不足的是没有定距检索表那样醒目易查。现以木兰科木兰属的分种平行检索表为例：

木兰科木兰属的分种平行检索表

1. 常绿，叶革质，叶背密被褐色长绒毛；先叶后花 ……………………………… 1. 广玉兰 M. *grandiflora*

1. 落叶，叶革质 ………………………………………………………………………………………… 2

2. 花被紫色，萼片 3，披针形，紫绿色………………………………………………… 2. 紫玉兰 M. *liliflora*

2. 花被白色或微带紫色，花被近相等或萼片较小 ……………………………………………… 3

3. 叶片长 22cm 以上 ……………………………………………………………………………… 4

3. 叶片长 7 ~ 20cm……………………………………………………………………………………… 5

4. 叶先端不分裂，圆钝 ………………………………………………………… 3. 厚朴 M. *officinalis*

4. 叶先端凹缺或 2 裂 ……………………………………………… 4. 凹叶厚朴 M. *officinalis* var. *biloba*

5. 花生于叶腋，心皮全发育，花叶同时开放 ……………………………………… 5. 天女花 M. *sieboldii*

5. 花顶生，心皮部分发育成蓇葖，花先叶开放 ……………………………………………………… 6

6. 花被片大小不等，萼片明显较小，长仅花瓣的 1/5 ~ 1/4；叶长圆状或卵状披针形…6. 望春玉兰 M. *biondii*

6. 花被片大小近相等；叶片倒卵形 ……………………………………………… 7. 玉兰 M. *denudate*

3. 判断检索表正误的标准

所有序号必须且只能出现 2 次

同一序号后的形态特征描述，必须两两对应；

编制的最大序号为分类单位数减 1。

4. 检索方法

当检索一种植物时，应根据植物的形态特征，按分类级别的顺序，逐一寻找出该植物的各级分类地位，首先应确定它是属于哪一类的植物，如是裸子植物还是被子植物，如果是属于被子植物，它是双子叶植物还是单子叶植物，这些确定后，再继续查阅科、属、种的检索表。在查阅科、属、种的检索表中，先以第一次出现的 2 个分支的形态特征与植物相对照，选其与植物相符合的 1 个分支，在这一分支下边的 2 个分支中继续检索，直到检索出植物的科、属、种名为止。然后再对照有关文献资料的插图和描述，验证检索过程是否有误，最后给出植物的正确名称。

使用检索表鉴定植物时，要经过观察、检索和核对三个步骤。

（1）观察。观察是鉴定植物的前提。首先必须对它的各个器官的形态（尤其是花和叶的形态），进行细致的观察，然后才有可能根据观察结果进行检索和核对。观察的主要内容有：生活型，茎、叶、花、果实、种子、花期和果期以及生活环境及其类型。

（2）检索。检索时，先用分科检索表，检索出所属的科；再用该科的分属检索表检索到属，最后则用该属的分种检索表检索到种。在核对两项相对的特征时，即使第一项已符合于被检索的植物，也应该继续读完第二项特征，以免查错。

（3）核对。把植物的特征与植物志或图鉴中的有关形态描述的内容进行对比。植物志中有科、属、种的文字描述，而且附有插图，在核对时，不仅要与文字描述进行核对，还要核对插图。在核对插图时，除了应注意在外形上是否相似外，尤其应该重视解剖图的特征。

检索表是以区分植物为目的而编制的，在编制过程中，著者把处于同一分类类别的各植物类群的主要鉴别特征挑选出来，用二岐式原则逐项安排，直至列出所应包括的全部植物类群为止，因此，检索表中不可能包括了所列植物类群种类的全部特征，对于同一类群植物的分类检索表，当其所针对的地域不同时，编者所选取的主要鉴别特征也不尽相同，如果地域广阔，植物种类丰富时，检索表中所选取的特征就会复杂些，如果地域较小，植物种类较少，那么检索表就可能相对简单，易于查阅，所以在鉴别某地区的植物时，利用当地的植物检索表或植物志最为方便。

2.2 园林树木的实用分类

园林树木的实用分类与自然分类不同，它不用追究各类植物的演化过程，不考虑植物物种之间的亲缘关系，而是从实用的角度出发，以植物系统分类中的“种”为基础，根据树种形态、生长习性、观赏内容及其在园林造景中的作用，将园林树木划分为不同的类别。分类方法也多种多样，但总的原则都是以有利于园林建设工作为目的的。

2.2.1 按树种的性状分类

按园林树木的生长性状，可大致分为以下几类：

1. 乔木类

树体高大（在 6m 以上），具有明显的高大主干者，为乔木。按树高分为巨乔或伟乔（31m 以上）、大乔木（21 ~ 31m）、中乔木（11 ~ 20m）、小乔木（6 ~ 10m）；按生长速度分为速生、中生和慢生树等；按叶片大小与形态可分为以下两大类：

（1）针叶乔木。针叶是裸子植物常见的叶子外形，木麻黄、柽柳等叶形细小的被子植物也长归于此类。针叶乔木的叶子一般细小，呈针状、鳞形或线性、条形及披针形等。本类按叶片生长习性分为两类：一类是常绿针叶乔木，如油松、白皮松、雪松、湿地松、青扦、白扦、圆柏、侧柏、红豆杉等；另一类是落叶针叶乔木，如金钱松、水杉、落叶松、池杉及落羽杉等。

（2）阔叶乔木。大多数被子植物属此类。叶片宽阔、大小和形状各异，包括单叶和复叶。本类按叶片生长习性分为两类：一类是常绿阔叶乔木，如广玉兰、白兰花、香樟、肉桂、蚊母树、榕树、羊蹄甲等；另一类是落叶阔叶乔木，如银杏、毛白杨、旱柳、国槐、枫香、悬铃木、白桦、朴树、杜仲、香椿、栾树等。

2. 灌木类

树体矮小（在 6m 以下），无明显主干或主干甚短，树体有许多相近的丛生侧枝。按叶片的生长习性可分为：一类是常绿灌木，如栀子花、海桐、黄杨、龙船花、茶梅、米兰、茉莉及铺地柏等；另一类是落叶灌木，如贴梗海棠、紫荆、绣线菊、珍珠梅、麦李、腊梅、棣棠及锦带等。

3. 藤蔓类

地上部分不能直立生长，多借助于吸盘、吸附根、卷须（如葡萄等）、蔓条（如蔷薇）及干茎本身之缠绕性而攀附它物（如紫藤等）。藤本植物主要用于园林垂直绿化。依据其生长特性可分为以下几类：

（1）绞杀类。具有缠绕性和较粗壮、发达的吸附根的木本植物，可使被缠绕的树木缢紧而死亡，如络石、薜荔等。

（2）吸附类。可借助吸盘、吸附根而向上攀等的木本植物，如地锦、常春藤、爬山虎及凌霄等。

（3）卷须类。借助卷须缠绕的木本植物，如葡萄、炮仗花等。

（4）蔓条类。每年可发生多数长枝，枝上有钩刺借助支持物上升的木本植物，如蔓性蔷薇、三角花等。

依据叶片的生长习性也可分为常绿藤本（如络石、常春藤、扶芳藤等）和落叶藤本（如地锦、葡萄、紫藤、凌霄等）两大类。

4. 匍匐类

干、枝均匍地而生。此类树木不能攀援，只能伏地而生，或先卧地后斜生。如铺地柏、鹿角桧及迎春等。

5. 竹类

性状和生长习性与树木均不同，种类极多，作用特殊。如刚竹、箸竹、紫竹、毛竹、凤尾竹、佛肚竹、菲黄竹、淡竹及早园竹等。

6. 棕榈类

棕榈类植物是指具有观赏价值，广泛用于城市园林绿化或风景区的棕榈科植物。这类植物叶色秀丽、茎干挺拔，是我国南方地区广泛栽植的、富有热带风光的观赏植物。简单说，景观常用的树种，简单而实用。如椰子、棕榈、芭蕉、散尾葵、棕竹、蒲葵及鱼尾葵等。

2.2.2　按树种的观赏特性分类

1. 林木类

凡是在风景区及大型园林绿化地中成片种植，构成山林景色、森林之美的树木均可称为林木类。林木类树种丰富，形态作用各异，不要求花果，但要求主干和树冠均较发达，适应性或抗逆性一般较强。在园林庭院中配置疏林、树群，或作背景、障景用，在公路或高速路的两旁作为绿化带成片种植，形成比较壮观的景色。如：裸子植物、葇荑花序类等。

林木类按着形态和生物学特性又分为针叶和阔叶树种两类，其中各自又可分为常绿树种和落叶树种。园林绿化中常用的林木类树种有雪松、白皮松、黄山松、水杉、金钱松、南洋杉、金松、黑松、水杉、圆柏、侧柏、落羽杉、香樟、广玉兰、榆树、毛白杨、钻天杨、椴树、榉树及刺槐等。

2. 花木类

观赏花色、花形、花序和芳香的一类树木。以灌木和小乔木为常见，寿命较长，可年年开花。在园林配植上主要功能是起装饰和点缀作用，配置成花丛、花坛、花镜以及花圃等。在植物园建设中可以组成各种专类园，如牡丹园、月季园、海棠园、紫薇园、丁香园、碧桃园、樱花园及芳香园等。

（1）花色。园林树木的花在色彩上是千变万化、层出不穷的，花的基本色系主要有以下几种。

1）红色系花：海棠、桃、杏、梅、樱花、蔷薇、月季、石榴、山茶、杜鹃、贴梗海棠、锦带花、紫薇、榆叶梅、紫荆、木棉、凤凰木、象牙红及夹竹桃等。

2）黄色系花：迎春、迎夏、连翘、金钟花、桂花、棣棠、金丝桃、黄刺玫、金雀花、小蘖、栾树、无患子、腊梅、鸡蛋花及腊肠树等。

3）兰色系花：紫藤、紫丁香、杜鹃、木槿、泡桐、八仙花及牡荆等。

4）白色系花：茉莉、白丁香、白茶花、玉兰、栀子、梨、白木槿、山梅花、珍珠梅、女贞、荚蒾、白碧桃、白玫瑰、刺槐、绣线菊、银薇及络石等。

（2）花香。花的芳香能给人们最美的感受，还能招引蜂蝶，增添情趣，花的清香使人神清气爽，情意绵绵。常见的香花树木有许多种，花的香味，来源于花器官内的油脂类或其他复杂的化学物质，随花朵的开放分解为挥发性的芳香油，如安息香油、柠檬油、香橼油及萜类等，刺激人的嗅觉，产生愉快的感觉。某些园林树木的枝叶，如桉树、云杉、香樟及榧树等，也能散发出沁人肺腑的奇芳异香，具有健体清神的功效，在生态保健林的营建中，具有十分积极的作用。花的香性分类：清香（如茉莉）、甜香（如桂花）、浓香（如白兰花）、淡香（如玉兰）及幽香（如树兰）等。在园林建设中，许多国家建有“芳香园”，利用各种带有芳香花的植物配置而成，在现代园林建设中，还建有“丁香园”、“桂花园”等以欣赏花香为目的的专类园。

（3）花形。花形是指单朵花的形状，一般认为，花瓣数多、重瓣性强、花径大、形体奇特者，观赏价值高。但花的观赏价值，不仅由花朵或花序本身的形貌、色彩、香气而定，更多的是以其花序组成以及在枝条上的排列的方式来表现，花在植株上表现出来的综合形貌，称为花相。园林树木的花相，从树木开花时有无叶簇的存在，可分为两种类型，一为“纯式”，指在树木开花时，叶片尚未展开，全树之间花不见叶，也就是经常所说的“先花后叶”树木；另一为“衬式”，即在树木展叶后开花，全树花叶相衬。花相可大致分为以下三种类型。

1）外生花相：花或花序着生在枝条的顶端，集中分布于树冠的表层，盛花时整个花冠几乎被花所覆盖，远距离花感强烈、气势壮观，如栾树、泡桐、七叶树、紫薇、叶子花、夹竹桃、木莲、木棉、兰花楹、刺槐、丁香、白勒、牡丹、瑞香、杜鹃及玉兰等。

2）内生花相：花或花序主要分布在树冠内部，着生于大枝或主干上，花常被叶片遮盖。外观花感较弱，如桂花、含笑及白玉兰等。

3）均匀花相：花以散生或簇生的方式着生于枝的节部或顶部，且在全树冠分布均匀，花感较强。如金钟花、郁李、榆叶梅、腊梅、绣线菊、棣棠及金银花等。

花木类按着花期，又可分为春花类（如迎春、连翘、桃）、夏花类（如紫薇）、秋花类（如桂花）和冬花类（如腊梅）。对于花期特长，可按初花期和盛花期归入单季花中，如春鹃、夏鹃等，对于在自然条件下可以多次开花的可以称为多次开花类，如木槿及米兰等。

3. 果木类

即观果树木类。许多树木的果实既有很高的经济价值，又有突出的美化效果。园林树木中，除有鲜艳色彩的果实或形状独特的果实外，果实的味道甘甜的也归果木类。果木类的果实必须经久耐看，不污染地面，不招引虫蝇。观果类的树木要果形奇特、果大丰满、色泽艳丽且时间长的树种。

（1）果形。一般果实的形状要奇、巨、丰。奇指形状奇异有趣，如铜钱树的果实形似铜币；腊肠树的果实好像香肠；另外还有佛手、秤锤树、紫珠、石榴、木瓜、刺梨等；巨是指单体的果实较大，如柚子，或是果穗较大，如接骨木；丰乃是就全树而言，无论单果或果穗，均有一定的丰盛数量。

（2）果色。果实的颜色一般要艳丽，比较醒目。现将各种果色的树木列举如下。

1）红色果系：小蘖、平枝栒子、天目琼花、水栒子、枸骨、枸杞、火棘、山楂、冬青、金银木、花楸、樱桃、郁李、欧李、麦李、南天竹、珊瑚树、红雪果、橘、柿及石榴等。

2）黄色果系：银杏、梅、杏、柚子、甜橙、佛手、南蛇藤、木瓜、沙棘及贴梗海棠等。

3）蓝紫色果系：紫珠、蛇葡萄、葡萄、十大功劳、桂花及李等。

4）黑色果系：女贞、小蜡、五加、枇杷叶荚蒾、毛梾、鼠李、君迁子、金银花及常春藤等。

5）白色果系：红瑞木及湖北花楸等。

（3）果量。果实的数量繁多也是园林景观之一，人们多喜欢果实累累的环境，布置精美的观果园常使人流连忘返，但在选择上不应具有毒性的种类。此类树木有火棘、荚蒾、葡萄、南天竹及枇杷等。

4. 叶木类

叶木类即观叶树木类。主要观赏叶子的形状、大小及色彩等性状。

（1）叶形。树木的叶形千变万化，形态迥异，使人获得不同的心理感受。从观赏的角度一般把叶形分为以下几类：

1）单叶。

针形类。包括针形叶及鳞形叶等，如油松、白皮松、雪松及柳杉等。

条形类。如冷杉、紫衫等。

披针形类。如柳、桃、夹竹桃及黄瑞香等。

椭圆形。如柿、芭蕉等。

卵形。如香樟、玉兰及毛白杨等。

圆形。包括圆形及心形叶，如山麻杆、紫荆、丁香及泡桐等。

掌状。如五角枫、元宝枫、梧桐及悬铃木等。

三角形。如钻天杨及乌柏等。

奇异性。如银杏、鹅掌楸及羊蹄甲等。

2）复叶：包括羽状复叶和掌状复叶，前者主要有白蜡、合欢、牡丹、南天竹、复叶槭及刺槐及栾树等。后者主要有地锦、爬山虎及七叶树等。

如：鸡爪槭、柽柳、石楠及紫叶李等。

（2）叶的大小。按照叶片大小，将叶形划分为以下三大类。

1）小型叶类：叶片狭窄、细小或细长，叶片长度大大超过宽度。包括常见的鳞形、针形、凿形、钻形、条形以及披针形等，具有细碎、紧实、坚硬及强劲等视觉特征。

2）大型叶类：叶片巨大，但整株树上叶片数量不多。大型叶树的种类不多，其中又以具有羽状或掌状开裂叶片的树木为主，多原产于热带湿润气候地区，有秀丽、洒脱、清疏的观赏特征。

3）中型叶类：叶片宽阔，大小介于小型叶与大型叶之间，形状多种多样，有圆形、卵形、椭圆形、心脏形、肾形、三角形、菱形、扇形、掌状形、马褂形及钥形等类型，多数阔叶树属此类型。给人以丰满、圆润、素朴及适度等感觉。

此外，叶缘的锯齿、缺刻以及叶片表皮上的绒毛、刺凸等附属物的特性，有时也可起观赏的作用。

（3）叶色。以观叶为主的叶木类，根据叶色及其变化状况，可分为有季相变化（如银杏、五角枫、黄栌、火炬树、卫矛）和无季相变化（如紫叶小檗、金叶女贞、毛白杨、紫叶李等）两类。又根据叶色的特点可分为以下几类。

1）绿色类：绿色是叶子的基本颜色，但详细观察则有嫩绿、浅绿、浓绿、黄绿、赤绿、褐绿、蓝绿、墨绿、亮绿、暗绿之别。不同绿色的树种搭配在一起，能形成美妙的色感。如暗绿色针叶树丛前，配置黄绿色树冠，会形成满树黄花的效果。以叶色浓淡的树种例子如下。

深浓绿色：油松、圆柏、雪松、侧柏、女贞、大叶黄杨、栾树、椴树、榆树、柿树、国槐及木槿等。

浅淡绿色者：水杉、落羽松、金钱松、玉兰、七叶树、柳及悬铃木等。

2）春色叶类及新叶有色类：树木的叶色常因季节的不同而发生变化，早春发芽有明显的不同，呈现红色者的树种有臭椿、香椿、五角枫、紫叶桃等；呈现紫红色的树木如黄连木等。在南方，许多常绿树的新叶不限于在春季发生变化，而是只要按发出新叶就会呈现不同的颜色，如铁力木等。

本类树木如种植在浅灰色建筑物或浓绿色树丛前，能产生类似开花的观赏效果。

3）秋色叶树：凡在秋季叶子呈显著变化的树种，均称为“秋色叶树”。根据叶色不同将秋色叶树种分为：红色或紫红色类，如鸡爪槭、五角枫、茶条槭、枫香、小檗、樱花、山麻杆、漆树、盐肤木、黄栌、火炬树、乌柏、柿树、山楂及地锦等；黄色或橙色类，如落叶松、银杏、白蜡、复叶槭、白桦、桑、榉树、黄连木、鹅掌楸、悬铃木、柳、梧桐、榆、无患子、紫荆、栾树及麻栎。

园林实践中，由于秋色期较长，故早为各国人民所重视：北方深秋观五角枫、黄栌红叶，南方则以枫香、乌桕的红叶著称。欧美的秋色叶中，红槲及桦木等最为夺目。日本则以槭树最为普遍。

4）常色叶类：有些树种的叶子常年呈异色，称为常色叶树，这些树种常是某些树种的变种或者变型。全年呈紫色的有紫叶小檗、美国红枫、紫叶李及紫叶桃等；全年呈黄色的有金叶女贞、金叶白蜡及金叶圆柏等。

5）双色叶类：某些树种，其叶背和叶表的颜色明显不同，这类叶称为双色叶树。如银白杨、胡颓子及栓皮栎等。

6）斑色叶类：某些树种的叶子上具有其他颜色的斑点或者花纹，称为斑色叶树。如桃叶珊瑚，金心大叶黄杨，金边大叶黄杨，银心大叶黄杨及银边大叶黄杨等。

5. 荫木类

荫木类园林树木即庭荫树种。其选择标准为枝繁叶茂、绿荫如盖，其中又以阔叶树种的应用为佳。如桉树、樟树及鹅掌及等。荫木类树木包括庭荫树和行道树。其中分别又包括常绿和落叶树种。庭荫树须树冠茂密、树干挺拔，如能同时具备观叶、赏花或者品果效能则更为理想，常见的庭荫树有合欢、鹅掌楸、香樟、枫杨、榉树及广玉兰等；行道树须具有通直的树干、优美的树姿、适应性强、分枝点高，不妨碍行人和车辆通行，常见的行道树如槐树、悬铃木及栾树等。

6. 枝干类

枝干类指树木的枝、干具有独特风姿或奇特色彩的树种。

1）枝条：树木枝条的颜色具有一定的观赏特性，尤其是深秋叶落后，枝干的颜色更为显目。常见的观枝树种有红瑞木、野蔷薇、杏、桦木、梧桐及棣棠等。另外还有一些变种或者变型，如金枝槐、金枝柳等。枝条的形态也是千变万化，弯曲、盘绕的枝干也具有很高的观赏价值，主要有直立形（如松类、棕榈类等）、屈曲形（如龙爪槐、龙须柳等）、并丛形、连理形、盘结形及偃卧形等。

2）干皮：园林树木干皮的形、色也有观赏价值。依据树皮的外形可以分为光滑树皮（如柠檬桉）、横纹树皮（如山桃、樱花等）、片裂树皮（如悬铃木、木瓜等）、丝裂树皮、纵裂树皮（大多数树种）、纵沟树皮（如板栗等）、长方裂纹树皮（如柿树、君迁子等）、粗糙树皮（如云杉等）等。依据树木干皮的颜色可以分为紫色（如紫竹等）、红褐色（如马尾松、山桃等）、黄色（如黄桦等）、灰褐色（常见树种）、绿色（如梧桐等）、斑驳色彩（木瓜、白皮松、悬铃木等）及白色（如白桦、毛白杨等）等。

7. 根木类

根木类指根具有观赏价值、奇特裸露的树种。一般情况，树木达到老年期以后，均可或多或少地裸露根，这方面的树种有松、榆、朴、梅、楸、榕、山茶、银杏及广玉兰等。在亚热带、热带地区有些树有巨大的板根，另外还有榕树的气生根；秋茄、落羽杉的屈膝根；水松、池杉等湿地树种的呼吸根；红树科树木的支柱根等都别具一格。

2.2.3 按园林绿化用途分类

观赏树木除了按观赏特性分类外，还可根据在园林绿化中的实用价值，如配植的位置及防护功能进行分类，可以分为孤植树、庭荫树、行道树及垂直绿化树等类型。

1. 孤植树

孤植树又称独赏树、标本树、公园树。通常以单株布置，独立成为庭院和园林局部的中心景物，赏其树型或姿态，也有赏其花、果、叶色等的，此类树种应具备生长快，适应能力较强，体形雄伟，姿态优美，枝干富有线条美，开花繁茂，结果丰硕，色彩艳丽，气味芳香，季相变化多，且与四周环境有强烈对比等条件。如世界五大公园树种雪松、金钱松、南洋杉、日本金松及巨杉。另外还有白皮松、雪松、龙柏、云杉、冷杉、紫杉、元宝枫、银杏、樱花、合欢、海棠、碧桃、梅花、紫叶李、七叶树、紫薇、鹅掌楸、玉兰、广玉兰、垂柳、木棉、梧桐、榉树及龙爪槐等。

2. 庭荫树

庭荫树又称绿荫树或庇荫树。栽种在庭院或公园以取其绿荫为主要目的的树种。绿荫树就是利用树木高大的树冠、茂密的枝叶，以孤植、丛植于庭院、公园、广场、林荫道以及风景名胜区中，可供人们休息，避免炎日灼伤，在冬季人们需要阳光时落叶。此类树种应具备树干通直、枝叶繁茂、绿荫如盖、分枝点高、干上无刺、生长较快、寿命较长、抗病虫害能力强，花果繁茂，不污染地面及能保持环境卫生。

常用的常绿庭荫树：樟树、桉树、广玉兰、女贞及杜英等；常用的落叶庭荫树：银杏、梧桐、七叶树、槐、栾树、朴树、榉树、五角枫、无患子、黄连木、复叶槭及合欢等。也可是布置于绿廊棚架旁的落叶藤木，如紫藤、地锦、凌霄、络石、常春藤及葡萄等。

3. 行道树

城市街道行道树，是城市园林建设的重要部分，是城市绿化的骨架，也是城市环境保护的要素。行道树可使整个城市生气勃勃，还可以减轻街道炎日和尘土飞扬，可以减轻车辆的噪音和行人的喧闹，作为城市行道树的树种可以是落叶的也可以是常绿的，但必须具有生长迅速，适应性强，分枝点高，不妨碍车辆通行，萌芽性强，抗逆性强、耐修剪、北方冬季落叶，树冠整齐、姿态优美、树干通直、寿命较长、花果无毒、无臭气及不污染环境等特点。

常用的常绿树种有：榕树、桉树、樟树、广玉兰、木麻黄及杨梅等。

常用的落叶树种有：银杏、悬铃木、杨树、垂柳、楝树、栾树、香樟、槐、椴、七叶树、元宝枫、银桦、泡桐、水杉、臭椿、鹅掌楸、枫杨、五角枫、复叶槭、白蜡及榉树等。其中银杏、悬铃木、椴树、七叶树及鹅掌楸被称为世界五大行道树。

4. 花灌木

花灌木通常指有美丽芳香的花朵或色彩艳丽的果实的灌木和小乔木。这类树木种类繁多，观赏效果显著，在园林绿地中应用广泛。花灌木可起到高大乔木和地面之间的过渡作用，来丰富边缘线。如梅花、紫珠、桃花、海棠、榆叶梅、锦带花、连翘、丁香、月季、山茶、杜鹃、牡丹、木芙蓉、樱花、火棘、枸骨、小蘗、迎春、含笑、木槿、紫荆、紫薇、棣棠、碧桃、珍珠梅、金银木及夹竹桃等。

5. 绿篱树种

绿篱树种是适于栽作绿篱的树种。绿篱是成行密植，通常修剪整齐的一种园林栽植方式。其作用主要是装饰园景，也可用来分隔空间和屏障视线，或作雕塑、喷泉等的背景。用作绿篱的树种，一般都是耐修剪整形，萌发力强，多分枝，能耐阴、耐寒，对尘土、烟煤的污染，外界机械损伤抗性强及生长较慢的常绿树种。

绿篱的种类很多，从形式上分，有自然式和规则式；从观赏性质分，有花篱、果篱、刺篱、绿篱等；从高度上分，有高篱、中篱、矮篱。

园林中可以作为绿篱的常用树种有，圆柏、侧柏、杜松、黄杨、女贞、小檗、铁梗海棠、黄刺玫、珍珠梅及木槿黄金榕等。

6. 垂直绿化树种

垂直绿化树种指具有细长茎蔓的木质藤本植物。垂直绿化在克服城市家庭绿化面积不足，改善不良环境等方面有独特的作用，是各种棚架、凉廊、栅栏、围篱、墙面、拱门、灯柱、山石、枯树等的绿化好材料，对提高绿化质量，丰富园林景色及美化建筑立面等方面有独到之处。如紫藤、凌霄、络石、爬山虎、常春藤、薜荔、葡萄、金银花、铁线莲、素馨、木香及炮仗花等。

7. 木本地被植物

木本地被植物是指用于对裸露地面或斜坡进行绿化覆盖的低矮、匍匐的灌木或藤木。如铺地柏、爬翠柏匍地龙柏、平枝栒子、箬竹、金银花、爬山虎及常春藤等。

8. 岩石植物

适宜在岩石园中种植的植物材料均称为岩石植物。堆砌山石，并在石间缝隙种植适宜植物装饰景点的园林，称岩石园。岩石园是以岩石及岩石植物为主，结合地形，选择适当的沼泽、水生植物，展示高山草甸、牧场、碎石陡坡、峰峦溪流等自然景观。我国岩石园不多，庐山植物园有一个，目前我国较流行。

岩石植物多喜旱或耐旱、耐瘠薄土，适宜在岩石缝隙中生长；一般为生长缓慢、生活期长、抗性强的多年生植物，能长期保持低矮而优美的姿态。如紫杉、粗榧、黄杨、瑞香、十大功劳、荚蒾、六道木、箬竹、南天竹、铺地柏、平枝栒子、络石、常春藤及薜荔等。

9. 盆栽及盆景

盆栽及盆景是植物种植在盆中来观赏。此类植物可人工造型、植株古朴、叶小、生长缓慢、修剪成各种物象、配置在绿地中作为植物造景或街道主景来观赏。如日本五针松、龙柏、圆柏、罗汉松、榔榆、银杏、紫薇、榕树、火棘、桂花、女贞、梅、葡萄及棕竹等。

10. 室内装饰植物

室内装饰植物是指按照室内环境的特点，利用以室内观叶植物为主的观赏材料，结合人们的生活需要，对使用的器物和场所进行美化装饰。植物种植在室内，但阳光还是少，故需选择耐阴植物，如棕竹、巴西铁、荷兰铁、散尾葵、丛生钱尾葵及常春藤等。

11. 屋顶花园植物

屋顶花园植物指在各类建筑物、构筑物、桥梁（立交桥）等的顶部、阳台、天台及露台上进行园林绿化的植物统称。在我国，重庆、广州建造屋顶花园多。屋顶绿化对增加城市绿地面积，改善日趋恶化的人类生存环境空间；改善城市高楼大厦林立，改善众多道路的硬质铺装而取代的自然土地和植物的现状；改善过度砍伐自然森林，各种废气污染而形成的城市热岛效应，沙尘暴等对人类的危害；开拓人类绿化空间，建造田园城市，改善人民的居住条件，提高生活质量，以及对美化城市环境，改善生态效应有着极其重要的意义。用于屋顶绿化的植物要求根系浅，30 ~ 40cm，最多 100 cm；体量要轻。如木香、金银木、金银花、竹类及散尾葵等。

12. 抗污染树种

抗污染树种指对某些污染性物质有较强抗性的树种。这类树种对烟尘及有害气体的抗性较强，有些还能吸收一部分有害气体，起到净化空气的作用。它们适用于工厂及矿区绿化。如臭椿、榆、朴、构、桑、刺槐、槐、悬铃木、合欢、皂荚、木槿、无花果、圆柏、侧柏、广玉兰、棕榈、夹竹桃、女贞 . 珊瑚树及大叶黄杨等。

上述人为分类方法，在园林绿化中比较实用，但是并不十分严谨。有些树种在生态环境变化后，其树体或叶片也会截然不同，如木芙蓉在浙江一带是灌木，严冬枯萎，翌春又由根部萌发新枝，而在西南、成都又是乔木；辽东丁香在北京是灌木，在百花山海拔 1000m 以上是乔木；蓖麻在北方是草本，在西双版纳则是乔木；白兰花在苏州、杭州一带高仅 1 ~ 2m，适于盆栽灌木，然而在云南、四川、广东、广西及福建等省，则高达数十米的乔木。对于根据观赏特性和功能用途分类所涉及的树种，如林木类和荫木类，花木类和果木类的树种会重复出现。

技能训练 2-1　当地园林树木的辨识

一、技能训练目标

1. 了解当地园林树木的种类、生长习性、园林配置情况。
2. 掌握园林树木的辨别方法和技巧。
3. 了解树木的总体形貌、树木与环境的关系等。
4. 通过对主要树种地上部形态特征的观察，培养学生辨别树种的能力。

二、技能训练方法及步骤

（一）训练前准备

1. 材料与试剂

实验材料：当地常见园林树木

2. 仪器与用具

用具：记录夹、记录表、枝剪、放大镜、照相机

（二）方法及步骤

识别当地主要道路、广场、公园、居住小区及公共园林绿地等处的树木种类。

1. 形态观测记录（表实 2-1）

性状：乔木、灌木、木质藤本、常绿、落叶。

叶：叶形、叶色、叶缘、叶脉、叶附属物。

枝：颜色、有无长短枝。

皮孔：大小、形状、分布情况。

树皮：颜色、开裂方式、光滑度。

变态器官：（枝刺、卷须、吸盘）着生位置、形状、大小、颜色。

芽：种类、颜色、形状。

花：花冠种类、花色、花序种类、气味等。

果实：种类、形状、颜色、大小。

2. 立地条件

土壤：种类、质地、颜色、pH 值等。

地形：种类、海拔、坡向、坡度、地下水位。

表实 2-1　　树木观测记录表

树种名称________________　性状________________

叶形________________　单叶或复叶________________

复叶种类________________　小叶数量________________

叶色________________　叶脉类型________________

叶缘________________　叶的附属物________________

小枝颜色________________　长短枝情况________________

皮孔：大小__________　颜色__________　形状__________　分布__________

树皮：颜色__________　开裂方式__________　光滑度__________

变态器官：着生位置________________　形状________________

大小__________　颜色__________　分布情况__________

芽：种类（顶芽或侧芽）__________　颜色__________　形状__________

花：花冠种类__________　花色__________　花序种类__________

气味________________　花瓣数量________________

果实：种类__________　形状__________　颜色__________　大小__________

土壤：种类__________　质地__________　颜色__________　pH 值__________

地形：种类________________　海拔________________

坡向__________　坡度__________　地下水位__________

土壤肥力评价：________________________________

生长情况________________________________

形态特征________________________________

适宜生长地________________________________

园林用途________________________________

观赏价值________________________________

三、注意事项

注意所观察树种的形态特征、生长地选择、园林用途及配置情况的调查，做到仔细认真全面。实验时充分调动学生的主观能动性，培养创造性。在进行公园或绿地的调查时，注意做好安全和文明教育工作。

四、技能训练考核

本次实验成绩的评定主要由三方面综合。一是实验课的出勤情况，以点名的方式进行，占 10 分。二是平时的实训报告，占 30 分。三是现场的识别情况，占 60 分。详见表实 2-2。

表实 2-2　　实验成绩考核情况

考核方式	考核方法	满分	比例（%）
考勤	点名方式	100	10
实习报告	从形态特征、性状、树皮、枝条、叶、芽等方面进行观察，并对所观察树种进行归纳总结	100	30
树种识别	识别 20 个树种，每识别出一种给 5 分	100	60

技能训练 2-2　园林树木的园林用途调查了解

一、技能训练目标

1. 了解园林树木的园林用途分类。
2. 掌握当地常见园林树木的园林用途。

二、技能训练方法及步骤

（一）训练前准备

1. 材料与试剂

实验材料：当地常见园林树木。

2. 仪器与用具

用具：记录夹、记录表、照相机等。

（二）方法及步骤

根据树木在园林中的主要用途分为孤植树、庭荫树、行道树、花灌木、绿篱树种、垂直绿化树种、木本地被植物、岩石植物、盆栽与盆景类、室内装饰类及屋顶花园植物等，调查当地主要道路、广场、公园、居住小区及公共园林绿地等处的树木种类。

记录表如表实 2-3 所示。

表实 2-3　　园林树木按园林用途分类

园林用途	调查树种	备　注
孤植树		
庭荫树		
行道树		
花灌木		
绿篱树种		

续表

园林用途	调查树种	备　注
垂直绿化树种		
木本地被植物		
岩石植物		
室内装饰类		
盆栽与盆景类		
屋顶花园植物		
抗污染树种		

三、注意事项

注意所调查范围内树种的园林用途及配置情况，做到仔细认真全面。实验时充分调动学生的主观能动性，培养自主判别的能力。在进行公园或绿地的调查时，注意做好安全和文明教育工作。

四、技能训练考核

本次实验成绩的评定主要由三方面综合。一是实验课的出勤情况，以点名的方式进行，占 10 分。二是平时的实训报告，占 30 分。三是户外园林树木的园林用途调查了解情况，占 60 分。详见表实 2-4。

表实 2-4　　实验成绩考核情况

考核方式	考核方法	满分	比例（%）
考勤	点名方式	100	10
实习报告	把调查的园林树木按园林用途进行分类，并对所观察树种进行归纳总结	100	30
树木分类	户外树木的园林用途调查了解情况	100	60

本章小结

每一种植物，各国有不同的名称，即使在同一个国家内各地的叫法也常不同，不便于国内及国际间的交流，1867 年规定以双名法作为植物学名的命名，1935 年国际植物学会第六次会议通过决议，从 1935 年 1 月 1 日起，除细菌外对新植物命名时都必须以拉丁文描述特征，采用双命名法。瑞典的林奈应用双名法最早。植物检索表是识别和鉴定植物不可缺少的工具，要识别和鉴定一个植物，必须学会植物检索表的使用方法。一般分科、分属和分种的检索表最为常用。

观赏树木除了按观赏特性分类外，还可根据在园林绿化中的实用价值，如配植的位置及防护功能进行分类，可以分为孤植树、庭荫树、行道树及垂直绿化树等，如行道树是种在道路两旁给车辆和行人遮阴并构成街景的树种。包括公路、铁路、城市街道及园路等道路绿化的树木。

思考与练习

1. 植物分类有哪些等级？哪个是基本单位？
2. 什么叫植物的双命名法？
3. 园林树木按树种的性状和观赏特性各分为哪几类？
4. 园林树木按园林绿化用途大致分为哪几类？

第3章　园林树木的生长习性及功能

知识目标：

●掌握园林树木各器官的生长发育特点。

●了解园林树木保护和改善环境的功能。

●理解城市的各种气候因子对观赏树木造成的影响。

●掌握古树、名木调查及保护的意义。

能力目标：

●能够熟练进行园林树木的物候观测记载。

●能够针对城市的各种不利因子对观赏树木造成的影响采取有效措施。

●能够对古树及名木采取合理的保护措施。

素质目标：

●培养学生具备细心观察事物的职业素质。

●培养学生具有利用园林树木进行园林美化的素质。

●培养学生具有对古树及名木自觉保护的意识。

园林树木的生长习性主要指园林树木的生物学特性和生态学特性。园林树木的生物学特性是指园林树木生长发育的规律，即研究树木由种子萌发经过幼苗、幼树逐步发育到开花结实最后衰老死亡，整个生命过程的发生发展规律。包括树木外形、生长速度、寿命长短、繁殖方式及开花结实等特性。树木的生物学特性是一种内在的特性。如泡桐速生，银杏生长缓慢；松柏类寿命长百年，而桃树寿命很短。树木的生物学特性决定于遗传因素，但受生长环境的影响。园林树木的生态学特性是指园林树木对环境条件的要求和适应能力。凡是对树木生长发育有影响的因素称生态因素，其中树木生长发育必不可少的因子称为生存因子，如光、水分、空气等。

园林树木能改善生态环境，创造经济价值。主要体现在固碳释氧、降尘、降噪、降温、除有害气体、涵养水源、保持水土等方面，对改善生态环境具有重要的作用；同时具有提供视觉景观的美学效果。

3.1　园林树木的生长习性

3.1.1　园林树木各器官的生长发育

1. 根系的生长发育

（1）根系的年生长动态。根系在一年中的生长过程一般都表现出一定的周期性，其生长周期与地上部分不同，而与地上部分的生长密切相关，两者往往呈现出交错生长的特点，而且不同树种的表现也有所不同。掌握园林树木根系年生长动态规律，对于科学合理地进行树木栽培和管理有着重要的意义。

一般来说，根系生长所要求的温度比地上部分萌芽所要求的温度低，因此春季根系开始生长比地上部分早。有些亚热带树种的根系活动要求温度较高，如果引种到温带冬春较寒冷的地区，由于春季气温上升快，地温的上升还不能满足树木根系生长的要求，也会出现先萌芽后发根的情况，出现这种情况不利于树木的整体生长发育，有时还会因树木地上部分活动强烈而地下部分的吸收功能不足导致树木死亡。

树木的根一般在春季开始生长后即进入第一个生长高峰，此时根系生长的长度和发根数量与上一生长季节树体贮藏的营养物质水平有关，如果在上一生长季节中树木的生长状况良好，树体贮藏的营养物质丰富，根系的生长量就大，吸收功能增强，地上部分的前期生长也好。在根系开始生长一段后，地上部分开始生长，而根系生长逐步趋于缓慢，此时地上部分的生长出现高峰。当地上部分生长趋于缓慢时，根系生长又会出现一个大的高峰期，即生长速度快、发根数量大，这次生长高峰过后，在树木落叶后还可能出现一个小的根系生长高峰。

树体有机养分和内源激素的积累状况是影响树木根系生长的内因，而土壤环境温度和土壤水分等环境条件是影响根系生长的外因。夏季高温干旱和冬季低温都会使根系生长受到抑制，使根系生长出现低谷，而在整个冬季，虽然树木枝芽已经进入休眠状态，但根系却并未完全停止活动。虽然上述规律的具体表现因树种而异，但对于同类型树种来说都有类似的表现，如松类一般在秋冬就停止生长，而阔叶树在冬季仍有缓慢的加粗生长。

（2）根的生命周期。不同类型的树木都有一定的发根方式，常见的是侧生式和二叉式。树木在幼年期根系生长很快，其生长速度一般都超过地上部分，但树木根系生长领先的年限因树种而异。随着年龄的增加，根系生长速度趋于缓慢，并逐渐与地上部分的生长形成一定的比例关系。

在树木根系的整个生命周期中，根系始终有局部自疏和更新的现象。从根系生长开始一段时间后就会出现吸收根的死亡现象，吸收根逐渐木栓化，外表变为褐色，逐渐失去吸收功能；有的轴根演变成起输导作用的输导根，有的则死亡。须根自身也有一个小周期，其更新速度更快，从形成到壮大直至死亡一般只有数年的寿命。须根的死亡，起初发生在低级次的骨干根上，其后在高级次的骨干根上，以至于较粗的骨干根后部几乎没有须根。

根系的生长发育很大程度受土壤环境的影响，以及与地上部分的生长有关。在根系生长达到最大根幅后，也会发生向心更新。另外，由于受土壤环境的影响根系的更新不那么规则，常出现大根季节性间歇死亡，随着树体的衰老根幅逐濒缩小。有些树种，进入老年后发生水平根基部的隆起。当树木衰老地上部濒于死亡时，根系仍能保持一段时期的寿命。利用根的此特性，我们可以进行部分老树复壮工程。

2. 枝条的生长与树体骨架的形成

园林树木的树体枝干系统及所形成的树形决定于各树种枝芽特性，在园林树木栽培和管理过程中，通过对树木的整形修剪，建立和维护良好的树形，是一项基本的也是极其重要的工作。而了解和掌握树木枝条和树体骨架形成的过程和基本规律，则是做好树木整形修剪和树形维护的基础。

（1）枝的生长。树木每年都通过新梢生长来不断扩大树冠，新梢生长包括加长生长和加粗生长两个方面。一年内枝条生长增加的粗度与长度，称为年生长量。在一定时间内，枝条加长和粗生长的快慢称为生长势。生长量和生长势是衡量树木生长状况的常用指标，也是评价栽培措施是否合理的依据之一。一般来说，幼树、强树的顶端优势比老树、弱树明显，枝条在树体上的着生部位愈高，枝条上顶端优势愈强，枝条着生角度越小，顶端优势的表现越强，而下垂的枝条顶端优势弱。

（2）树冠的形成。多数园林树木树冠的形成过程就是树木主梢不断延长，新枝条不断从老枝条上分生出来并延长和增粗的过程。通过地上部芽的分枝生长和更新以及枝条的离心式生长，乔木树种从一年生苗木开始，前一生长季节所形成的芽在后一生长季节抽生成枝条，随树龄的增长，中心干和主枝延长枝的优势转弱，树冠上部变得圆钝而宽广逐渐表现出壮龄期的冠形，达到一定立地条件下的最大树高和冠幅后，会进一步转入衰老阶段。竹类和丛生灌木类树种以地下芽更新为主，多干丛生，植株由许多粗细相似的丛状枝茎组成，有些种类的每一条枝干的生长特性与乔木有些类似，但多数与乔木不同，枝条中下部的芽较饱满抽枝较旺盛，单枝生长很快达到其最大值，并很快出现衰老。藤本类园林树木的主蔓生长势很强，幼时很少分枝，壮年后才会出现较多分枝，但大多不能形成自己的冠形，而是随攀缘或附着物的形态而变化，这也给利用藤本植物进行园林植物造型提供合适的材料。

3. 叶和叶幕的形成

（1）叶片的形成。叶片是由叶芽中前一年形成的叶原基发展起来的，其大小与前一年或前一生长时期形成叶原基时的树体营养状况和当年叶片生长条件有关。不同树种和品种的树木，其叶片形态和大小差别明显，同一树体上不同部位枝梢上的单叶形态和大小也不一样。旺盛生长期形成的叶片生长时间较长，单叶面积大。不同叶龄的叶片在形态和功能上也有明显差别，幼嫩叶片的叶肉组织量少，叶绿素浓度低，光合功能较弱，随着叶龄的增大单叶面积增大，生理活性增强，光合效能大大提高，直到达到成熟并持续相当时间后，叶片会逐步衰老，各种功能也会逐步衰退。由于叶片的发生时间有差别，同一树体上着生着各种不同叶龄或不同发育时期的叶片，它们的功能也在新老更替。

（2）叶幕的形成。叶幕是指树冠内叶片集中分布的区域，随树龄、整形、栽培的目的与方式不同，园林树木叶幕形态和体积也不相同。幼树时期，由于分枝尚少树冠内部的小枝多，树冠内外都能见光，叶片分布均匀，树冠形状和体积与叶幕的形状和体积基本一致。无中心主干的成年树，其叶幕与树冠体积不一致，小枝和叶多集中分布在树冠表面，叶幕往往仅限于树冠表面较薄的一层，多呈弯月形叶幕。有中心主干的成年树树冠多呈圆头形，到老年多呈钟形叶幕。成片栽植的树木，其叶幕顶部成平面形或立体波浪形。观花观果类园林树木为了结合花、果生产，经人工整剪成一定的冠型，有些行道树为了避开高架线，人工修剪成杯状叶幕。藤本树木的叶幕随攀附物体的形状变化。

落叶树木叶幕在年周期中有明显的季节变化也常表现为初期慢、中期快、后期又慢，即慢—快—慢这种“S”形曲线式生长过程。叶幕形成的速度因树种和品种、环境条件和栽培技术的不同而不同。一般来说，幼龄树、长势强的树、长枝型树种，其叶幕形成时期较长，出现高峰晚；而树势弱、年龄大、短枝型树种，其叶幕形成和高峰期来得早。落叶树木的叶幕，从春天发芽到秋季落叶，大致能保持 5 ~ 10 个月的生活期；而常绿树木，由于叶片的生存期长，多半可达一年以上，而且老叶多在新叶形成之后逐渐脱落，叶幕比较稳定。

4. 花的形成和开花

许多园林树木属于观花或兼用型观赏树木，掌握园林树木花芽分化条件和开花特点对于搞好园林树木栽培和养护具有重要意义。

（1）花芽的分化。植物的生长点既可以分化为叶芽，也可以分化为花芽。而生长点由叶芽状态开始向花芽状态转变的过程，称为花芽分化。花芽形成全过程，即从生长点顶端变得平坦四周下陷开始，到逐渐分化为萼片、花瓣、雄蕊、雌蕊以及整个花蕾或花序原始体的全过程，称为花芽形成。生长点内部由叶芽的生理状态（代谢方式）转向形成花芽的生理状态（用解剖方法还观察不到）的过程称为“生理分化”。由叶芽生长点的细胞组织形态转为花芽生长点的组织形态过程，称为“形态分化”。因此，树木花芽分化概念有狭义和广义之分。狭义的花芽分化是指形态分化，广义的花芽分化，包括生理分化、形态分化、花器的形成与完善直至性细胞的形成。

（2）树木的开花。树体上正常花芽的花粉粒和胚囊发育成熟，花萼和花冠展开，这种现象称为开花。不同树木开花顺序、开花时期、异性花的开花次序以及不同部位的开花顺序等方面都有很大差异。

不同树种的开花顺序。同一地区不同树种在一年中的开花时间早晚不同，除特殊小气候环境外，各种树木每年的开花先后有一定顺序。了解当地树木开花时间对于合理配置园林树木，保持园林绿化地区四季花香具有重要指导意义。如在北京地区常见树木的开花顺序是：银芽柳、毛白杨、榆、山桃、玉兰、加杨、小叶杨、杏、桃、绦柳、紫丁香、紫荆、核（胡）桃、牡丹、白蜡、苹果、桑、紫藤、构树、栓皮栎、刺槐、苦楝、枣、板栗、合欢、梧桐、木槿及国槐等。

不同品种开花早晚不同。同一地区同种树木的不同品种之间，开花时间也有一定的差别，并表现出一定的顺序性。如在北京地区，碧桃的“早花白碧桃”于 3 月下旬开花，而“亮碧桃”则要到下旬开花。有些品种较多的观花树种，可按花期的早晚分为早花、中花和晚花三类，在园林树木栽培和应用中也可以利用其花期的差异，通过合理配置，延长和改善其美化效果。

5. 果实的生长发育

园林树木栽培中也要栽植许多观果类树木，其目的主要是为了以果的“奇”（奇特、奇趣之果）、“丰”（给人以丰收的景象）、“巨”（果大给人以惊异）和“色”（果色多样而艳丽）来提高树木的观赏和美化价值，但必须根据果实的生长发育规律，通过一定的栽培和养护措施，才能使树木充分发挥这些方面的功能。

各类树木的果实成熟时，在果实外表会表现出成熟果实的颜色和形状特征，称为果实的形态成熟期。果熟期的长短因树种和品种而不同，榆树和柳树等树种的果熟期最短，桑、杏次之。松属植物种子发育成熟需要二个完整生长季，第一年春季传粉，第二年春才能受精，球果成熟期要跨年度。果熟期的长短还受自然条件的影响，高温干燥，果熟期缩短，反之则延长。山地条件、排水好的地方果实成熟早些，而果实外表受伤或被虫蛀食后成熟期会提早。

果实的着色是由于叶绿素的分解，果实细胞内原有的类胡萝卜素和黄酮等色素物质绝对量和相对量增加，使果实呈现出黄色、橙色，由叶中合成的色素原输送到果实，在光照、温度和充足氧气的共同作用下，经氧化酶的作用而产生青素苷，使果实呈现出红色、紫色等鲜艳色彩的过程。

3.1.2 园林树木的物候观测

植物在一年中，随着气候的季节性变化而发生的规律性萌芽、抽枝、展叶、开花结实及落叶休眠等现象，称为物候或物候现象；与之相适应的植物器官的动态时期称为生物气候学时期，简称物候期。园林树木在系统发育过程中，其形态形成大都是在季节交替和昼夜周期变化的环境条件下进行的。这两种呈周期性变化的外界条件，影响其营养和生命活动的性质，表现为生命活动的内在节律。外界环境条件的周期变化，每年也不完全相同。气象因子（如温度、降水量等）在每年不同季节的波动和采取不同的栽培技术措施，在一定范围内能改变树木物候期的进程。不同树种和品种的物候期不同，尤其是落叶树木和常绿树木的物候期有很大的差别。园林树木物候观测记录卡见表 3-1。

1. 落叶树木物候期

温带地区的气候四季交替比较明显，所以，温带落叶树木的物候季相变化，尤为明显。落叶树木在一年之内物候变化可明显地分为休眠转入生长期、生长期、生长转入休眠期、休眠期四个阶段。

（1）休眠转入生长期。树木由休眠转入生长，要求一定的温度、水分和营养物质。此阶段处于树木将要萌芽之前，要求当日平均气温稳定在 3℃以上起，到芽膨大待萌时止。芽的萌发是树木解除休眠的形态标志。

（2）生长期。从树木萌芽生长至落叶，即包括整个生长季。这一阶段在一年中所占的时间较长。在此期间，树木随季节变化，会发生极为明显的变化。如萌芽、抽枝展叶或开花、结实等，并形成许多新器官（如叶芽或花芽等）。

（3）生长转入休眠期。 秋季叶片自然脱落是树木进入休眠的重要标志。秋季日照变短是导致树木落叶，进入休眠的主要因素，其次是气温的降低。落叶前在叶内发生一系列的变化，如光合作用和呼吸作用的减弱，叶绿素的分解、部分氮、钾成分转移到枝条等，最后叶柄基部形成离层而脱落。

（4）休眠期。秋季正常落叶到次春树体开始生长（通常以萌芽为准）为止是落叶树木的休眠期。在树木休眠期，短期内虽看不出有生长现象，但体内仍进行着各种生命活动，如呼吸、蒸腾、芽的分化、根的吸收、养分合成和转化等。这些活动只是进行得较微弱和缓慢而已，所以确切地说，休眠只是个相对概念。落叶休眠是温带树木在进化过程中对冬季低温环境形成的一种适应性。如果没有这种特性，正在生长着的幼嫩组织，就会受早霜的危害，并难以越冬而死亡。根据休眠的状态，可分为自然休眠和被迫休眠。

2. 常绿树木的物候期

常绿树物候动态复杂，叶的寿命不定，多在 1 年以上至多年；每年仅仅脱落部分老叶，又能增生新叶，因此，全树终年连续有绿叶存在。

北方常绿针叶树，每年发枝一次或以上。松属有些先长枝，后长叶；果实发育是跨年的。

表 3-1

园林树木物候观测记录卡

观测单位： 观测者：

编号 观测地点 省（市） 县（区） 北纬 ° ′ 东经 ° ′ 海拔 m

生境 地形 土壤 同生植物 小气候 养护情况

物候期 树种	树液开始流动期	萌芽期				展叶期				开花期							果实发育期						新梢生长期								秋叶变色与脱落期							备注
		花芽膨大开始期	花芽开放期	叶芽膨大开始期	叶芽开放期	展叶开始期	展叶盛期	春色叶呈现期	春色叶变绿期	开花始期	开花盛期	开花末期	最佳观花起止日	再度开花期	二次梢开花期	三次梢开花期	幼果出现期	生理落果期	果实成熟期	果实开始脱落期	果实脱落末期	可供观果起止日	春梢始长期	春梢停长期	二次梢始长期	二次梢停长期	三次梢始长期	三次梢停长期	四次梢始长期	四次梢停长期	秋叶开始变色期	秋叶全部变色期	落叶开始期	落叶盛期	落叶末期	可供观秋色叶期	最佳观秋色叶期	

注 表引用陈有民编《园林树木学》。

热带亚热带的常绿阔叶树木，其各器官的物候动态表现极为复杂，各种树木的物候差别很大：①一年中多次抽梢，如柑橘（春梢、夏梢、秋梢及冬梢）；②一年内多次开花结实，如金橘；③同一植株，同时抽梢、开花、结实等几个物候重叠交错；④果实发育期长，跨年才能成熟；⑤赤道附近的树木，全年可生长而无休眠期；⑥季雨林地区，干季落叶，雨季生长，因高温干旱被迫休眠；⑦热带高海拔地区，低温影响被迫休眠。

3. 园林树木物候观测的意义

园林树木的物候观测除具有生物气候学方面的一般意义外，还可通过掌握树木的季相变化，为园林规划设计、植物景观设计提供依据；以及园林树木栽培（包括繁殖、栽植、养护与育种）提供生物学依据。具体体现在以下几个方面。

（1）掌握树木的开花顺序、花期长短、秋色叶期等季节变化规律，为园林树木种植设计、选配树种，形成四季景观提供依据。

（2）掌握了不同树种发芽早晚，前后间隔时间，可以科学地安排栽植顺序，组织安排植物景观施工。

（3）为园林树木栽培提供生物学依据，如确定繁殖时期；确定栽植季节与先后，树木周年养护管理，催延花期等。

（4）危害树木的各类病虫害随树木的物候变化而活动，我们可以根据各种病虫害相对应的树木物候期，掌握消灭病虫害的有效期，制定防治措施，提高防治效果。

4. 园林树木物候观测方法和内容

在树木生长季节对选取的植株 2 ~ 7 天观察一次，一般宜在气温高的下午观测，应选向阳面的枝条或上部枝，应靠近植株观察各发育期，不可远站粗略估计进行判断，冬季深休眠则停止观察。观察的物候期及其特征如下。

（1）展叶期。幼叶在芽中呈各种卷叠状，当有 5% 的叶片平展时为展叶始期。具有复叶的树种，以 1 ~ 2 片小叶平展时为准；针叶树以幼叶从叶鞘中开始出现时为准。阔叶树的叶片有 50% 以上展开，针叶树的针叶长度已达到正常叶长度的 1/2 以上为展叶盛期。全树有 90% 以上的叶展开为展叶末期或称叶全展。

（2）开花期。树上有 5% 花朵的花瓣展开；葇荑花序伸长到正常长度的 1/2，能见到雄蕊或子房；裸子植物能看到花药或胚珠为开花始期。全树 50% 以上花朵开放，葇荑花序或裸子植物雄球花开始散出花粉，裸子植物的胚珠或被子植物的柱头顶端出现水珠为开花盛期。全树残留 5% 以下花朵；葇荑花序脱落时或裸子植物的雄球花散粉完毕为开花末期。

（3）果熟期。果实和种子成熟的标志以果实或种子长到正常的形状、大小、颜色、气味为特征。当树上有 5% 的果实或种子达到成熟的标准时为果实和种子始熟期，全树 50% 以上的果实或种子达到成熟的标准时为果熟盛期；树上的果实或种子绝大部分变为成熟的颜色并尚未脱落时，为果实或种子全熟期。

（4）叶变色期。由于正常季节变化，秋叶由绿色变为红色、黄色、橙色、褐色等颜色，其颜色不再消失，并且新变色之叶在不断增多至全部变色的时期。当观测树木的全株叶片约有 5% 开始呈现为秋色叶时，为叶变色始期；全株 95% 的叶片变色时为叶变色末期。

（5）落叶期。全树有 5% ~ 10% 的叶子正常脱落为落叶初期，全树有 50% 以上的叶落下为落叶盛期，全树仅存留 5% 以下的叶片即为落叶末期。

3.1.3 园林树木对温、光、水、气、土等的要求

园林植物是个活的有机体，除本身在生长发育过程中不断受到内在因素的作用外，同时要受到外界环境条件的综合影响，其中比较明显的有温度、阳光、水分、土壤、空气和人类活动等。

1. 温度

各种树种芽的萌动、生长、休眠、发叶、开花、结果等生长发育过程中要求一定的温度条件，这个要求称为温度三基点，即最低温度、最适温度、最高温度。一般来说，0 ~ 29℃是植物生长的最佳温度。超过极限高温与

极限低温，树木就难以生长。根据树木对温度的要求和适应范围分耐寒树种、半耐寒树种、不耐寒树种三类。

（1）耐寒树种。大部分原产寒带或温带的园林树木属于此类。该类树木一般可以在 -5 ~ 10℃的低温下不会发生冻害，甚至在更低的温度下也能安全越冬。因此该类树木大部分在北方寒冷的冬季不需要保护可以露地安全越冬。如侧柏、白皮松、桃花、龙柏、榆叶梅、紫藤、凌霄、白蜡、丁香、红松、白桦、毛白杨、榆、油松、连翘、金银花等。

（2）半耐寒树种。大部分原产温带南缘带或亚热带北缘的园林树木属于此类。该类树木耐寒力介于两者之间，一般可以忍受轻微的霜冻，在 -5℃以上的低温条件下能露地越冬不会发生冻害。该类树木有：香樟、广玉兰、鸡爪槭、梅花、桂花、夹竹　桃、结香、木槿、冬青、南天竹、枸骨等。

（3）不耐寒树种。该类树木一般原产于热带和亚热带的南缘，在生长期要求温度较高，不能忍受 0℃以下的低温，甚至 5℃以下或者更高的温度。因此该类园林树木在我国北方必须在温室中越冬，根据温度要求不同又可以分为以下几种。

低温温室园林树木：要求室温高于 0℃，最好不低于 5℃。如桃叶珊瑚、山茶、杜鹃、含笑、柑橘及苏铁等；

中温温室园林树木：要求室温不低于 5℃。扶桑、橡皮树、棕竹、白兰花及五色梅等。

高温温室园林树木：要求室温高于 10℃，低于该温度则生长发育不良甚至落叶死亡。如变叶木、龙血树及朱蕉等。

有些树种既能耐寒又能耐高温，如栓皮栎、银杏等全国各地都有分布；而有些树种对温度的适应范围很小，这就造成了这些树木仅具有较小的分布区，如椰子树的分布范围必定在高温、多雨、阳光充足和海风吹拂的条件下生长发育良好，绝对最低温度大于 15℃的地区。有些耐寒树种在南移时，由于温度过高和缺乏必要的低温阶段，或者因湿度过大而生长不良，如东北的红松移至南京栽培，虽然不致死亡，但生长极差，呈灌木状。

2. 光

园林植物的整个生长发育过程是依靠从土壤和空气中不断吸收养料制成有机物来维持的，然而这个吸收过程必须在有蒸腾作用存在的条件下进行。没有光，这个过程将无法实现，同样光合作用也会停止。所以，绿色植物在整个生活过程中对光的需要，正像人对氧的需要一样重要。根据树种的喜光程度可分为喜光树种、耐阴树种和中喜光树种三类。

（1）喜光树种。指凡在壮龄和壮龄以后不能在其他树木的树冠下正常生长的树种，如马尾松、落叶松、刺槐、悬铃木及合欢等。

（2）耐阴树种。 指凡在壮龄和壮龄以后能在其他树木的树冠下正常生长的树种，如云杉、冷杉、杜鹃、枸骨及罗汉松女贞等。

（3）中等喜光树种。 介于喜光树种和耐阴树种之间的树种，如五角枫、七叶树及柳杉等。

同一树种对光照的需要因生长环境、生长发育阶段和年龄的不同而有差异，一般情况下，在干旱瘠薄环境下生长的比在肥沃湿润环境下生长的需光性要大，有些树种在幼苗阶段需要一定的庇荫条件，随年龄的增长，需光量逐渐增大。了解树种的需光性和所能忍耐的庇荫条件对于园林树种的选择和配置是十分重要的。

3. 水分

植物的一切生化反应都需要水分参与，一旦水分供应间断或不足时，就会影响生长发育，持续时间太长还会使植物干死，这种现象在幼苗时期表现得更为严重。反之如果水分过多，会使土壤中空气流通不畅，氧气缺乏，温度过低，降低了根系的呼吸能力，同样会影响植物的生长发育，甚至使根系腐烂坏死，如雪松。不同类型的植物对水分多少的要求颇为悬殊。即使同一植物对水的需要量也是随着树龄、发育时期和季节的不同而变化的。春夏时树木生长旺盛，蒸腾强度大，需水量必然多。冬季多数植物处于休眠状态，需水量就少。

城市的自然降水形成地下水，为植物生长提供水分。水分是决定树木的生存、影响分布和生长发育的重要条件之一。根据树木对水分的需要和适应能力可分为耐旱树种、喜湿树种和中生树种三类。

（1）耐旱树种。能长期忍受天气干旱和土壤干旱，并能维持正常的生长发育的树种。如马尾松、侧柏、圆柏、栓皮栎、柽柳、旱柳、雪松、乌桕、黄连木及盐肤木等。该类树种由于长期生长在极为干旱的环境条件下，形成了适应这种环境条件的一些形态特征，如根系发达、叶常退化为膜质，如针刺形，或者叶面具有厚的角质层、蜡质及绒毛等。

（2）喜湿树种。即能在低湿环境中生长的树种，在干旱条件下常致死或生长不良，如红树、落羽杉、水杉、重阳木、榔榆、枫杨及垂柳等，这类树木其根系短而浅，在长期水淹条件下，树干茎部膨大，具有呼吸根。

（3）中生树种。是介于两者之间，既不耐干旱又不耐低湿树种，多生长于湿润的土壤上，大多数树木都属此类，如杉木、银杏、毛白杨及毛竹等。

许多树木对水分条件的适应性很强，在干旱和低湿条件下均能生长，有时在间歇性水淹的条件下也能生长，如旱柳、柽柳、紫穗槐、乌桕、白蜡及桑等，一些树木则对水分的适应幅度较小，既不耐干旱，也不耐水湿，如腊梅、白玉兰等。

了解树木对水分条件的需要和适应性对于在不同条件下选择不同树木造园是很重要的，如合欢能耐干旱瘠薄，但不耐水湿，在选择立地的时候就应该注意，不要栽植在低洼容易积水或者地下水位较高的地方。

4. 空气

空气是植物生存的必需条件，没有空气中的氧和二氧化碳，植物的呼吸和光合作用就无法进行，造成植物死亡。空气对园林植物的影响是多方面的，主要是空气的流动，即风、有毒气体和烟尘。近年来由于工业的迅速发展，大气污染日趋严重，这给人类和植物造成的危害也日趋严重，树木对于大气污染的抵抗能力是不同的，了解树木对烟尘、有害气体的抗性，可以帮助我们正确的选择城市和工矿企业的绿化树种。如种植在街道绿地中的植物要求对烟尘、汽车尾气等有一定的抗性，抗综合性有毒气体的能力强；工矿区绿地需选用对该工厂释放的有毒气体有一定吸收能力或抗性的植物；防护林需选择深根性、抗风力强的树种。抗综合性有毒气体能力强的植物有夹竹桃、国槐、白蜡、泡桐、丁香、紫薇、地锦、构树、海桐、女贞及臭椿等。

5. 土壤

土壤是园林植物生长的基质，植物通过土壤吸收生长和发育所必需的水分、养分和丰富的氧气。土壤的水分、肥力、通气、温度、酸碱度及微生物等条件，都影响着树木的分布及其生长发育，其中土壤的酸碱度对植物生长影响最大，不同植物对土壤酸碱度的反应不同，就大多数植物来说，在酸碱度 3.5 ~ 9.0 的范围内均能生长发育，但是最适宜的酸碱度却较狭窄，根据植物对土壤酸碱度的不同要求可分为以下三类：

1）酸性土植物：只有在酸性（$pH<6.7$）的土壤中生长最多最盛的植物均属之，如马尾松、桂花、栀子花、山茶、杜鹃类。

2）中性土植物：土壤 pH 值在 6.8 ~ 7.0 之间，绝大多数园林植物属于此类。

3）碱性土植物：在 pH 值大于 7.0 的土壤上生长最多最盛者，如仙人掌、柽柳、碱蓬等。

此外，有些植物在钙质土上生长良好，称为钙质土植物（喜钙植物），如南天竹、柏木、臭椿等。

3.2 园林树木的功能

3.2.1 园林树木保护和改善环境的功能

园林植物保护和改善环境功能主要表现为固碳释氧、降尘、降噪、降温、除有害气体及涵养水源保持水土等方面，对改善生态环境质量具有重要的作用。

1. 固碳释氧

植物通过光合作用吸收 CO_2，释放 O_2，然后又通过呼吸作用吸收 O_2，放出 CO_2。一般由光合作用吸收 CO_2

的要比呼吸作用排出 CO_2 的多 20 倍，因此植物能减少空气中的 CO_2，增加空气中的 O_2，有“氧气加工厂”之称。经科学研究证明：1hm^2 的阔叶林在生长季 1 天可以消耗 1000kg 的 CO_2，释放出 730kg 的 O_2。庭园植物、行道树、森林、草坪绿地等对调节空气具有一定的作用，在城市低空范围内从总量上调节和改善维持碳氧平衡状况，缓解或消除局部缺氧、改善局部地区空气质量。

2. 调节气温

植物通过叶片大量蒸腾水分而消耗城市中的辐射热，以及通过树木枝叶形成的浓荫阻挡太阳的直接辐射热和来自路面、墙面和相邻物体的反射热，产生降温增湿效益，对缓解城市热岛效应具有重要意义。尤其在夏季绿地内的气温较非绿地低 3 ~ 5℃，而较建筑物地区低 10℃左右。

3. 吸滞烟尘和粉尘

植物通过叶片上的气孔和枝条上的皮孔，将大气污染物吸入体内，在体内通过氧化还原过程将污染物中和成无毒物质（即降解作用），或通过根系排出体外，或积累贮藏于某一器官内，从而起到吸滞烟尘和粉尘的作用。植物在吸收大气污染物的同时，自身也在不同程度上受到污染物的影响和损害。城市园林植物通过降低近地面流场风速，使空气中弥漫的颗粒物发生沉积。不同园林植物由于各自叶面粗糙性、树冠结构、枝叶密度和叶面倾角的差异有不同的滞尘能力。城市园林植物一方面通过滞尘作用减少附着于尘埃而悬浮于大气中的细菌数量，另一方面通过一些林木分泌的挥发性杀菌物质（如丁香酚、松脂、肉桂油等）杀灭大量细菌。

防尘类树木以树冠浓密，叶片密集，叶面粗糙、多毛，能分泌黏性油脂，叶片细小，总面积大，气孔抗尘埃堵塞强者为佳。如臭椿、圆柏、马尾松、柳杉、紫穗槐、构树、广玉兰、香樟、枇杷、盐肤木、黄杨、栾树、黄栌、木槿、紫薇及桉树等。

4. 降低噪声

城市园林植物的枝叶可使噪声衰减，衰减多发生在低频范围内，衰减功效与树种及其布局有关。树木的叶面积愈大，树冠愈密，减噪能力就愈强。复层种植结构的减噪效应优于其他种植类型。据测定 40m 宽的林带可以降低噪声 10 ~ 15dB；公园中的密林可以降低噪声 26 ~ 43dB；绿化的街道中比不绿化的街道可降低噪声 8 ~ 10dB。

防噪类树木以叶面大而厚、叶片呈鳞片状重叠排列、树体自上至下枝叶密集的常绿树较理想，如柳杉、雪松、龙柏、悬铃木、梧桐、垂柳、云杉、臭椿、香樟、珊瑚树、桂花及海桐等。

5. 涵养水源保持水土

树木的树冠可以截留一部分降水量，树种不同，其截留率也不同。一般而言，枝叶稠密、叶面粗糙的树种，其截留率大，针叶树比阔叶树大，耐阴树种比阳性树种大。总地来讲树冠的截流量约为降水总量的 15% ~ 40%。由于树冠的截流、地被植物的截流和吸收、土壤的渗透作用，减少和减缓了地表径流量和流速，因而起到了水土保持的作用。涵养水源保持水土的树木应选树冠厚大，根系发达，郁闭度强，截留雨量能力强，耐阴性强而生长稳定和能形成富于吸水性落叶层的树种。如柳、枫杨、云杉、冷杉、圆柏、夹竹桃、胡枝子、紫穗槐、山杨及侧柏等。

3.2.2 园林树木的园林美化功能

植物是造园四大要素（山、水、建筑、植物）之一，而且是四要素中惟一具有生命活力的要素。杨鸿勋先生曾在《江南古典园林艺术》中总结出园林中植物材料的 9 个功能：“隐蔽围墙，拓展空间”；“笼罩景象，成荫投影”；“分隔联系，含蓄景深”；“装点山水，衬托建筑”；“陈列鉴赏，景象点题”；“渲染色彩，突出季相”；“表现风雨，借听天籁”；“散布芬芳，招蜂引蝶”；“根叶花果，四时清供”。可见，造园可以无山、无水，但绝不能没有植物。园林树木是植物造景中最基本、最重要的素材，绝大多数植物造景均需要树木的积极参与，各种建筑若无树木掩映，光秃秃的山，冷清清的水，则缺乏生气。

1. 造景

园林树木可作为整个园林中的主景，也可作局部空间的主景，多见于各类植物园、公园、游园、自然风景区以及各专类园，如热带植物园、沙生植物园、玫瑰园、牡丹园等。利用树木的某一观赏特性或某一历史文化背景，单株或多株配植成某一特定景观或结构。如黄山的迎客松为自然形成的植物景观，是黄山主景之一；南京梅花山、北京香山红叶都是人工与自然配植成的主景，分别是两城市的主要旅游观光景点。

园林树木作为背景可更加突出前景的主题思想，常用大背景使前景置于其中，烘托、渲染作用强烈。如烈士陵园、人民英雄纪念碑等以绿色树木为背景则显得更加庄严肃穆。

园林树木作为配景可使主景更具观赏性，主景与配景融为一体，更加突出整体的自然、和谐、丰满，有时可起到画龙点睛的作用。如假山上的南天竹、著名建筑前的风景树、寺庙内的古松和古柏等，均为提高主景的观赏价值或整体效果而配植；可以想象，若在建筑的角隅处配一面积不大的树丛，则可使整个环境顿显生机。

2. 联系景物

由于使用功能不同，有些相邻的园林景物形成风格完全不同的部分，易造成一种不完整的感觉。为保持整体完整，常需要在有关的园林景物与空间之间安排一些联系的构件，园林树木是常用的素材之一。通过园林树木的应用，将景物与景物、景物与空间之间建立联系或过渡，使之浑然一体。以树木作为联系构件的主要应用方式有四种，即连接、过渡、渗透与丰富。

3. 组织空间

园林绿地空间组织的目的是在满足使用功能的基础上，巧妙地运用艺术构图规律和自然规律创造既突出主题、又富于变化的园林景观，同时根据人的视觉感受创造良好的景物观赏条件，获得良好的观赏效果。园林树木是联系景物的基本构件，同时又是组织空间的基本素材，其本身特性完全能够满足园林绿地空间组织的目的和要求。以树木组织空间具有自然、丰富、饱满、柔和、疏密得当及富有生机等特点，使空间井然有序、张弛适宜又具有大自然的韵味。

园林绿地由若干功能使用要求不同的部分组成，各部分之间存在一定的联系。有时因隶属关系不同或某些特殊的需要，如营造一些小的幽静的空间等，需要将两块或多块绿地分隔开来，若用墙来分隔则显得生硬，有时空间或使用功能上也不允许，常用树木来进行分隔。用树木分隔空间，也是园林布局中取得变化与统一的手段之一。用树木分隔空间，根据要求可分隔成紧密型的，也可分隔成疏透型的（似隔非隔）；可用定植的树木进行永久分隔，或用盆栽树木临时分隔；可水平分隔，也可立体分隔；分隔的空间可以是开敞空间、封闭空间、半封闭空间和纵深空间等。

4. 增添季相变化

园林中经常追求静，并以静为美。但是，在造景上常更多地追求景色的动感，避免“四季一面”或“千城一面”的单调景观。此时，园林树木便成为造景中最具生命力的要素。

园林树木随一年四季物候的变化，其叶、花、果、树形等在形态、色彩、结构及景象等方面表现各异，呈现明显的季相动态变化，季节特色鲜明。从而可在四维空间（加时间维）上营造出赏心悦目的艺术效果，形成春花烂漫、夏荫浓郁、秋色绚丽、冬景苍翠的四季景色，丰富了环境景观，增加了环境的动感，带来了无限的情趣，使人们亲身感受到大自然的无穷魅力。如苏州冬观白雪寒梅，夏看荷花争艳，秋数漫山红叶，春季百花盛开；杭州苏堤春晓看桃柳，夏日曲院风荷，秋观桂花满觉陇，孤山踏雪赏梅（冬）等。

在园林实践中，按照园林树木的季节特色人为地创造园林时序景观，已成为园林设计师进行园林植物配植的一种基本手法。典型的如扬州个园，在咫尺庭院创造出四季分明的自然景观序列：春季梅花、翠竹，夏日国槐、广玉兰，秋有枫树、梧桐，冬配蜡梅、南天竹，达到了步移景异的动态景观效果。

5. 控制视线

在植物造景中，园林树木用以控制视线，使观瞻者产生良好的视觉效果，如作障景的树障，作隔景、夹景的屏障，作框景的树框，作漏景的疏林，作添景的素材等，所起的作用均为遮挡视线。以一定高度的林带、树墙、树篱部分或全部掩去次要景物，突出主要景物，使人视线集中。在景区、景点或室内等均有一些有碍观瞻的部分，如陈旧的建筑、排污的河道、杂乱的民宅、室内家具侧面、夏日闲置不用的暖气管道、壁炉、角隅等均可用结构适宜的树木来遮挡，不一定都要全部遮住，有时只要树木景观能够转移人们的注意力就达到目的了。

3.2.3 园林树木产生的经济效益

园林树木的生产作用有直接生产作用和结合生产作用两个方面，直接生产作用主要是作为苗木、桩景、大树、木材出售而产生的商品价值，同时也包括作为风景区、园林绿地主要题材而产生的风景游览价值。园林树木结合生产作用是园林树木在满足其主要功能与作用的前提下，与生产相结合，提供一些副产品，创造经济价值的作用。如油茶、榛子、乌桕等油料作物；柠檬桉、玫瑰等作为香精原料；桃、杏、梨、柿、枣、枇杷、葡萄及橘作为水果可供食用；刺五加、刺参、紫杉、厚朴、杜仲、侧柏、枸杞等作为药用植物。其他如桑叶可养蚕，漆树可割漆，杜仲可提制硬橡胶，松树可取树脂，这些树种都可为工业提供重要原料。

3.3 城市生态环境与园林树木的关系

3.3.1 城市的光因子与园林树木的关系

1. 城市光因子的特点及对园林树木的影响

光因子影响植物的生长发育。因为光合作用合成的有机物质是植物进行生长发育的物质基础，细胞的分裂与伸长、体积的增长、重量的增加，各器官和各组织比例的发育，花芽的分化，果实的色泽等都同光因子密切相关。市区的光因子变化相当大，由于空气污染，太阳辐射强度明显偏弱，光质亦有变化；所以市区内树木的生长量偏小，花芽数略少，果色偏浅。市区内不同地点的受光量与光质同建筑物的大小、方向、街道的宽窄等因子密切相关。一条东西走向的街道，如果两侧有相同的较高大的建筑物，北侧接受的阳光多于南侧。一栋东西走向的楼房，南侧受光量远多于北侧。南北走向的街道，受光量基本相同。南北走向的楼房，东侧上午受光，西侧下午受光。树木由于受光方向及受光量的不同，常形成偏冠。如树木和建筑物之间的距离太近，也会迫使树木向道路方向不对称生长。在受光量差异太大的地方，要尽量选择耐阴力不同的树种栽植。例如，在较窄的东西走向的楼群之中，其道路两侧的树木配置则不能一味追求对称，南侧树木应选耐阴种类，北侧树木应选阳性树种。不然，必然造成一侧树木生长不良，要年复一年花费大量的人力物力养护、补植等，最终两侧树木也不能对称。夜晚，市区许多地点灯光照射多，如路灯、霓虹灯等，它们能造成灯区树木的微弱生长或延迟落叶。

2. 园林树木对光的影响

植物对光照强度有明显的改变，尤其是高大的园林树木。阳光照射到树冠上时，20% ~ 25% 的光被反射回大气空间，35% ~ 75% 为树冠所吸收，40% 透射到树冠下方，所以树冠下的光照强度已明显降低。同时光质也改变了，植物吸收的是红橙光，透射的是绿光、黄光，它们增热效应小，对人眼的刺激作用小。

3.3.2 城市的温度因子与园林树木的关系

1. 城市温度因子的特点及对园林树木的影响

植物的生命活动必须在一定的温度条件下才能进行。每种植物在生长发育过程中都有一个最适的温度范围，超过温度最高点会造成蛋白质变性，低于最低点会造成冻害和寒害，接近最高点温度和最低点温度时，植物生长不良。城市的温度因子变化很大。市区内有大量由水泥和沥青铺装的街道和广场，由砖石、水泥、钢铁及玻璃等建筑的建筑群，它们如同一块人造的不透水的岩石，吸收太阳辐射的能力强，放热的速度也快，加之稠密的人群日常生活释放出的大量热能，城市气温一般比其郊区气温高 1 ~ 2℃。城市春天来得早、秋天归去迟，市区无霜期比市郊长，冬季极端温度趋于缓和，建筑物封闭的空间，风力也小。在许多四合院式的楼群内部，其温度比许多建筑南侧温度还高，如果能保证水分条件，可以种植一些在当地通常不能露地越冬的园林树木。如在北方地区，四合院内南向可植木懂、水杉、悬铃木、锦熟黄杨等多种在露天不能越冬的园林树木。但是市区内的夏季，如果供水少，加之无风，树木的蒸腾作用受到抑制，致使树木感到过热，因而引起树木焦叶和树干基部树皮灼伤等，这在墙壁南侧更甚。

2. 园林树木对温度的影响

盛夏，树冠遮断了太阳的直射光而使树冠下温度降低，为人们提供了一个凉爽的小气候环境——树荫。凡是能遮挡太阳辐射的物体都能起到降温的作用，但活的植物体有蒸腾作用，降温效果更大并提高空气湿度，使人们感到树荫下更舒适清凉。通常树冠下温度比周围裸地低 2 ~ 5℃，如果把园林树木配置成较大面积的人工树木群落，降温效果则更佳。冬季，由于树木枝干受热面积比无树地区受热面积大，并且能降低风速，所以园林树木群落内部气温比空旷地高。

3.3.3 城市的空气因子与园林树木的关系

1. 城市空气因子的特点及对园林树木的影响

空气是植物生存的必要条件之一。但植物生存并不是利用空气中的所有成分，植物仅利用其中的 CO_2 和 O_2，在正常情况下，它们的含量较恒定，不形成限制因子。空气流动形成风，风对树木生长既有有利的一面，也有不利的一面。但市区内风速一般较市郊小，夏季风小不利于树木蒸腾，冬季风小使树木免受冻害。不过，也有例外，我国大部分地区冬季刮西北风，如果大面积楼群内的步道形成东西至西北走向甚至是南北走向，那么，这种步道易形成穿堂风，因此，在这种地带宜配置抗风、耐寒的树种。

市区空气最主要的特点是污染严重，目前已引起注意的大气污染物约有 100 多种。威胁较大的有粉尘、SO_2、O_3、Cl_2、氟化物、氮化物和氧化物等，愈近街道和厂矿区污染愈严重。空气污染对植物和人类都有严重危害，粉尘以自然方式降落后，黏附在树体上，通过细雨和雾的作用还会淤积在叶片上，尤其是质软或被茸毛的叶片更容易积尘，尘埃中的化学物质在潮湿的条件下，变成了能伤害叶片组织的溶液。总之，尘埃能使空气变得混浊，能阻挡叶片采光，有毒气体从气孔进入叶片，影响其生理生化过程及原生质的活性，其外部表现为叶片变小、变薄，生长量减小，枝条变细，树体矮小，畸形，不开花结实，叶片具各种类型伤斑，甚至叶片枯焦或整棵树木死亡。大气污染对植物的伤害程度受污染物浓度和作用时间的影响，高浓度在短时间内就会造成毒害，低浓度时长时间才会表现出毒害。

大气污染物的浓度与排放量及距污染源的距离成正比，与风速成反比。污染源下风方向比上风方向有毒物质浓度高，谷地常比山地污染物浓度高，在阴雨天和晚上或低气压控制区，常有污染物停滞和积累在地面附近，使树木受害。配置园林树木时，污染物不同的地区要选择不同抗性的树种，植物抗性强弱因植物种类、植物的生长发育状态等的不同而有一定差异。各地确定各种植物对有毒气体的抗性强弱，主要靠实地调查、定点对比栽培实验和人工熏毒气试验等方法。各地区园林树木对不同有毒气体的抗性等级，可以参考当地有关资料。此外，由于空气污染而造成的酸雨，对园林树木危害也很严重。

2. 园林树木对空气的影响

园林树木对大气最主要的影响是吸收 CO_2，放出新鲜的 O_2，调节 O_2 与 CO_2 的平衡，改善空气质量。其次是净化大气。可通过三条主要途径净化：一是吸收有毒物质，减少大气中有毒物质的含量。据研究，在污染区，植物叶汁中有毒物质含量比非污染区高几倍甚至几十倍。它们在植物体内或被降解成无毒物，或被封闭而对植物无害，或造成植物不同程度的伤害甚至死亡。二是减少或吸附粉尘。植被能减少裸地，尤其是木本植物群落能降低风速，加之枝干的机械阻挡作用，致使空气中的大粒粉尘降搭。某些植物干皮粗糙不平，叶面多绒毛，有的能分泌黏液和油脂，这些特征有助于吸附大量飘尘，而蒙尘植物经雨水冲洗后，又能迅速恢复吸尘能力。三是分泌杀菌素，许多树木能分泌杀菌素，毒死或抑制空气中的一些有害菌类的繁殖从而使空气清洁。

最后，园林树木能减弱风力、降低风速。单株树木对风的影响不大，但园林树木群落，尤其是市区周围配置的大面积的防风林对风速有明显的降低作用。其程度取决于树木体型的大小、枝叶茂密程度和群落的结构。一般说来，阔叶树群落大于针叶树群落，常绿阔叶树群落大于落叶阔叶树群落。与风向垂直的木本群落比其他角度的木本群落防风力强。疏林背风面风速小，密林迎风面风速小。

3.3.4 城市的水因子与园林树木的关系

1. 城市水分因子的特点及对园林树木的影响

水是植物体的最重要组成成分，植物的光合、呼吸和运转等各种生命活动都离不开水。不同植物不同生长发育时期需水量不同，都有最高和最低两个基点，并有一个最适的范围。高于最高点，根系缺氧、窒息、烂根死亡，低于最低点，植株萎蔫、枯萎死亡。接近两个基点湿度，生长不良。市区内水分因子变化相当大。由于烟雾的原因，降雨偏多，但由于街道的路面及建筑物的封闭，自然降水的大部分被地下水道排走。树木得不到充足的水分，水分平衡经常处于负值。由于城市温度高，降水利用率低，植物蒸腾量小，土壤蒸发量也小，所以市区内的相对湿度与绝对湿度都比市郊低。城市地下水位相当低，树木根系很难接近地下水，土壤水分状况也差。缺水使城市街道树木树体矮小、叶片小，因而不能发挥应有的生态效益。所以市区里一定要栽植较耐干旱的树种，或经常灌溉以维持水分平衡。而且市区内的水体经常有污染，污物来自工矿废水、生活污水及空气污染物的降落等。

2. 园林树木对水的影响

植物具有净化作用。市区污水有时富含氮、磷、钾等营养元素，有时富含酚、铬、铅及硒等有毒物质，大多数污水以上两类物质同时存在。用污水灌溉农田时，如污水富含营养，可增产；如富含有毒物质，毒物也会随粮食、蔬菜进入食物链，毒害人类。有毒物质进入园林树木体内蓄集、则仅对树木有害，有些树木还可以降解毒物，从而达到净化污水的目的。大量的实践经验和实验结果表明，大面积的森林群落，能增加降水量，能提高林内及周围环境的空气湿度，能增加土壤水分，能调节河水流量，防止洪水泛滥，防止水土流失，能降低沼泽地的地下水位。人工园林树木群落甚至单株树木也具有同样的作用，只是影响程度和范围较小而已。

3.4 古树名木的调查及保护

随着人类文明的不断发展，古树名木也愈来愈受到社会各界的关注和重视。我国幅员辽阔、地理地形复杂、气候条件多样、历史悠久，古树名木的资源极其丰富，如闻名中外的黄山“迎客松”、泰山“卧龙松”、北京市中山公园的“槐柏合抱”等，都是国宝级的文物。我国的古树名木一直受到各方面的关注与保护，在 20 世纪 80 年代初，国家林业局（原国家林业部）就组织专家开展全国范围的古树名木调查，并计划出版全国古树名木一书，故此已有多省市陆续组织编写各自的古树名木专著，并完成了出版计划，为古树名木的保护与管理提供了有价值的文献档案。

3.4.1 古树名木调查及保护的意义

我国现存的古树名木，已有千年历史的不在少数，它们历尽沧桑、饱经风霜，经历过历朝历代的世事变迁，虽老态龙钟却依然生机盎然，为伟大祖国的灿烂文化和壮丽山河增光添彩。保护和研究古树名木，不仅因为它是人类社会历史发展的佐证，是一种独特的自然和历史景观，其本身具有极高的历史、人文与景观的价值，是发展旅游、开展爱国主义教育的重要素材；也因为它对于研究古植物、古地理、古水文和古气候和人类文化交流具有重要的价值。具体如下。

1. 古树名木是历史的见证

我国的古树名木不仅在地域上分布广阔，而且在时空上跨朝历代，上下几千年至今风姿卓然。例如传说中的周柏、秦松、汉槐、隋梅、唐杏（银杏）、宋柳都是树龄高达千年的树中寿星；更有山东莒县浮莱山 3000 年以上的“银杏王”，台湾 2700 年的“神木”红桧，西藏 2500 年以上的巨柏，陕西省长安县温国寺和北京戒台寺已 1300 多年的古白皮松等，更引注人们瞻仰。它们不仅连接我国的悠久文明和灿烂文化，而且许多与重要的历史事件相连，如北京景山明崇祯皇帝自缢的国槐，应是农民起义创造历史的见证；北京颐和园东闾门内的两排古柏，在靠近建筑物的一面保留着火烧的痕迹，那是八国联军侵华罪行的真实记录。

2. 古树名木为文化艺术增彩

古树名木记载着自然与历史文化，为古老的文化艺术更加增添了光彩。我国现存的许多古树名木，多与历代帝王、名士、文人、学者紧密相连，留下许多脍炙人口的精彩诗篇文赋、流传百世精美泼墨画作，成为我国文化艺术宝库中的珍品。如陕西黄陵“轩辕庙”内的二株古柏，一株是“皇帝手植柏”，是我国目前最大的古柏；另一株是“挂甲柏”，枝干“斑痕累累，纵横成行，柏液渗出，晶莹夺目”，相传为汉武帝挂甲所致。

“扬州八怪”中的李鲤，其名画《五大夫松》，是泰山名松的艺术再现；嵩阳书院的“将军柏”，更有明、清文人赋诗 30 余首之多。另如苏州拙政园文征明手植的明紫藤，其胸径 22cm，枝蔓盘曲蜿蜒逾 50m，旁立光绪卅年江苏巡抚端方提写的“文征明先生手植紫藤”青石碑，名园、名木、名碑，被朱德的老师李根源先生誉为“苏州三绝”之一，具极高的人文旅游价值。

3. 古树名木是名胜古迹的佳景

古树名木是重要的风景旅游资源，景观价值突出。它们苍劲挺拔、风姿卓绝，或镶嵌在名山峻岭之中独成一景，或与山川主景融为一体、成为景观的重要组成部分。如以“迎客松”为首的黄山十大名松，泰山的“卧龙松”等，均是自然风景中的珍品；而北京天坛公园的“九龙柏”、北海公园的“遮荫侯”（油松），以及苏州光福的“清、奇、古、怪”4 株古圆柏，更是古树名木中的瑰宝，吸引着众多游客前往游览观光、流连忘返。

4. 古树是研究远古气候、地理的宝贵资料

古树是研究古代气象水文的绝好材料，因为树木的年轮生长除了与树种的遗传特性有关外，还与当时的气候特点相关，表现为年轮宽窄不等的变化，由此可以推算过去年代中湿热气象因素的变化情况；尤其在干旱和半干旱的少雨地区，古树年轮对研究气候的历史变迁更具有重要的价值。对古树年轮的研究最终发展成树木年轮气候学，如美国树木年轮学创始人道格拉斯（E.Douglass），于 1918 ~ 1928 年通过对北科罗拉多州古树年轮的研究，搞清了穴居于南部山崖的印第安人搬迁史；北美的树木年轮学家通过对古树的研究，已经推断出 3000 年来的气候变化；根据只有在非洲和澳大利亚才能见到的波巴布古树（又称猴面包树）的研究，一些科学家推断大洋洲和非洲过去在地质年代曾经是同一个大陆，这一事实自然成为大陆漂移学说的有力旁证之一。我国学者在这方面的研究也有卓著的成果，如 1976 年兰州大学生物系和兰州冰川冻土与沙漠研究所的科技工作者，研究了祁连山圆柏从公元 1059 ~ 1975 年的 917 个年轮，推断出近千年气候的变迁情况，进一步证实了竺可桢教授《中国近五千年来气候变迁的初步研究》一文论断的正确性。

5. 古树对于研究树木生理具有特殊意义

树木的生命周期很长，人们很难对其生长、发育、衰老及死亡的规律用跟踪的方法加以研究，而古树的存在就把树木生长、发育在时间上的顺序展现为空间上的排列，使我们能以处于不同年龄阶段的树木作为研究对象，从中发现该树种从萌生到死亡的总体规律，帮助人们认识各类树种的生长发育状况以及抵抗外界不良环境的能力。

6. 古树对于树种规划的参考价值

能在一地生活千百年的古树大多为乡土树种，足可证明其对当地气候和土壤条件有很强的适应性，因此，古树是制定当地树种规划、特别是指导造林绿化的可靠依据。景观规划师和园林设计师可以从中获取该树种对当地气候环境适应性的了解，从而在规划树种时作出科学、合理地选择，而不致因盲目引种造成无法弥补的损失。

7. 古树名木具有较高的社会、经济价值

古树名木饱经沧桑，是历史的见证、活的文物，它既具有生物学价值，也具有较高的历史文化价值，同时也可以此作为旅游开发的资源，可为当地带来较高的社会、经济价值或间接的经济价值。而对于一些古老的经济树木来说，它们还可能具有巨大直接的生产潜力，如素有“银杏之乡”之称的河南嵩县白河乡，该地有树龄在 300 年以上的古银杏树 210 株，1986 年产白果 2.7 万 kg；新郑县孟庄乡的一株古枣树，单株采收鲜果达 500kg；南召县皇后村乡一株 250 年的望春玉兰古树，每年可采收辛夷药材 200kg 左右。有些古树在保存优良种质方面具有重要的意义，如安徽肖县良梨乡 1 株 300 年的老梨树，不仅年年果实满树，而且是该地发展梨树产业的优良种质资源。

3.4.2　古树名木的调查方法

《中国农业百科全书》：对古树名木的内涵界定为，“树龄在百年以上的大树，具有历史、文化、科学或社会意义的木本植物”。国家环保局对古树名木的分级标准为，一般树龄在百年以上的大树即为古树；而那些树种稀有、名贵或具有历史价值、纪念意义的树木则可称为名木。并相应作出了更为明确的说明，如距地面 1.2m 处的胸径在 60cm 以上的柏树类、白皮松、七叶树，胸径在 70cm 以上的油松，胸径在 100cm 以上的银杏、国槐、楸树、榆树等，且树龄在 300 年以上的，定为一级古树；若胸径分别对应在 30cm 以上、40cm 以上和 50cm 以上，树龄在 100 年以上 300 年以下的，定为二级古树。稀有名贵树木指树龄 20 年以上或胸径在 25cm 以上的各类珍稀引进树种；外国朋友赠送的礼品树、友谊树，有纪念意义和具有科研价值的树木，不限规格一律保护。其中国家元首亲自种植的定为一级保护，其他定为二级保护。国家建设部在 1982 年制定文件规定，古树一般指树龄在百年以上的大树；名木是指树种稀有、名贵或具有历史价值和纪念意义的树木。2000 年 9 月国家建设部重新颁布了《城市古树名木保护管理办法》，将古树定义为树龄在一百年以上的树木；把名木定义为国内外稀有的、具有历史价值和纪念意义以及重要科研价值的树木。凡树龄在 300 年以上，或者特别珍贵稀有，具有重要历史价值和纪念意义、重要科研价值的古树名木，为一级古树名木；其余为二级古树名木。该办法适用于城市规划区内和风景名胜区的古树名木保护管理。要对各县、乡镇及风景名胜区的古树名木进行有效的保护，首先要调查登记，具体如下。

（1）成立古树名木挂牌保护试点领导小组。为切实搞好古树名木挂牌保护试点工作，成立古树名木挂牌保护试点领导小组，领导小组下设办公室，领导小组具体工作是制定工作方案，并协调、处理古树名木挂牌保护试点工作中的各项业务和出现的新情况、新问题，针对性完善和补充相关内容，使保护工作更加有效运行到位。

（2）收集资料。对有关辖区内古树名木资源数量、种类、分布的历史记载情况进行查找收集，认真分析原有资料，对缺项因子进行补充完善。古数名木调查表见表 3-2。

表 3-2　　古树名木调查表

_______省_______市_______县　　　　档案表编号：

<table>
<tr><td rowspan="4">树木名称</td><td>中文名：　　别名：</td><td colspan="2">图片链接</td></tr>
<tr><td>拉丁名：</td><td rowspan="2">保护级别</td><td rowspan="2"></td></tr>
<tr><td>科：　　属：</td></tr>
<tr><td colspan="3">小地名：</td></tr>
<tr><td>树龄</td><td colspan="3">真实树龄：　　年；传说树龄：　　年；估测树龄：　　年</td></tr>
<tr><td colspan="2">树高：　　米</td><td colspan="2">胸围：　　厘米</td></tr>
<tr><td>冠幅</td><td colspan="3">平均　　米；东西　　米；南北　　米</td></tr>
<tr><td rowspan="2">立地条件</td><td colspan="3">海拔：　　米；坡向：　　；坡度：　　度；坡位：　　部</td></tr>
<tr><td colspan="3">土壤名称：　　；紧密度：</td></tr>
<tr><td>生长势</td><td colspan="3">①旺盛　　；②一般　　；③较差　　；④濒死　　；⑤死亡</td></tr>
<tr><td>权属</td><td colspan="3"></td></tr>
</table>

（3）了解古树名木的含义。对符合下列条件之一的树木，可定为古树名木：

1）树龄在百年以上的。

2）具有纪念意义的和历史价值。

3）国外贵宾栽植的“友谊树”，或外国政府赠送的树木。

4）稀有珍贵的树种，省内稀有的。

（4）实地调查。对各管辖区域内分布的古树名木逐村摸底调查补查，逐株进行现场调查实测、填卡、拍照，用 GPS 测定经纬度值和数码相机拍摄电子版全景彩色照片。按照《古树名木调查表》的有关调查因子认真填写。做到“一树一照、一卡一牌”，确保发现一株，鉴定一株，登记一株，保护一株。尽量不错不漏不重，准确全面翔实。对前期档案记载或保护牌错误的，核实更正，收回旧牌。对新增古树名木的因子调查存在疑难问题，邀请专家进行鉴定，并到现场进行识别确认。

（5）规范档案材料。组织专业调查队全体工作人员进行集中培训，学习全国古树名木普查建档技术规定、古树名木信息管理系统操作指南、树种识别鉴定知识、GPS 定位仪和数码相机使用办法、各项调查因子的判定，统一数据获取、标本采集、调查表填写方法，确保图片、标本、表格等相关资料齐全，地点经纬度数值准确，树种名称无误，保护级别正确。

（6）整理和汇总。在外业调查的各项数据进行全面审核后，再录入微机进行统计汇总，对数码相机拍摄的树木图像转入微机进行修正，编辑处理。并将各种调查数据统计表格和图片资料分类装订成册归档。其内容包括：①古树名木清单；②古树名木名录；③古树名木分类株数统计表；④古树名木分布一览表；⑤古树名木图片册。

3.4.3　古树名木的保护措施

在古树名木的保护管理过程中，各地城建、园林部门和风景名胜区管理机构要根据调查鉴定的结果，对本地区所有古树名木进行挂牌，标明管理编号、树种名、学名、科属、树令、管理级别及单位等；同时，要研究制定出具体的养护管理办法和技术措施，如复壮、松土、施肥、防治病虫害、补洞、围栏以及大风和雨雪季节的安全措施等。对于一些有特殊历史价值和纪念意义的古树名木，还应专立说明牌进行介绍，采取特殊保护措施。遇有特殊维护问题，如大气或水体污染危及古树名木的生长安全时，职能部门应及时向上级汇报并与有关部门协作，采取有效保护措施。在城市和风景名胜区内的建设项目，在规划设计和施工过程中，都要严格保护古树名木，不致对树体生长产生不良影响，更不许任意砍伐和迁移。遇有可能使附近古树名木安全受到影响的情况时，有关单位要事先向园林部门提出保护申请，共同研究采取避让保护措施。

1. 法规建设

我国政府历来十分重视对古树名木的保护工作，尤其是 20 世纪 70 年代以来，随着国家社会经济实力和文化科学技术的不断发展，古树名木的价值及其保护意义引起人们的广泛关注，古树名木的保护工作也日益提到各级政府部门的议事日程。1982 年 3 月，国家城建总局出台了《关于加强城市与风景名胜区古树名木保护管理的意见》。1995 年 8 月，国务院颁布实施了《城市绿化条例》，对古树名木及其保护管理办法、责任以及造成的伤害、破坏等，作出了相关的规定、要求与奖惩措施，使古树名木的保护管理工作由政府行政管理行为上升到了依法保护的更高阶段，以法律的形式加以确定，做到有法可依，依法办事。2000 年 9 月，国家建设部重新颁布了《城市古树名木保护管理办法》，对古树名木的范围、分级进行了重新界定，并就古树名木的调查、登记、建档、归属管理以及责任、奖惩制度等也作出了具体的规定和要求。随后，许多省市也相继出台了地方性的古树名木管理与保护法规或条例，使一度疏于管理的古树名木重新又走向了规范保护的发展轨道。

2. 科学研究

在 1982 年国家城建总局提出了保护古树名木的具体规定以后，各级地方政府也给予高度重视，拨出专款进行保护和研究，其中以北京市开展得最早、力度也最大。

北京市园林科学研究所在 1980 年成立了古树研究小组，对古树进行了系列性的专题研究。如 1980 ~ 1984 年对天坛公园、中山公园、北海公园的古松、柏生长衰弱原因及复壮措施的研究，找到了平地古松、柏生长衰弱的真正原因，经初试、中试探索出了有效的复壮方法。1986 年对北京、河北、山东（泰山）、沈阳、甘肃（天水）陕西（黄陵）等 12 省、直辖市及南方山区的古树，从地形、土壤、气候、植被等方面进行了生态环境的研究，探索了古树生存的最佳生态环境。1995 年开始研究不同生态环境下生长健壮和衰弱古树的细胞超微结构，采用电子显微镜研究叶肉细胞的亚纤维结构，发现了它们在形态结构上的明显差异；同时用透射电镜扫描并对叶肉细胞微区进行能谱分析，发现了衰弱古树吸收和代谢功能减弱的原因，并提出了相应的复壮对策。

近年来，山东、甘肃、陕西、山西等地的城建园林部门，以及黄山、泰山等风景名胜区，也对本地的古树名木进行了一定的科学研究，在古树的复壮和养护管理等方面，做了大量的探索与实践，取得了可喜的成效。当前，北京、黄山等地已建立古树名木的计算机管理系统，在系统调查研究的基础上，将每一株古树名木的基本状况档案材料，分类、编号，输入计算机，进行长期的计算机监控管理，并对其营养状况、生长状况等进行定期检测、分析，跟踪相应的技术措施方案，逐步实现了古树名木的现代化保护、管理与养护。

技能训练 3-1　园林树木育苗技术及修剪与整形

一、技能训练目标

（1）掌握园林树木育苗的基本常识。

（2）基本掌握园林树木育苗的基本方法（如扦插、嫁接、压条等）。

（3）掌握园林树木修剪与整形的基本技能。

二、技能训练方法及步骤

（一）训练前准备

1. 材料与试剂

实验材料：当地常见园林树木种子、幼苗、绿化树。

2. 仪器与用具

用具：修枝剪（普通修枝剪、高枝剪）、修枝锯（普通修枝锯、高枝锯）、刀、斧头、梯子、记录夹、记录表、放大镜、照相机等。

（二）方法及步骤

1. 园林树木育苗的方法及步骤

（1）园林种子播种：注意播种季节、种子的处理、株行距、基质的选择等。

（2）种苗移栽：注意移栽时间、挖穴的深度、基肥的使用等。

（3）栽后管理：水肥管理、防暑降温、冬季防寒、病虫害的防治、适时松土、培土等。

2. 园林树木及修剪与整形的方法及步骤

（1）从理论上掌握修剪与整形的操作规程，做到心中有数，如轻短截、中短截的实施；抹芽、去蘖、去除根蘖等的掌握。

（2）修剪前先绕树观察，做到因树修剪，因地制宜。

（3）及时对大的剪口进行药物处理。

（4）将修剪下来的枝条及时拿掉，集体运走，保证环境整洁，防止病虫害蔓延。

三、注意事项

（1）操作时思想集中，不许打闹谈笑，上树后系好安全绳，手锯绳套拴在手腕上。

（2）上大树梯子必须立稳，人字梯中腰拴绳，角度开张适中。

（3）修剪工具要坚固耐用，防止误伤。

（4）一棵树修完，不能从此树跳到另一棵树上，必须下树重上。

（5）五级以上（含五级）大风不可上树。

四、技能训练考核

本次技能训练成绩的评定主要由四方面综合。一是出勤情况，以点名的方式进行，占 10 分；二是实训态度，占 20 分；三是技能掌握，占 40 分；四是实训报告，占 30 分。

技能训练 3-2　园林树木的物候期观测与记载

一、技能训练目标

（1）学会园林树木学物候期的观测方法。

（2）掌握树木的季相变化，为园林树木学种植设计，选配树种，形成四季景观提供依据。

（3）为园林树木学栽培（包括繁殖、栽植、养护与育种）提供生物学依据。如确定繁殖时期。确定栽植季节与先后，树木周年养护管理，催延花期等；根据树木开花习性进行亲本选择与处理，有利于杂交育种和不同品种特性的比较试验等。

二、技能训练方法及步骤

（一）训练前准备

1. 了解及基本掌握观测内容与特征

（1）根系生长周期。利用根窖或根箱，每周观测新根数量和生长长度。

（2）树液流动开始期。从新伤口出现水滴状分泌液为准。如核桃、葡萄（在覆土防寒地区一般不易观察到）等树种。

（3）萌芽期。树木由休眠转入生长的标志。

1）芽膨大始期：具鳞芽者，当芽鳞开始分离，侧面显露出浅色的线形或角形时，为芽膨大始期（具裸芽者如：枫杨、山核桃等）。不同树种芽膨大特征有所不同，应区别对待。

2）芽开放期或显蕾期（花蕾或花序出现期）树木之鳞芽，当鳞片裂开，芽顶部出现新鲜颜色的幼叶或花蕾顶部时，为芽开放期或显蕾期。

（4）展叶期。

1）展叶开始期：从芽苞中伸出的卷须或按叶脉褶叠着的小叶，出现第一批有 1 ~ 2 片平展时，为展叶开始期。针叶树以幼叶从叶鞘中开始出现时为准；具复叶的树木，以其中 1 ~ 2 片小叶平展时为准。

2）展叶盛期：阔叶树以其半数枝条上的小叶完全平展时为准。针叶树类以新针叶长度达老针叶长度 1/2 时为准。有些树种开始展叶后，就很快完全展开，可以不记展叶盛期。

（5）开花期。

1）开花始期：见一半以上植株有 5% 的（只有一株亦按此标准）花瓣完全展开时为开花始期。

2）盛花期：在观测树上见有一半以上的花蕾都展开花瓣或一半以上的柔荑花序松散下垂或散粉时，为开花盛期。针叶树可不记开花盛期。

3）开花末期：在观测树上残留约 5% 的花瓣时，为开花末期。针叶树类和其他风媒树木以散粉终止时或柔荑花序脱落时为准。

4）多次开花期：有些一年一次于春季开花的树木，有些年份于夏季间或初冬再度开花。即使未选定为观测对象，也应另行记录，并分析再次开花的原因。内容包括：①树种名称、是个别植株或是多数植株、大约比例；②再度开花日期、繁茂和花器完善程度、花期长短；③原因：调查记录与未再开花的同种树比较树龄、树势情况；生态环境上有何不同；当年春温、干旱、秋冬温度情况；树体枝叶是否（因冰雹、病虫害等）损伤；养护管理情况；④再度开花树能否再次结实、数量、能否成熟等。

（6）果实生长发育和落果期。自座果至果实或种子成熟脱落止。

1）幼果出现期：见子房开始膨大（苹果、梨果直径 0.8cm 左右）时，为幼果出现期。

2）果实成长期：选定幼果，每周测量其纵、横径或体积，直到采收或成熟脱落为止。

3）果实或种子成熟期：当观测树上有一半的果实或种子变为成熟色时，为果实或种子的全熟期。

4）脱落期：成熟种子开始散布或连同果实脱落。如见松属的种子散布、柏属果落、杨属、柳属飞絮、榆钱飘飞、栎属种脱、豆科有些荚果开裂等。

2. 仪器与用具

围尺、卡尺、记录表、记录夹、记录笔、5% 的盐酸等。

（二）方法及步骤

（1）选定观测地点：观测地点必须具备：具有代表性；可多年观测，不轻易移动。

观测地点选定后，将其名称、地形、坡向、坡度、海拔、土壤种类、pH 值等项目详细记录在园林树木学物候期观测记录表中。

（2）选定观测目标：在本地从露地栽培或野生（盆栽不宜选用）树木中，选生长发育正常并已开花结实 3 年以上的树木。对属雌雄异株的树木最好同时选有雌株和雄株，并在记录中注明雌、雄的性别。观测植株选定后，应作好标记，并绘制平面位置图存档。

（3）观测时间与方法的确定：一般 3 ~ 5 天进行一次。展叶期、花期、秋叶叶变期及落果期要每天进行观测，时间在每日 14：00 ~ 15：00。冬季休眠可停止观测。

（4）选定观测部位：应选向阳面的枝条或中上部枝（因物候表现较早）。高树项目不易看清，宜用望远镜或用高枝剪剪下小枝观察。观测时应靠近植株观察各发育期，不可远站粗略估计进行判断。

三、注意事项

（1）物候期观察需要周年进行，本次实训应在萌芽前做好准备。

（2）物候观测应随看随记，不应凭记忆，事后补记。

（3）物候观测不能轮流值班式观测，同一项目应由同一人（一组）负责。

（4）数据要进行及时整理，以免遗漏。

四、技能训练考核

技能训练成绩的评定主要由四方面综合：一是出勤情况，以点名的方式进行，占 10 分；二是实训态度，占 20 分；三是技能掌握，即实训观察记录过程占 40 分；四是实训报告，占 30 分。

本章小结

园林树木能改善生态环境，创造经济价值。主要体现在固碳释氧、降尘、降噪、降温、除有害气体、涵养水源及保持水土等方面，对改善生态环境具有重要的作用。

城市绿地系统是城市中惟一有生命的基础设施，根据园林树木的生长习性，合理利用园林树木改善城市生态环境、保持城市生态平衡、改善城市环境质量，具有其他设施不可替代的功效。园林绿化通过植树、种灌、栽花、培草、营造建筑和布置园路等过程，不仅提高了绿地率，也充分利用立体多元的绿色植被的生态效应，包括吸音除尘、降解毒物、调节温湿度及有效降低环境污染的程度，使环境质量达到清洁、舒适、优美、安全的要求，从而为人们创造出一个良好的生活空间。园林植物保护和改善环境功能主要表现为固碳释氧、降尘、降噪、降温、除有害气体及涵养水源保持水土等方面。

通过园林树木的物候观测与记录，可以掌握树木的生长发育特点与季相变化，从而为园林规划设计、植物景观设计提供依据；以及为园林树木栽培（包括繁殖、栽植、养护与育种）提供生物学依据。

古树名木是自然与人类历史文化的宝贵遗产，是中华民族悠久历史和灿烂文化的佐证，它们几经沧桑，展现着古朴典雅的身姿，具有很高的观赏和研究价值。尽管国家十分重视对古树名木的保护，但是仍有一些地区在城市发展、风景区和旅游事业开发中，发生损伤古树名木的行为，为此国家颁布了古树名木保护条例，以进一步规范对古树名木的管理与养护。

古树名木的保护与管理工作，是一项综合的长期艰巨任务，目前尚有许多问题有待进一步的研究，并会有更多的新问题不断出现，需要有更多的有志之士投入到这项有意义的工作中来，做出长期不懈的努力。

思考与练习

1. 什么叫物候期？
2. 园林树木物候观测的意义？
3. 园林树木保护和改善环境的功能有哪些？
4. 园林树木的园林美化功能有哪些？
5. 城市的温度因子与园林树木的关系。
6. 城市的空气因子与园林树木的关系。
7. 什么叫古树名木？
8. 古树名木调查及保护的意义及保护措施。
9. 古树名木的调查方法。

第4章　园林树木的选择与配置

知识目标：

●掌握园林树木选择和配置的基本原则。

●了解园林树木的功能配置特点及要求。

●理解园林树木的美学特征。

能力目标：

●能够熟练掌握园林树木选择和配置的原则及要求。

●能够运用园林树木的配置方式进行园林布置。

●能够描述园林树木的美学特征各自的特点。

素质目标：

●培养学生具备细心观察事物的职业素质。

●培养学生具备对园林树木的功能配置灵活运用的素质。

●培养学生能对园林树木的色彩美、姿态美、芳香美等灵活运用的素质。

选择合适的树种是城市园林建设的重要环节，直接关系到园林绿化的质量及其各种效应的发挥，因此了解如何正确地选择树种是学习园林树木栽培的一个重要方面。树种选择合理，不仅可大大提高绿化、美化效果，更可以减少建设投入与节约以后的管理养护费用；但如果选择不当，树木栽植成活率低、后期生长不良，不仅影响观赏特性的正常发挥效果，同时也难以发挥其保护环境及维持城市生态系统平衡的作用。树木生长周期长，在树种选择上因盲目追求某种效果或因不了解树木的习性而做出的错误决定，有可能造成无法弥补的损失。

园林树木配置应按植物生态习性和园林布局要求合理配置，发挥它们的园林效应和展示观赏特性。园林树木配置包括两个方面：一方面是各种树木相互之间的配置，考虑植物种类的选择，树丛的组合，平面和立面的构图、色彩、季相以及园林意境；另一方面是园林树木与其他园林要素如山石、水体、建筑、园路等相互之间的配置。园林树木配置的优劣直接影响到园林工程的质量及园林功能的发挥。园林树木配置不仅要遵循科学性，而且要讲究艺术性，力求科学合理的配置，创造出优美的景观效果，从而使生态、经济、社会三者效益并举。

4.1　园林树木的选择与配置原则

4.1.1　园林树木的选择原则

1. 根据植物的生物学特性来选择园林植物

不同种类植物在体量大小、生命周期长短及物候期等方面变化各异，因此要依据园林规划设计的不同要求进行选择。如植株体量较大、冠大荫浓的树种宜作庭荫树；分枝点高、主干光滑、花果不污染衣物的树种宜做树林（林植）；各种不同树形、对光有不同需求、观赏时期不在同时的树种可群植（亦可是同一种）；耐修剪、枝叶浓密的树种宜作绿篱（绿墙）、植物造型；植株低矮、匍匐又枝叶浓密的种类宜作地被植物；释放挥发性物质并具杀菌作用的植物宜作卫生防护林（保健树种）；深根型、根系发达，枯枝落叶层厚的树种宜作水源林（涵养水源）；

菌根或根瘤菌丰富，落叶多、易腐烂（或分解成腐殖质），枝叶灰分含氮、磷、钾、钙等营养成分高的树种宜作绿肥树种（用于城市绿地中土壤条件差的地方，或称先锋树种）。

2. 根据植物的生态习性进行选择

要科学合理地选植树木，就应在了解树木生态习性的基础上，按照“师法自然，顺应自然，模拟自然”的要求，做到因地制宜，适地适树。应从树木的生态习性、观赏价值及与周围环境的协调性等方面考虑树木栽植的地点是否适宜。植物是有生命的有机体，每种植物对生态环境都有特定的要求，在进行植物配植时必须从光照、温度、水分和土壤等方面满足植物的需求。每种植物对光、温、水、土、气方面的要求各不一样，依据当地条件选择相应植物，做到适地适树。如耐干旱瘠薄、具菌根或根瘤菌的树种可用于荒山或当地条件差的城市绿地中，称先锋树种或荒山绿化树种；耐阴或喜半阴的树种可用于栽培群落的中层、建筑物荫庇处等。由于树木对水分需求量的不同，在湖岸溪流两侧或土壤水分含量较多的低湿地可栽植喜湿耐涝树种，在灌溉条件较差的干旱地可栽植耐干旱树种等。

3. 根据植物的观赏习性来选择

每种植物的观赏部位、观赏季节、观赏时间长短等方面各不相同，依据园林规划设计的要求进行选择。如外形较好又喜光的树种宜孤植；季相变化明显的树种宜作风景林；姿态典雅、古朴，花文化底蕴深厚的树种宜与山石、园林建筑等相配；同属或同种植物景观丰富、观赏时期长的宜作专类园。

园林树木的选择还应注重形体、色彩、姿态和意境方面的美感，在选择时应充分发挥树木多方面的美学特点，运用艺术手段，符合园林艺术性造景定义的要求，创造充满诗情画意的园林植物景观。树木本身具有变化的外形、多彩的颜色和丰富的质感，在选择时也应从树木的观赏特性方面考虑这种树木栽植于某一地点是否美观。如尖塔形、圆锥形树木易表现庄严、肃穆的气氛，可应用于规则式园林和纪念性区域；垂枝形树木形态轻盈、活泼，适宜在林缘、水边和草地上种植；深绿色的树木显得稳重而阴沉，可与建筑很好地搭配，也能成为白色建筑小品或雕塑的背景材料；紫色或红色叶的树木能提供活泼的气氛，使环境产生温暖感，颜色醒目，孤植或丛植可起到引导游人视线的作用。

4. 经济的原则

园林树木的选择应在满足前面三个原则的前提下，以最经济的手段获得最佳的景观效果。在树木选用过程中要充分利用乡土树种，适当地选择园林结合生产的树种。要根据绿化投资的多少决定用多大量的大苗及珍贵树种，还要根据管理能力选用可粗放管理或需精细管理的树种，并注意景观建设的长短期效果结合问题，这些都有助于经济原则的实现。

选择乡土树种的做法不仅可以保证树种适应当地的气候、土壤等生态条件，而且可以节约运输成本，避免由于不恰当地引入外来树种所造成的损失。在充分利用乡土树种的基础上，也应适当选择经过长期考验的外来树种，并积极扩大已引种栽培成功的外来树种的使用，以创造城市植物景观的多样性。

4.1.2 园林树木的配置原则

1. 符合绿地的性质和功能要求

园林绿地的性质和功能决定了植物的选择和种植形式。城乡有各种各样的园林绿地，设置目的各不相同，主要功能要求也不一样。如道路绿地中的行道树要求以提供绿荫为主，要选择冠大荫浓、生长快的树种按列植方式配植，在人行道两侧形成林荫路；要求以美化为主，就要选择树冠、叶、花或果实部分具有较高观赏价值的种类，丛植或列植在行道两侧形成带状花坛，同时还要注意季相的变化，尽量做到四季有绿、三季有花，必要时可点缀草花。在公园的娱乐区，树木配植以孤植树为主，使各类游乐设施半掩半映在绿荫中，供游人在良好的环境下游玩。在公园的安静休息区，应以配植有利于游人休息和野餐的自然式疏林草地、树丛和孤植树为主。以防护为目的的配植应选择抗性强的树种。

2. 满足园林风景构图的需要

（1）总体艺术布局要协调。规则式园林布局，多采用规则式配置形式，种植为对植、列植、中心植、花坛及整形式花台，进行植物整形修剪。而在自然式园林绿地中则采用不对称的自然式种植，充分表现植物自然姿态，配植形式如孤植、丛植、群植、林地、花丛、花境及花带等。

（2）要符合构图原则。主从与统一原则的应用是树木配植中获得良好景观效果的决定性因素。在配植时必须分清景物的主体与从属的相互关系，在树木形体、体量和色彩等的比较中突出主体景物，同时又要在变化中求得统一。对比与调和是园林植物景观设计的重要原则之一。对比的应用会使景观丰富多彩，调和原理的应用可使景观协调而统一。对比与调和原则可通过对树木形状、姿态、色彩、体量和质地等的综合考虑来实现。

有规律的再现称为节奏，在节奏的基础上形成的既富于情调又有规律的可把握的属性称为韵律。节奏与韵律原则的应用可消除景观的单调和乏味感，使景观充满音乐般的有规律的、变化的美感。在配植时，可以利用植物的单体或不同的形态、色彩和质地等景观要素进行有节奏和韵律的搭配。“间株垂柳间株桃”就是有韵律配植的佳作。

均衡与稳定的原则在园林景观设计中可通过各种植物材料和其构成要素的体形、数目、色彩、质地和线条等方面的合理搭配来实现。可形成对称均衡美、不对称均衡美和竖向均衡美等几种形式。

（3）考虑综合观赏效果。人们欣赏植物景色的要求是多方面的，而全能的园林植物是极少的，或者说是没有的。因此，植物配置时，应根据其观赏特性进行合理搭配，表现植物在观形、赏色、闻味及听声上的综合效果。具体配置方法有：观花和观叶植物结合；不同色彩的乔、灌木结合；不同花期植物结合；草本花卉弥补木本花木的不足等。

（4）四季景色有变化。组织好园林的季相构图。使植物的色彩、芳香、姿态及风韵随着季节的变化交替出现，以免景色单调。重点地区一定要四时有景，其他各区可突出某一季节景观。

（5）植物比例要适合。不同植物比例安排影响着植物景观的层次、色彩、季相、空间、透景形式的变化及植物景观的稳定性。因此，在树木配置上应将速生树与慢生树；乔木与灌木；观叶与观花及树木、花卉、草坪、地被植物等按比例合理搭配。在植物种植设计时应根据不同的目的和具体条件，确定树木花草之间的合适比例。如纪念性园林常绿树、针叶树比例就可大些；庭院花木就可多些。

（6）设计从大处着眼。配植要先整体后个体。首先考虑平面轮廓、立面上高低起伏、透景线的安排、景观层次、色块大小、主色调的色彩及种植的疏密等。其次，才根据高低、大小、色彩的要求，确定具体乔、灌、草的植物种类，考虑近观时单株植物的树型、花、果、叶、质地的欣赏要求。不要一开始就决定到具体种类。

3. 满足植物生态要求

要满足植物的生态要求，使植物能正常生长，一方面是因地制宜，使植物的生态习性和栽植地点的生态条件基本统一。另一方面就是为植物正常生长创造适合的生态条件，只有这样才能使植物成活和正常生长。

4. 地域特征与植物文化

现代园林中提倡生态和文化，植物文化是园林文化的重要组成部分。在中国传统园林中应用的植物种类多被赋予各种文化内涵，其中大多数仍能被现代人所接受。

在中国文化中，松树的地位极其崇高，当得百木之长的荣誉；其挺拔苍翠、生命的顽强和从容，都堪为表率。世上之物，皆以新进少年为贵，只有松柏和梅树，枝干如铁，老而愈发精彩。松柏，耐寒，予以抗击环境变化、保持本真、坚强不屈的品格；“松柏为百木长也而守宫阙”，为生命的象征。“为草当作兰，为木当作松。兰秋香风远，松寒不改容”。家庭种柏不太适宜，柏树似乎是陵墓的专用；“柏，阴木也，木皆属阳，而柏向阴指西”。

我国园林和各地方园林有许多传统的植物配置形式和种植喜好，形成了一定的配置模式。在园林造景上应灵活应用，如竹径通幽—竹径，花中取道—花境，松、竹、梅—岁寒三友，槐荫当庭、梧荫匝地、移竹当窗、檐前芭蕉、编篱种菊；高台牡丹、芦汀柳岸、春节赏梅、重阳观菊；四川的翠竹、海南的椰林等。

5. 统筹近、远期景观效果

在园林树木配植时如果能注意景观建设的长短期效果结合的问题，即树木的大苗与小苗，也可以节约一定的资金。现在的园林绿化建设中，常常要求短期内见效果，这就要求用大苗，但大苗价格相对要高，而且移植较难成活。若能考虑大苗与小苗的结合使用，既可节约资金，又可兼顾景观的长短期效果。

植物配置要速生树种与慢生树种相结合，使植物景观尽早成效、长期稳定。首先基调和骨干（主调）树种要留有足够的间距（成年树冠大小来决定种植距离），以便远期达到设计的艺术效果（慢生树）。其次，为使短期取得好的绿化效果，在栽植骨干、基调树种的同时，要搭配适量的速生填充树种（未成年树），种植距离可近些。使其很快形成景观，经过一段时间后，可分期进行树木间伐达到最终的设计要求。

总之，在进行园林植物布置时力求做到：功能上的综合性，构图上的艺术性，生态上的科学性，风格上的地方性，经济上的合理性。

4.2 园林树木的配置方式与类型

4.2.1 规则式配置

规则式配置是指植株的株行距和角度按一定的规律进行种植。多应用于建筑群的正前面、中间或周围，配置的树木要呈庄重端正的形象，使之与建筑物协调，有时还把树木作为建筑物的一部分或作为建筑物及美术工艺来运用。

1. 对植

凡乔、灌木以相互呼应的形式栽植在构图轴线两侧的称为对植，多用耐修剪的常绿树种，如柏树等。对植不同于孤植和丛植，前者永远是作配景，而后者可以作主景。种植形式有对称种植和非对称种植两种。

对称种植经常用在规则式种植构图中，不论在公园或建筑物进出口两旁均可使用。街道两侧的行道树是属于对植的延续和发展。对植最简单的形式是用两棵单株乔、灌木分布在构图中轴线两侧，必须采用体形大小相同，统一的树种，并与对称轴线的垂直距离相等的方式种植。

2. 列植

列植即行列栽植，是指乔、灌木沿一定方向（直线或曲线）按一定的株行距连续栽植或在行内株距有变化的种植类型。行列栽植形成的景观比较整齐、单纯、气势大。行列栽植是规则式园林绿地，如道路广场、工矿区、居住区、办公大楼绿化应用最多的基本栽植形式。

列植在园林造景中有以下要求。

（1）树种选择。行列栽植宜选用树冠体形比较整齐的树种，如圆形、卵圆形、倒卵形、椭圆形、塔形、圆柱形等；而不选枝叶稀疏、树冠不整形的树种。

（2）株行距。行列栽植的株行距，取决于树种的特点、苗木规格和园林主要用途等。一般乔木采用 3 ~ 8m，甚至更大。灌木为 1 ~ 5m。

（3）栽植位置。行列栽植多用于规则式园林绿地中如道路广场、工矿区、居住区、办公建筑四周绿化。在自然式绿地中也可布置比较规整的局部。

（4）要处理好与其他因素的矛盾。列植形式常栽于建筑、道路上下管线较多的地段，要处理好与综合管线的关系。道路旁建筑前的列植树木，既与道路配合形成夹景效果，又避免遮挡建筑主体立面的装饰部分。

3. 三角形种植

树木以固定的株行距按等边三角形或等腰三角形的形式种植。等边三角形的方式有利于树冠和根系对空间的充分利用。实际上大片的三角形种植仍形成变体的列植。

4. 中心植

一般指在广场、花坛的中心点种植单株或单丛树木的种植形式。常选用树形整齐、生长慢、四季常青、高大挺拔的树木，如雪松、油松、圆柏和苏铁等。

5. 环植

按一定的株距把树木栽为圆形的一种方式，包括环形、半圆形、弧形、双环、多环及多弧等富于变化的方式。

6. 多边形

包括正方形栽植、长方形栽植和有固定株行距的带状栽植等。

4.2.2 自然式配置

园林植物自然式配置又称“不规则式配置”。种植布局自由灵活，无中轴对称，株距、行距不相等，轮廓有高低上下、参差错落，层次分远近疏密、前后掩映，以表现自然界植物天然状态的美。以自然方式布置花卉，多作花丛、花群，林木栽植方式有孤植、对植、群植等，在变化中求规律，不对称中求均衡。我国古典园林中花木配置以自然式为主。多选择树形美观的树种，以不规则的株行距配植成各种形式。

1. 孤植

孤植是指乔木或灌木的孤立种植类型，但并不意味着只能栽一棵树，有时为构图需要，为增强其雄伟感，同一种树的树木常二株或三株紧密地种植在一起，形成一个单元，其远看和单株栽植的效果相同。孤植树主要是表现植物的个体美，在园林功能上有两种：一是单纯作为构图艺术上的孤植树；二是作为园林中庇荫和构图艺术相结合的孤植树。孤植树主要表现植株个体的特点，突出树木的个体美。因此，在选择树种时，应选择那些具有枝条开展、姿态优美、轮廓鲜明、生长旺盛、成荫效果好、开花繁茂，寿命长，香味浓郁或色叶具有丰富季相变化等特点的树种。如榕树、香樟、桂花、白皮松、银杏、红枫、雪松、悬铃木及广玉兰等。

在园林中，孤植树的比例虽小，却有相当重要的作用。在园林中孤植树常布置在大草坪或林中空地的构图中心上，与周围的景点要取得均衡和呼应，四周要空旷，要留出一定的视距供游人观赏。一般最适距离为树木高度的 4 倍左右。最好还要有像天空、草地等自然景物作背景衬托，以突出孤植树在形体、姿态方面的特色。也可以布置在开阔处的水边，以及可以眺望辽阔远景的高地上。

在自然式园路或河岸溪流的转弯处，常要布置姿态、线条、色彩特别突出的孤植树，也可以起到限定空间的作用，以吸引游人继续前进，所以又叫诱导树。在古典园林中的假山悬崖上、巨石旁边、磴道口处也常布置特别吸引游人的孤植树，但是孤植树在此多作配景，而且姿态要盘曲苍古，才能与透露生机的山石相协调。另外，孤植树也是树丛、树群、草坪的过渡树种。

2. 对植

在规则式构图的园林中，对植要求严格对称，布置在中轴线的两侧。而在自然式园林中，对植不是均衡的对称。多用在自然式园林进出口两侧及桥头、石级磴道、建筑物门口两旁。非对称种植的树种也应该统一，但体形大小和姿态可以有所差异。与中轴线的垂直距离大者要近，小者要远，才能取得左右均衡、彼此呼应、动势集中的效果。

对植也可以在一侧种一大树而在另一侧种植同种的两株小树，或者分别在左右两侧种植组合成分近似的两组树丛或树群。

3. 丛植

树丛通常是由二株到十几株同种或异种乔木、或乔、灌木组合而成的种植类型。配植树丛的地面可以是自然植被或是草坪、草花地，也可配置山石或台地。树丛是园林绿地中重点布置的一种种植类型，它以反映树木群体美的综合形象为主，所以要很好地处理株间、种间的关系。

所谓株间关系，是指疏密、远近等因素；种间关系是指不同乔木以及乔、灌木之间的搭配。在处理植株间距时，要注意在整体上适当密植，局部疏密有致，并使之成为一个有机整体；在处理种间关系时，要尽量选择有搭配关系的树种，要阴性与阳性，快长与慢长，乔木与灌木有机地组合成生态相对稳定的树丛。同时，组成树丛的每一株树木，也都能够在统一的构图中表现其个体美。所以，作为组成树丛的单株树木与孤植树木相似，必须挑选在庇荫、树姿、色彩及芳香等方面有特殊价值的树木。

树丛可分为单纯树丛及混交树丛两类。树丛在功能上除作为组成园林空间构图的骨架外，有作庇荫用的；有作主景用的；有作诱导用的；有作配景用的。庇荫用的树丛最好采用单纯树丛形式，一般不用灌木或少用灌木配置，通常用树冠开展的高大乔木为宜。而作为构图艺术上主景，诱导与配景用的树丛，则多采用乔灌木混交树丛。

树丛作为主景时，宜用针阔叶混植的树丛，其观赏效果特别好，可配置在大草坪中央、水边、河旁、岛上或土丘山冈上，以作为主景的焦点。在中国古典园林中，树丛与岩石的组合常设置在粉墙的前方，或走廊、房屋的一隅，以构成树石小景。

作为诱导用的树丛多布置在出入口、路叉和弯曲道路上，以诱导游人按设计安排的路线欣赏丰富多彩的园林景色，另外，它可以当配景用，如作小路分歧的标志，或遮蔽小路的前景，以取得峰回路转又一景的效果。

树丛设计必须以当地的自然条件和总的设计意图为依据，用的树种虽少，但要选得准，以充分掌握其植株个体的生物学特性及个体之间的相互影响，使植株在生长空间、光照、通风、温度、湿度和根系生长发育方面，都取得理想的效果。

（1）两株配合。树木配植构图上必须符合多样统一的原理，既要有调和，又要有对比，因此，两株树的组合，必须既有变化又有统一。两株组合的树丛最好采用同一种树，但如果两株相同的树木，其大小、形体、高低完全相同，那么配植在一起时又会过分呆板。明朝画家龚贤所说："两株一丛，必一俯一仰，一欹一直，一向左一向右。"又说：二树一丛，分枝不宜相似，即十树五树一丛，亦不得相似。

二株的树丛，其栽植的距离不能与二树冠的直径的 1/2 相等，必须靠近，其距离要比小树冠小得多，这样才能成为一个整体。

（2）三株、四株配合。三株配合中，如果是两个不同的树种，最好同为常绿树或同为落叶树；同为乔木或同为灌木。最多只能有两个树种。古人云："三树一丛，第一株为主树，第二第三为客树"，"三株一从，则二株宜近，一株宜远以示区别也。近者曲而俯，远者宜直而仰"，栽植时，三株忌在一直线上，也忌按等边三角形栽植。

四株完全用一个树种，或最多只能用两个不同的树种时，必须同为乔木或同为灌木。四株树组合的树丛，不能在同一直线上，要分组栽植，但不能两两组合，也不要任意三株成一直线，可分为两组或三组。

树种相同时，在树木大小排列上，最大的一株要在集体的一组中。当树种不同时，其中三株为一种，另一株为其他种，这另一株不能最大，也不能最小，这一株不能单独成组，必须与其他组成一个三株的混交树丛。

（3）五株配合。五株同为一个树种的组合方式，每株树的形体、姿态、动势、大小、栽植距离都应不同。最理想的分组方式为 3 ∶ 2，这就是三株一小组，两株一小组，如果按照大小分为五个号，三株的小组应该是 1、2、4 成组，或 1、3、4 成组或 1、3、5 成组。总之，主题必须在三株的一组中，三株的小组必须与三株的树丛相同，两株的必须与两株的树丛相同。

五株树丛由两个树种组成，一个树种为三株，另一个树种为两株，这样比较合适。五株由两个树种组成的树丛，其配植上，可分为一株和四株两个单元，也可分为两株和三株两个单元。芥子园画谱中说："五株既熟，则千株万株可以类推，交搭巧配，在此转关。"

4. 群植

群植是由多数乔灌木混合成群栽植而成的类型。树群所表现的主要为群体美。树群也像孤植树和树丛一样，可作构图的主景。

树群应该布置在有足够距离的开敞场地上。树群规模不宜过大，在构图上要四面空旷，树群的组合方式，最好采用郁闭式、成层的组合。树群内通常不允许游人进入，因而不利于作庇荫之用。

树群可分为单纯树群和混交树群两种。单纯树群由一种树木组成，可以应用宿根花卉作为地被植物。混交树群是树群的主要形式。混交树群可分为五个部分，即乔木层、亚乔木层、大灌木层、小灌木层及多年生草本五个部分。乔木层选用的树种应姿态丰富，整个树群的天际线应富于变化。亚乔木选用的树种，应是开花繁茂的。灌木应以花木为主，草本以多年生野生草本为主。

树群内植物的栽植距离要有疏密的变化，要构成不等边三角形、切忌成行、成排、成带地栽植；不可用带状混交，也不可用片状、块状混交。第一层为阳性树，第二层为半阴性的，第三层可为耐阴树。

5. 林植

林植是指较大规模成带成片的树林状的种植方式。这种配植形式多出现于大型公园、林阴道、小型山体及水面的边缘等处，也可成为自然风景区中的风景林带、工矿厂区的防护林带和城市外围的绿化及防护林带。园林中的林植方式包括自然式林带、疏林和密林等形式。

自然式林带是一种大体呈狭长带状的风景林，多由数种乔、灌木所组成，也可只由一种树种构成。

疏林是郁闭度在 0.4 ~ 0.6 之间的树林。疏林是园林中应用最多的一种形式，游人的休息、游戏、看书、摄影、野餐及观景等活动，总是喜欢在林间草地上进行。造景要求有以下要求。

（1）满足游息活动的需要。林下游人密度不大时（安静休息区）可形成疏林草地（耐踩踏草种）。游人量较多时（活动场地）林下应与铺装地面结合。同时，林中可设自然弯曲的园路让游人散步（积极休息）、游赏和设置园椅、置石供游人休息。林下草坪应耐践踏，满足草坪活动要求。

（2）树种以大乔木为主。主体乔木树冠应开展，树荫要疏朗，具有较高的观赏价值，疏林以单纯林为多用。混交林中要求其他树木的种类和数量不宜过多，为了能使林下花卉生长良好，乔木的树冠应疏朗一些，不宜过分郁闭。

（3）林木配植疏密相间。树木的种植要三、五成群，疏密相间，有断有续，错落有致，使构图生动活泼、光影富于变化。忌成排成列。

密林是郁闭度在 0.7 ~ 1.0 之间树林。密林中阳光很少透入，地被植物含水量高，经不起踩踏。因此，一般不允许游人步入林地之中，只能在林地内设置的园路及场地上活动。

密林又有单纯密林和混交密林之分。

1）单纯密林。由一个树种组成的密林。单纯密林由一种乔木组成，故林内缺乏垂直郁闭景观和丰富的季相变化。为了弥补这一不足，布置单纯密林时应注意以下几点。

①采用异龄树。可以使林冠线得到变化及增加林内垂直郁闭景观。布置时还要充分利用起伏变化的地形。

②配植下木。为丰富色彩、层次、季相的变化，林下配植一种或多种开花华丽的耐阴或半耐阴草本花卉（玉簪、石蒜），以及低矮开花繁茂的耐阴灌木（杜鹃、绣球）。单纯配植一种花灌木可以取得简洁壮阔之美，多种混交可取得丰富多彩的季相变化。

③重点处理林缘景观。在林缘还应配置同一树种、不同年龄组合的树群、树丛和孤植树；安排草花花卉，增强林地外缘的景色变化。

④控制水平郁闭度。水平郁闭度最好在 0.7 ~ 0.8 之间，以增强林内的可见度。这样既有利于地下植被生长，又提高了林下景观的艺术效果。

2）混交密林。由两种或两种以上的乔木及灌木、花、草彼此相互依存，形成的多层次结构的密林。混交密林层次及季相构图景色丰富，垂直郁闭效果明显，布置应注意以下几点。

①留出林下透景线。供游人欣赏的林缘部分及林地内自然式园路两侧的林木，其垂直成层构图要十分突出，郁闭度不可太大，以免影响视线进入林内欣赏林下特有的幽深景色。

②丰富林中园路两侧景色。密林间的道路是人们游憩的重要场所，两侧除合理安排透景线外，结合近赏的需要，应合理布置一些开花华丽的花木、花卉，形成花带、花镜等，还可利用沿路溪流水体，种植水生花卉，达到

引人入胜的效果，游人漫步其中犹如回到大自然之中。

③林地的郁闭度要有变化。无论是垂直还是水平郁闭度都应根据景色的要求而有所变化，以增加林地内光影的变化，还可形成林间隙地（活动场地）明暗对比。

④林中树木配植主次分明。混交林中应分出主调、基调、和配调树种，主调能随季节有所变化。大面积的可采用片状混交，小面积的多采用点状混交，亦可二者结合，一般不用带状混交。

6. 散点植

以单株或双株、三株的丛植为一个点在一定面积上进行有节奏和韵律的散点种植，强调点与点之间的相呼应的动态联系，特点是既体现个体的特性又使其处于无形的联系中。

4.2.3 混合式配置

在一定的单元面积上采用规则式和自然式相结合的配植方式，这种方式常应用于面积较大的绿地和风景区中。

4.3 园林树木的功能配置

园林树木作为一种“调节剂”，在诸多方面影响着人类的生存环境，园林树木的配置除了要符合美学的基本规律外，还应满足其特定功能的需要。功能配置是通过对园林树木的合理组合搭配，达到最佳功能效果的树木配置方式。功能配置主要有以下几种方式。

4.3.1 防护配置

1. 防污配置

防污配置利用树木可大量吸收污染物的特点，在紧邻污染源附近，根据污染物种类，栽植吸收能力和抗毒能力强的树木，减少污染物向外扩散。随着工矿企业的迅猛发展和人类生活用矿物燃料的剧增，受污染的空气中混杂着一定含量的有害气体，威胁着人类健康，其中二氧化硫就是分布广、危害大的有害气体。凡生物都有吸收二氧化硫的本领，但吸收速度和能力是不同的。树木叶面积大，吸收二氧化硫的量要比其他物种大得多。在高温高湿的夏季，随着树木旺盛生长和生理活动功能增强，吸收二氧化硫的速度会随之加快。

园林树木还有自然防疫作用，有些树木能分泌出杀伤力很强的杀菌素，杀死空气中的病菌和微生物，对人类有一定保健作用。有人曾对不同环境，同是 $1m^3$ 体积的空气含菌量作过测定：在人群流动的公园为 1000 个，街道闹市区为 3 万～4 万个，而在林区仅有 55 个。另外，树木分泌出的杀菌素数量也是相当可观的。例如，1 公顷桧柏林每天能分泌出 30kg 杀菌素，可杀死白喉、结核、痢疾等病菌。

2. 防尘配置

防尘配置通过合理配置园林树木，减少地表尘土飞扬，加速飘尘降落，阻挡含尘气流向外扩散，将粉尘污染限制在一定范围内。一般采取丛植、带状、环状或网状方式种植，种植的行列应与尘源垂直，配置密度宜大。树木下可种植地被植物，避免地表裸露。据资料记载，每平方米的云杉，每天可吸滞粉尘 8.14g，松林为 9.86g，榆树林为 3.39g。园林树木也是天然制氧厂，文献记载，一个人要生存，每天需要吸进 0.8kg 氧气，排出 0.9kg 二氧化碳。园林树木在生长过程中要吸收大量二氧化碳，放出氧气。树木每吸收 44g 的二氧化碳，就能排放出 32g 氧气；树木的叶子通过光合作用产生一克葡萄糖，就能消耗 2500L 空气中所含有的全部二氧化碳。照理论计算，园林树木每生长 $1m^3$ 木材，可吸收大气中的二氧化碳约 850kg。$10m^2$ 的园林树木或 $25m^2$ 的草地就能把一个人呼吸出的二氧化碳全部吸收，供给所需氧气。

3. 防音配置

防音配置园林树木是天然的消声器。噪声对人类的危害随着公共、交通运输业的发展越来越严重，特别是城镇尤为突出。噪声在 50dB 以下，对人影响不大；当噪声达到 70dB，对人就会有明显危害；如果噪声超出 90dB，人就无法持久工作了。树木作为天然的消声器有很好的防噪声效果。公园或片林可降低噪声 5 ~ 40dB，比离声源同距离的空旷地自然衰减效果多 5 ~ 25dB；汽车高音喇叭在穿过 40m 宽的草坪、灌木、乔木组成的多层次林带时，噪声可以消减 10 ~ 20dB，比空旷地的自然衰减效果多 4 ~ 8dB。要使消声有好的效果，最少要有宽 6m、高 10m 的林带，林带不应离声源太远，一般以 6 ~ 15m 为宜。林带的减噪效果应优于树丛和树林，其总的效果取决于林带树种的组成、结构和林带的位置。构成林带的树木应枝叶茂密，分枝点低。混凝土墙和土堤的防音效果比单纯的林带要好，因此防护带的配置应尽可能将三者结合起来，在防音林带两侧附近区域铺设草坪，散植灌木，栽种乔木带及地被物，形成噪音缓冲地带，以提高防音效果。

4. 防火配置

防火配置在居住区域、易燃建筑物周围、城郊、森林公园等栽植防火树木，可防止火灾蔓延。防火绿地通常由数行交错的林带和空闲地带组成。林带可采用乔灌混交方式，品字形排列种植点。在靠近建筑物一侧选用阴性树种，外侧选用阳性树种，林带宽度应在 10m 以上，林带距离建筑物 4 ~ 10m。

5. 防风配置

防风配置园林树木能改变低空气流，有防止风沙和保持水土的作用。防风林带分为紧密型、通风型与疏透型三种。紧密型林带常由乔木、小乔木和灌木组成，行数多，栽植密度大，这种结构的林带前后均有显著的防风效果，但有效防风范围较小。通风型林带多由单一的主干高而明显的乔木组成，在林带下还可种植一些低矮的灌木。林带较窄、行数少、密度小的通风型林带，因其防风效果较差通常用于沙漠防风林或风害较轻地区的农田防护林。疏透型是用乔木与灌木组成的双层林，或仅由侧枝发达的乔木组成的窄林带，其结构特征介于紧密型与通风型之间，有效防风距离比紧密型远，是应用广泛的一种防风林带结构形式。

4.3.2 视觉配置

1. 引导配置

引导配置是在道路上合理配置树木，利用配置树木行列的变化来知道道路的走向、起伏，起到引导视线的作用。引导配置有两种常见形式，一种在公路的拐弯处外侧前面种矮树，后面栽高树，内侧多不植树，或仅栽少量整形的低矮灌木，以帮助驾驶员明确道路走向。第二种从起伏道路的顶峰开始，在道路两侧依次配置由低到高的树木，使驾驶员从远处或当汽车越过峰顶时就能立即看见前方树木的顶部，明确方向。

2. 遮蔽配置

遮蔽配置是遮蔽树种通常常绿，树体高大，枝叶茂密，分枝点低，生长迅速。遮蔽配置的配置方式主要有丛植、群植、列植三种。

3. 遮光配置

遮光配置是在城市街道、公路上用于减缓夜间行驶时对面车辆射来的灯光对驾驶员或行人眼睛的刺激的配置方式。遮光树木多采用单行或双行形式配置，以枝叶茂密、树体空隙少、分枝低的种类为宜，树高可在 15 ~ 20m 之间。

4. 明暗配置

明暗配置是利用树木来缓和光照强度急剧变化的配置方式。明暗配置常用在隧道进出口附近光线明暗变化过度区，以保证行车安全。配置方式主要两种：一是从隧道进出口端点开始，沿道路方向在道路两侧按株距由小到大，树木由低到高的方式种植树木，树木呈单列或双列排列，树种以枝叶具疏密变化，枝下垂者为宜。另外一种是在隧道口的上方搭建棚架，用藤蔓植物攀爬绿化。这两种方式结合使用效果会更佳。

4.3.3 遮阴配置

通过配置树木，可以起到遮挡烈日，降低温度的作用。枝叶茂密，树冠体量大，绿阴期长的树种具有较好的遮阴效果。树木的遮阴配置有孤植、列植、群植等多种方式。遮阴树木以阔叶树为佳，针叶树冠形整齐，冠幅小，难以达到理想的遮阴效果。此外，应用藤蔓植物攀爬棚、架、亭、廊等，也是一种较好的遮阴配置方式。

4.3.4 缓冲配置

利用树木可以缓和交通事故造成的冲击碰撞，减轻事故危害程度。缓冲配置应设置在危险性大和事故多发地段。分枝多，枝条长，柔软，韧性强的树种，低矮的灌木和藤蔓树种为缓冲配置的理想材料。缓冲配置多采用带状、群状方式。

园林树木对气候的缓冲作用。园林树木浓密的树冠在夏季能吸收和散射、反射一部分太阳辐射能，减缓地面增温。冬季园林树木叶片大都凋零，但密集的枝干仍能削减吹过地面的风速，使空气流量减少，起到保温保湿作用。据测定，夏季森林里气温比城市空阔地低 2 ~ 4℃，相对湿度则高 15% ~ 25%，比柏油混凝土的水泥路面气温低 10 ~ 20℃。由于树木根系深入地下，源源不断的吸取深层土壤里的水分供树木蒸腾，使树木周围形成雾气，增加了空气湿度。通过分析对比，林区比无林区年降水量多 10% ~ 30%。要使树木发挥对自然环境的保护作用，其绿化覆盖率最好占总面积的 25% 以上。由于人们对森林的木材资源的大量消耗，地球上的森林面积在逐年变小，这引起了多方面的环境问题，例如：干旱少雨、气候变暖、动植物资源减少、水土流失、沙尘暴和空气污染加重等。因此，植树造林，扩大森林面积，增加森林资源，是关系到经济效益、社会效益、环境效益及人类能否生存的大事。

欲充分发挥树木配置的各种效果，除考虑美学构图的原则外，还必须了解树木是具有生命的有机体，它有自己的生长发育规律和生态习性要求。在掌握有机体自身及其与环境因子相互影响的规律基础上，还应具备较高的栽培管理技术知识，并有较深的文学、艺术修养，使各种配置效果和谐共存。

4.3.5 园林树木配置需达到的艺术效果

园林树木配置的艺术效果是多方面的、复杂的，需要细致的观察和体会才能领会其奥妙之处，配置的艺术效果可以从下面几点来考虑。

1. 丰富感

配置前后要有明显对比，如配置前简单枯燥，配置后则优美丰富。

2. 平衡感

平衡分对称的平衡和不对称的平衡两类。前者是用体量上相等或相近的树木，以相等的距离进行配置而产生的效果；后者是用不同的体量，以不同距离进行配置而产生的效果。

3. 稳定感

在园林局部或远景一隅中常可见到一些设施具有较强的稳定感，就是配置所作的贡献。

4. 严肃与轻快感

应用常绿针叶树，尤其是尖塔形的树种形成庄严肃穆的气氛，如莫斯科列宁墓两旁配置的冷杉产生了很好的艺术效果，杭州西子湖畔的垂柳形成了柔和轻快的气氛。

5. 强调与缓解

运用树木的体形、色彩特点加强某个景物，使其突出的配置方法称强调。具体配置常用对比、烘托、陪衬及透视线等手段。对于过分突出的景物，用配置的手段使之从“强调”变为“柔和”，称为缓解。景物经缓解后可与周围环境更为协调，而且可增加艺术感受的层次感。

6. 韵味

配置上的韵味效果，颇有“只可意会不可言传”的意味，只有修养较高的园林工作者和游人能体会其真谛，每个不懈努力观摩的人都能领略其意味。

4.4 园林树木的美学特征

园林树木作为园林中重要的景观要素，在园林植物造景中占有很大比重并成为园林的主要角色，往往因花繁叶茂或枝大冠浓等风格而引人注目。园林树木种类繁多，每个树种都独具自己的形态、色彩、芳香和风韵等美的特性，人们可以通过视觉、嗅觉、触觉和心灵来感受园林树木的内在和外在美。

4.4.1 园林树木的色彩美

人们视觉最敏感的是色彩，从美学的角度讲，园林树木的色彩在园林上应是第一性的；其次才是园林树木的形体、线条等其他特性。因此，园林树木的色彩美在其园林美学价值中具有重要地位。树木的各个部分如花、果、叶、枝干和树皮等，都有不同的色彩，并且随着季节和年龄的变化而绚丽多彩、万紫千红。

1. 叶色美

叶色被认为是园林色彩的创造者，它决定了树木色彩的类型和基调。树木的叶色变化丰富，有早春的新绿、夏季的浓绿、秋季的红黄叶和果实交替，这种物候景观规律的色彩美，观赏的价值极高，能达到引起人们美好情思的审美境界。树木根据叶色变化的特点可以分为以下6类。

（1）绿色叶类。绿色是园林树木的基本叶色，有嫩绿、浅绿、鲜绿、浓绿、黄绿、蓝绿、墨绿及暗绿等差别，将不同深浅绿色的树木搭配在一起同样能够产生特定的园林美学效果，给人以不同的园林美学感受，例如在暗绿色针叶树丛前配置黄绿色树冠，会形成满树黄花的效果。叶色呈深浅浓绿色类的树种有：油松、圆柏、雪松、云杉、侧柏、山茶、女贞、桂花、槐、榕、毛白杨构树等。叶色呈浅淡绿色类的树种有水杉、落羽松、金钱松、七叶树、鹅掌楸及玉兰等。

（2）春色叶类及新叶有色类。树木的叶色常随着季节的不同而发生变化，对春季新发出的嫩叶有显著不同叶色的，统称为“春色叶树”，例如臭椿、五角枫的春叶呈红色；在南方亚热带、热带地区的树木，一年多次萌发新叶，而对长出的新叶有美丽色彩如开花效果的种类称新叶有色类，如芒果、无忧花、铁力木等。

（3）秋色叶类。凡在秋季叶片有显著变化并且能保持一段观赏期的树种，均称为“秋色叶树”。秋季叶色的变化，体现出独特的秋色美景，在园林树种的色彩美学中具有重要地位。

（4）常色叶类。叶色在一年中不分春秋季节而呈现一种不同于绿色的其他单一色彩，这类树种称为常色叶树种，以红色、紫色和黄色为主。如全年呈现红色或紫色类的树种有红枫、紫叶小檗、紫叶欧洲槲、紫叶李、紫叶桃及红花檵木等。全年均为黄色类的有金叶鸡爪槭、金叶雪松、金叶圆柏、金叶女贞、黄金榕及黄叶假连翘等。

（5）双色叶类。某些树种，其叶背与叶表的颜色显著不同，这类树种特称为“双色叶树”如银白杨、胡颓子、栓皮栎、红背桂、翻白叶树等。

（6）斑色叶类。叶上具有两种以上颜色，以一种颜色为底色，叶上有斑点或花纹，这类树种称为斑色叶树种，如洒金桃叶珊瑚、金边或金心大叶黄杨、变叶木、花叶榕、花叶橡皮树、花叶女贞、花叶络石、洒金珊瑚及花叶鹅掌柴等。

2. 枝干皮色美

树木的枝条，除因其生长习性而直接影响树形外，它的颜色亦具有一定的观赏价值。尤其是当深秋叶落后，枝的颜色更为显眼。对于枝条具有美丽色彩的树木，特称为观枝树种。常见观赏红色枝条的有红端木、红茎木、野蔷薇、杏及山杏等；可赏古铜色枝的有山桃、李、梅等；而于冬季观赏青翠碧绿色彩时则可植梧桐、棣棠与青榨槭等。

树干的皮色对美化配置起着很大的作用，可产生极好的美化效果。干皮的颜色主要有以下几种类型。

（1）呈暗紫色。如紫竹。

（2）呈红褐色。如赤松、马尾松、杉树及尾叶桉。

（3）呈黄色。如金竹、黄桦。

（4）呈灰褐色。一般树种常呈此色。

（5）呈绿色。如梧桐及三药槟榔。

（6）呈斑驳色彩。如黄金间碧竹、碧玉间黄金竹及木瓜。

（7）呈白或灰色。如白皮松、白桦、毛白杨、朴树、山茶、悬铃木及柠檬桉。

3. 花色美

花朵是色彩的来源，它既能反映大自然的天然美，又能反映出人类匠心的艺术美。花朵五彩缤纷、姹紫嫣红的颜色最易吸引人们的眼球，使人心情愉悦，感悟生命的美丽。以观花为主的树种在园林中常作为主景，在园林树种配植时可选择将不同季节开花、不同花色的树种栽植在一起，形成四时景观，表现丰富多样的季节变化，也可建立专类园如春日桃园、夏日牡丹园、秋日桂花园，冬日梅园等。花朵的基本颜色可分为以下几种类型。

（1）红色花系。有凤凰木、刺桐、木棉、梅花、桃花、山茶、杜鹃、牡丹及月季等。

（2）橙黄、橙红色花系。有鹅掌楸、洋金凤、丹桂及杏黄龙船花等。

（3）紫色、紫红色花系。有紫红玉兰、红花羊蹄甲、大叶紫薇、紫荆、泡桐及紫藤等。

（4）黄色、黄绿色花系。有栾树、无患子、黄槐、蜡梅、腊肠树及鸡蛋花等。

（5）白色、淡绿色花系。有广玉兰、白千层、槐树、龙爪槐、拱桐、栀子及珍珠梅等。

4. 果色美

果实的颜色有着很深刻的观赏意义，尤其是在秋季，硕果累累的丰收景色，充分显示了果实的色彩效果，正如苏轼诗词中“一年好景君须记，正是橙黄橘绿时”描绘的果实成熟时的喜庆景色。果实常见的色彩有如下几种类型。

（1）红色果实。有桃叶珊瑚、小檗类、山楂、冬青、枸骨、火棘、花揪、樱桃、郁李、金银木、南天竹、珊瑚树、橘、柿、石榴及洋蒲桃等。

（2）黄色果实。有银杏、梅、杏、柚、甜橙、佛手、金柑、梨、木瓜、贴梗海棠、沙棘、假连翘及蒲桃等。

（3）蓝色果实。有紫珠、葡萄、十大功劳、李、忍冬、桂花及白檀等。

（4）黑色果实。有小叶女贞、小蜡、女贞、五加、鼠李、常春藤、君迁子、金银花及黑果忍冬等。

（5）白色果实。有红瑞木、芫花、雪果及花揪等。

4.4.2 园林树木的姿态美

园林树木种类繁多，姿态各异，有大小、高低、轻重等感觉，通过外形轮廓、干、枝、叶、花果的形状及质感等特征综合体现。不同姿态的树木经过配植可产生层次美、韵律美，如金钱松、池杉、柳杉、雪松的苍劲挺拔、雄伟壮观，垂柳、龙爪柳、龙爪槐等的婀娜多姿、飘洒滞逸，梅花、铺地柏等枝干曲直、疏影横斜，香樟、悬铃木等冠广圆团、浓荫蔽天，还有毛白杨的高大雄伟、牡丹的娇艳、碧桃的妩媚、凤凰木和木棉的火热，树干高大、直立、外形挺拔的棕榈科植物，无不显示出热带情调，独具潇洒美。一个树种的树形并非一成不变，它随着生长发育过程而呈现出规律性的变化，从而呈现不同的姿态美感。

1. 树冠的形体美

园林树木种类不同，树冠形体各异，同一植株树种在不同的发育阶段树冠形体也不一样。园林树木自然树冠形体归纳起来主要有以下几种类型。

（1）尖塔形。这类树木的顶端优势明显，主干生长旺盛，树冠剖面基本以树干为中心，左右对称，整体形态如尖塔形，如雪松、水杉等。

（2）圆柱形。这类树木的顶端优势仍然明显，主干生长旺盛，但是树冠基部与顶部都不开展，树冠上部和下部直径相差不大，树冠冠长远大于树冠冠径，整体形态如圆柱形，如塔柏、杜松及钻天杨等。

（3）卵圆形。这类树木的树形构成以弧线为主，给人以优美、圆润、柔和、生动的感受，如樱花、香樟、石楠、加拿大杨、梅花及榆树等。

（4）垂枝形。这类树木形体的基本特征是有明显的悬垂或下弯的细长枝条，给人以柔和、飘逸、优雅的感受，如垂柳、垂枝桃等。

（5）棕椰形。这类树木叶集中生于树干顶部，树干直而圆润，给人以挺拔、秀丽的感觉，具有独特的南国风光特色，如棕榈、椰子树及蒲葵等。

2. 枝干的形体美

园林树木干枝的曲直姿态和斑驳的树皮具有特殊的观赏效果。枝干形态有以下几种。

（1）直立形。树干挺直，表现出雄健的特色，如松类、柏类、棕榈科乔木类树种。

（2）屈曲形。树木的干枝扭曲，表皮上的斑痕在落叶后更为清晰显露，刻下了与自然抗争的痕迹，透着生机，如龙爪愧、龙爪柳、龟背竹及佛肚竹。

（3）并丛形。两条以上树干从基部或接近基部处平行向上伸展，有丛茂情调。

（4）连理形。在热带地区的树木，常出现两株或两株以上树木的主干或顶端互相愈合的连理干枝，但在北方则须由人工嫁接而成。我国的习俗认为这是吉祥的象征。

（5）盘结形。用人工方法将树木的枝、干、蔓等加以屈曲盘结而成一定的图案，具有苍老与优美的情调。

（6）堰卧形。树干沿着近乎水平的方向伸展，由于在自然界中这一形式往往存在于悬崖或水体的岸畔，故有悬崖式与临水式之称，具有奇突与惊险之感。

3. 树皮形态美

以树皮的外形而言，大概可分为如下几个类型。

（1）光滑树皮。表面平滑无裂，如柠檬桉、胡桃幼树。

（2）横纹树皮。表面呈浅而细的横纹状，如桃、南洋杉、樱花。

（3）片裂树皮。表面呈不规则的片状剥落，如毛桉、白皮松、悬铃木及白千层等。

（4）丝裂树皮。表面呈纵而薄的丝状脱落，如青年期的柏类、悬铃木。

（5）纵裂树皮。表面呈不规则的纵条状或近于人字形的浅裂，多数树种均属于此类。

（6）纵沟树皮。表面纵裂较深呈纵条或近于人字状的深沟，如老年的胡桃、板栗。

（7）长方裂纹树皮。表面呈长方形之裂纹，如柿、君迁子等。

4. 树叶的形体美

园林树木的叶片具有极其丰富多彩的形貌。其形态变化万千、大小相差悬殊能够使人获得不同的心理感受。归纳起来有如下几种类型。

（1）针叶树类。叶片狭窄、细长，具有细碎、强劲的感觉，如松科、杉科等多数裸子植物。

（2）小型叶类。叶片较小，长度大大超过叶片宽度或等宽。具有紧密、厚实、强劲的感觉，部分叶片较小的阔叶树种属于此类，如柳叶榕、瓜子黄杨、福建茶等。

（3）中型叶类。叶片宽阔，叶片大小介于小型叶类和大型叶类之间，形状各异，是园林树木中最主要的叶型，多数阔叶树种属于此类，使人产生丰富、圆润、朴素、适度的感觉。

（4）大型叶类。叶片巨大，但是叶片数量不多，大型叶类以具有大中型羽状或掌状开裂叶片的树种为主，如苏铁科、棕榈科、芭蕉科树种等。

5. 花的形体美

园林树木的花朵，形状和大小各不相同，花序的排聚各式各样，在枝条着生的位置与方式也不一样，在树冠上表现出不同的形貌，即花相。包括以下几种类型。

（1）外生花相。花或花序着生在枝头顶端，集中于树冠表层，花朵开放时，盛极一时，气势壮观，如紫薇、夹竹桃、泡桐、紫藤及山茶等。

（2）内生花相。花或花序着生在树冠内部，树体外部花朵的整体观感不够强烈，如桂花、含笑及白兰花等。

（3）均匀花相。花或花序在树冠各部分均匀分布，树体外部花朵的整体观感均匀和谐，如蜡梅、桃花及樱花等。

6. 果实的形体美

园林树木果实观赏体现在“奇、巨、丰”三个方面。“奇”就是果实形状奇特有趣，如佛手果实的形状恰似“人手”，腊肠树的果实如香肠等；也有果实富于诗意的，如王维“红豆生南国，春来发几枝，愿君多采撷，此物最相思”中的红豆树等。“巨”就是单个果实形体巨大，如柚子、椰子、木瓜、木菠萝等；或果虽小而果形鲜艳，果穗较大，如金银木、接骨木等。“丰”就是从树木整体而言，硕果累累，如葡萄、火棘。

7. 根的形体美

树木裸露的根部也有一定的观赏价值。一般而言，树木达老年期以后，均可或多或少地表现出露根美。在这方面效果突出的树种有榕树、松、榆、梅、蜡梅、山茶、银杏及广玉兰等。特别在亚热带、热带地区有些树种有巨大的板根、气生根，气势雄伟，如桑科榕属植物具有独特的气生根，可以形成极为壮观的独木成林、绵延如索的景象。

4.4.3 园林树木的芳香美

园林树木特有的芳香美主要体现在花香方面。每当花季，群芳争艳，芳香四溢，给人们最美的感受。花的芳香既沁人心脾，还能招引蜂蝶，增添情趣，有的鲜香使人神清气爽，轻松无虑，有的使人情意缠绵，兴奋眩晕；即使是新鲜的叶香、果香和草香，也使人心旷神怡。以花的芳香而论，目前无一致的标准，一般可分为清香（如茉莉）、甜香（桂花）、浓香（如白兰花）、淡香广玉兰及幽香（如树兰）等不同的香味；有的植物分泌的芳香物质有特殊的保健功能，按“美善相乐”的说法，凡符合人类功利目的，暗含着“善”便是美的客观标准之一，如柠檬油具杀菌和调节神经中枢的功能，松柏不仅能散发芳香，其针状的叶有“尖端放电”功能，有利于改善空气中的负离子含量；有的树种各个部位都有独特的香味，如香樟各部位都能散发出樟脑的香味，能够使人精神振奋。不同的芳香会引起不同的反应，在园林设计和工程实际中，巧妙地利用树木的芳香特性，能够起到特定的园林作用，带给人以独特的芳香感受，从而体现树木的芳香美。在园林中，许多国家建有“芳香园”，我国古典园林中有“远香堂”、“冷香亭”，现代园林中有的城市建有“玉兰园”、“桂花园”等，让人们在欣赏美的同时闻到花的清香。

4.4.4 园林树木的动态美

园林树木的美还随季节和年龄的变化而丰富和发展，随外界环境因子变化而丰富多彩，让人们感受到树木的动态变化和生命的节奏，这些都是园林树木“动态美”的园林美学价值体现。

1. 随年龄的变化而呈现生长、荣枯

园林树木整个生命周期中，先后经历了种子发芽、幼苗生长至成年发育、衰老枯亡的过程，通过树木一生中不同年份内高度、体量等动态的变化，我们可以感受到大自然的奇妙变化，从而引发对自己人生历程的思考，总结经验教训，继续奋发有为。枯树还能给园林景观涂上苍老的色彩，逝去的岁月凝固在枯树的形体上，刻下了与自然抗争的痕迹，扭曲的枝干、斑驳的树皮，树身上的斑痕，这一切汇成一篇生命之力的诗章。在生命已经枯竭的树体里，仿佛还保留着力的流动，还透着生机，这就是枯树美的所在。此外，古树具有古老的文化品格，常被看作民族和江山的象征。

2. 随季节和外界环境的变化呈现不同的形态

树木随季节有四相：春英、夏荫、秋毛、冬骨。春英者，谓叶绽而花繁也；夏荫者，谓叶密而茂盛也；秋毛者，谓叶疏而飘零也；冬骨者，谓枝枯叶槁也。早春树木新叶展露、繁花竞放，使人感到愉快；夏季群树葱茏，洒下片片绿荫；秋季硕果累累，霜叶绚丽，芳香四溢，生机盎然；冬季枝干裸露，苍劲凄美。而且生长在不同环境的树木也表现不同的美。岩石峭壁的松树，悬根露爪，枝干屈曲，苍劲古朴，而平原上的松树挺拔、亭亭华盖，气势昂然，万古不倒。

同一种树木随季节和外界环境的变化呈现不同的形态，这些“动态”其实就是一种美，通过树木的动态美，人们间接感受到了四季的更替，时光的变迁，体会到了大自然的无穷变化，更体会到了生命的可贵和时间的重要，从而引发思索，这些都是园林树木动态美的园林美学价值体现。

3. 园林树木的感应美

树木枝叶受风、雨、光、水的作用会发声、反射及产生倒影等而加强气氛，令人遐想，引人入胜，给人以动感美。如枝叶受风的作用会改变姿态，特别是风中摇曳的柳枝，婀娜多姿、柔情似水；“松涛阵阵”，气势磅礴、雄壮有力，有如千军万马，具排山倒海之势；“夜雨芭蕉”犹如自然界的交响乐，青翠悦耳，轻松愉快；“风敲翠竹”如莺歌燕语，鸣金戛玉；“白杨萧萧”，悲哀惨淡，催人泪下。一些叶片排列整齐、叶面光亮的树木，当阳光照射时有一种反光效果，使景物更辉煌，产生一种幻觉美，令人称奇。

4.4.5 园林树木的意境美

意境美统称风韵美、内容美、象征美或联想美。树木的意境美融合了人们的思想情趣与理想哲理，即树木具有一种比较抽象却极富有思想感情的美。

1. 树木被赋予丰富的情感

中国具有悠久的文化，人们在欣赏、讴歌大自然中的植物美时，曾将许多植物的形象美概念化或人格化，并赋予丰富的情感。如梅、兰、竹、菊合称为“四君子”，梁实秋先生在其著作《四君子》中写到这四种植物时，称它们是“清华其外，淡泊其中，不作媚时之态”；松、竹、梅为“岁寒三友”，象征文雅高尚，竹子被一致公认为“最有气节的君子”，古往今来一直成为文人骚客咏叹的对象，竹子有“未曾出土先有节，纵凌云处也虚心”的品格，北宋大诗人苏东坡更是发出了“宁可食无肉，不可居无竹”的感慨。“无意苦争春，一任群芳妒”体现了梅花“不畏强暴，虚心奉献”的高贵品格；“零落成泥碾作尘，只有香如故”体现了梅花“自尊自爱高洁清雅”的美好品性。松柏耐寒，抗逆性强，虽经严冬霜雪或在高山危岩，仍能挺立风寒之中。松叶细长成针状，经风吹拂易产生振动而发出声音，是为松涛；松树寿长，故有“寿比南山不老松”之句，以松表达祝福长寿之意。桃花在公元前的诗经周南篇有“桃之夭夭，灼灼其华”誉其艳丽；后有“人面桃花”句喻淑女之美，而陶渊明的《桃花源记》更使桃花林给人带来和平、理想仙境的逸趣。在广东一带有习俗，春节在家中插桃花寓意吉祥幸福。李花繁而多子，现在习称“桃李遍天下”表示门人弟子众多之意，紫荆表示兄弟和睦，含笑表深情，木棉表示英勇不屈故又名英雄树，桂花、杏花因声而意显富贵和幸福，牡丹因花大艳丽而表富贵。白杨萧萧表惆怅、伤感，“垂柳依依”表示感情上绵绵不舍、惜别；红豆表示相思、恋念；桑、梓代表故土、乡里。

不仅中国赋予树木丰富的情感，其他国家亦有此情况，例如，日本人在樱花盛开的季节男女老幼载歌载舞，举国欢腾；加拿大以糖槭象征着祖国大地。在希腊幽静的山谷，到处长满了橄榄树，那清脆的树叶、累累的果实以及淡雅的花朵给人一种美的感觉。古奥运会在奥林匹亚举行时，橄榄树被选作运动员最高的奖赏，象征和平，象征友谊。因此用橄榄枝编织的橄榄冠是最神圣的奖品，能获得它是最高的荣誉。

2. 树木营造了优美的园林意境

园林树木在园林中创造出许多园景，表达出多种思想感情。如承德避暑山庄中的万壑松风、青枫绿屿、梨花伴月、万树园等；颐和园中的知春亭、玉澜堂等；杭州西湖的苏堤春晓、柳浪闻莺等。这些著名园林，无不透射出园林树木意境美的神韵，令人流连忘返。

树木意境美的形成是比较复杂的，它与民族的文化传统、各地的风俗习惯、文化教育水平、社会的历史发展等有关。它不是一成不变的，随着时代的发展而发生转变。例如白杨萧萧是由于旧时代所谓庶民多植于墓地而成的，但今日由于白杨生长迅速，枝干挺直，翠荫覆地，叶近革质有光泽，为良好的普遍绿化树种，即绿化的环境变了，所形成的景观变了，游人的心理感受也变了，用在公园的安静休息区中，微风作响时就不会有萧萧的伤感之情，而会感受到有远方鼓瑟之声，产生"万籁有声"的感受，收到精神上安静休憩的效果。又如对梅花的意境美亦非仅限于"疏影横斜"的外形之美，而是"俏也不争春，只把春来报。待到山花烂漫时，她在丛中笑"的具有伟大理想的精神美的体现了。

在蓬勃发展的生态园林绿化建设工作中，加强对园林树木意境美的研究与运用，对进一步提高园林艺术水平会起到良好的促进作用，同时使广大游人受到这方面的熏陶与影响，使他们在游园观赏景物时，能够受到美的教育，如首都天安门广场人民英雄纪念碑周围的绿化是运用松树产生意境美的成功范例。

技能训练 4-1　如何运用配置方式达到好的艺术效果

一、技能训练目标

（1）了解园林树木的配置方式。

（2）掌握规则式和自然式配置方式的基本原则。

（3）掌握园林树木与建筑、山水、园路的配置方式。

二、技能训练方法及步骤

（一）训练前准备

（1）选取当地某一公园或居住区的植物绿化。

（2）仪器与用具

用具：记录夹、记录表、照相机。

（二）方法及步骤

园林树木配置需达到的艺术效果如下。

（1）丰富感。配置前后要有明显对比，如配置前简单枯燥，配置后则优美丰富。

（2）平衡感。平衡分对称的平衡和不对称的平衡两类。前者是用体量上相等或相近的树木，以相等的距离进行配置而产生的效果；后者是用不同的体量，以不同距离进行配置而产生的效果。

（3）稳定感。在园林局部或远景一隅中常见到一些设施产生的稳定感就是配置后产生的。

（4）严肃与轻快感。应用常绿针叶树，尤其是尖塔形的树种形成庄严肃穆的气氛，如莫斯科列宁墓两旁配置的冷杉产生了很好的艺术效果，杭州西子湖畔的垂柳形成了柔和轻快的气氛。

（5）强调与缓解。运用树木的体形、色彩特点加强某个景物，使其突出的配置方法称强调。具体配置常用对比、烘托、陪衬及透视线等手段。对于过分突出的景物，用配置的手段使之从"强调"变为"柔和"，称为缓解。景物经缓解后可与周围环境更为协调，而且可增加艺术感受的层次感。

（6）韵味。配置上的韵味效果，颇有"只可意会不可言传"的意味，只有修养较高的园林工作者和游人能体会其真谛，每个不懈努力观摩的人都领略其意味。

三、注意事项

注意所调查范围内树种的园林用途及配置情况，做到仔细认真全面。实验时充分调动学生的主观能动性，培养自主判别的能力。在进行公园或绿地的调查时，注意做好安全和文明教育工作。

四、技能训练考核

本次实验成绩的评定主要由三方面综合。一是实验课的考勤情况，以点名的方式进行，占 10 分。二是平时的实训报告，占 30 分。三是现场的分析情况，占 60 分。详见表实 4-1。

表实 4-1 实验成绩考核情况

考核方式	考核方法	满分	比例（%）
考勤	点名方式	100	10
实习报告	根据调查分析配置的艺术效果	100	30
配置分析	对调查区域的配置进行综合分析	100	60

技能训练 4-2 园林树木的配置调查训练

一、技能训练目标

（1）了解园林树木的配置方式。

（2）掌握规则式和自然式配置方式的基本原则。

（3）掌握园林树木与建筑、山水、园路的配置方式。

二、技能训练方法及步骤

（一）训练前准备

（1）选择当地某一公园、居住区、绿化场所等的园林树木。

（2）仪器与用具。

用具：记录夹、记录表、照相机。

（二）方法及步骤

（1）调查并记录当地某一公园或绿化场所的园林树木配置方式，包括株行距、角度等。

规则式配置方式包括：单植、对植、列植、三角形种植、环植、多边形（包括正方形栽植、长方形栽植）等。

自然式配置包括、孤植、对植、丛植、群植、林植、散点植等。

（2）记录各配置方式中应用的树木种类、冠幅等。

（3）记录地势情况：平地或坡地、坡向等。

三、注意事项

注意所调查范围内树种的园林用途及配置情况，做到仔细认真全面。实验时充分调动学生的主观能动性，培养自主判别的能力。在进行公园或绿地的调查时，注意做好安全和文明教育工作。

四、技能训练考核

本次实验成绩的评定主要由三方面综合。一是实验课的考勤情况，以点名的方式进行，占 10 分。二是平时的实训报告，占 30 分。三是现场的分析情况，占 60 分。详见表实 4-2。

表实 4-2　　实验成绩考核情况

考核方式	考核方法	满分	比例（%）
考勤	点名方式	100	10
实习报告	根据不同的配置方式，对所观察区域的配置进行归纳总结	100	30
配置分析	对调查区域的配置进行综合分析	100	60

本章小结

园林树木的配植千变万化，在不同地区、不同场合、地点，由于不同的目的、要求，可有多种多样的组合与种植方式；同时，由于树木是有生命的有机体，是在不断的生长变化，所以能产生各种各样的效果。因而，树木的配植是个相当复杂的工作，配植方式有多种多样，可以千变万化。配植工作虽然涉及面广、变化多样，但亦有基本原则可循。

当前，在全国普遍重视园林绿化的前提下，曾发现有的地方有些单位不了解树木的习性，盲目大量的从外地购入树木，结果由于不能适应该地气候土壤条件而全军覆没。有些是忽视树木是活的有机体，初植时尽量密植，以后的措施跟不上，结果树木生长不良，树冠不整、高低粗细杂乱无章，达不到美化的要求。园林绿化建设中的树木配植工作，必须符合园林综合功能中主要功能的要求，要由园林建设的观点和标准，用园林科学的方法实现其目的。

园林建设中对植物的应用，从总的要求来讲，创造一个生活游憩于其中的美的环境是主要目的。总的来说，城镇的园林绿化地及休养疗养区、旅游名胜地、自然风景区等地的树木配植均应要求有美的艺术效果。应当以创造优美环境为目标，去选择合适的树种、设计良好的方案，采用科学的、能维护此目标或实现此目标的整套养护管理措施。树木配植的艺术效果是多方面的、复杂的，需要细致的观察、体会才能领会其奥妙之处。

园林树木的种类繁多，每个树木都有自己独具的形态、色彩、芳香等美的特色。这些特色又能随季节及年龄的变化而有所丰富和发展。一年之中，四季各有不同的风姿与妙趣。园林中的建筑、雕像、溪瀑、山石等，均需有恰当的园林树木与之相互衬托以减少人工做作或枯寂气氛，增加景色的生趣。

园林工作者应该能够充分利用园林树木的美学特性，如色彩美、姿态美、芳香美、动态美、意境美等美学特性，按照一定的理想，将其组合起来，这种组合必须对树木十几年或几十年后的形象具有预见性，并结合当地具体的环境条件和园林主题的要求，巧妙地、合理地进行植物配置，构成一个景观空间，使游人置身其间，陶醉于美好的意境中。

思考与练习

1. 名词解释

孤植　丛植　群植　林植　混合式配置　规则式配置　自然式配置　中心植

2. 简述园林树木的配置原则。

3. 规则式园林中，树种配置有哪几种形式？

4. 自然式园林中，树种配置有哪几种形式？

5. 园林树木与其他园林要素如何进行搭配？

6. 分析当前植物造景的主要手法和存在问题。

7. 园林树木的配植中，如何做到科学性与艺术性的结合。

第二篇 各论

第5章　乔　木　类

乔木属多年生木本植物，是指树身高大的树木，由根部发生独立的主干，树干和树冠有明显区分。有一个直立主干、且高达 6m 以上的木本植物称为乔木。乔木是园林中的骨干树种，无论在功能上还是艺术处理上都能起主导作用，诸如界定空间、提供绿荫、防止眩光及调节气候等。其中多数乔木在色彩、线条、质地和树形方面随叶片的生长与凋落可形成丰富的季节性变化，即使冬季落叶后也能展现出枝干的线条美。

5.1　乔木的特性及其园林用途

5.1.1　乔木的基本特性

1. 乔木的分类

（1）依其高度。分为伟乔、大乔、中乔、小乔等四级。

伟乔木类（31m 以上）：香樟等。

中乔木类（11 ~ 20m）：圆柏、樱花、木瓜等。

大乔木类（21 ~ 30m）：法桐、栾树，五角枫，柳树，国槐等。

小乔木类（6 ~ 10m）：小乔木分枝多，株形直立，如金叶木、彩叶木、龙舌兰类等。

（2）乔木按冬季或旱季落叶与否又分为落叶乔木和常绿乔木。

落叶乔木：每年秋冬季节或干旱季节叶全部脱落的乔木。一般指温带的落叶乔木，如枫杨、鹅掌楸、枫香、元宝枫、鸡爪槭、杜仲、悬铃木、泡桐、喜树、栾树、榉树、七叶树、乌桕、合欢、银杏、落羽杉、水杉、山楂、梨、苹果及梧桐等，落叶是植物减少蒸腾、度过寒冷或干旱季节的一种适应，这一习性是植物在长期进化过程中形成的。落叶的原因，是由短日照引起的，其内部生长素减少，脱落酸增加，产生离层的结果。

常绿乔木：是一种终年具有绿叶的乔木，这种乔木的叶寿命是两三年或更长，并且每年都有新叶长出，在新叶长出的时候也有部分旧叶的脱落，由于是陆续更新，所以终年都能保持常绿，如香樟、广玉兰、桂花、大叶女贞、罗汉松、大叶冬青、红豆杉、石楠、枇杷、杜英、深山含笑、红花木莲、金合欢、棕榈、雪松、柳杉、龙柏、樟树、紫檀、马尾松及柚木等。

阔叶常绿乔木　如山茶、白兰花、榕树、棕榈及桂花等。

针叶常绿乔木　如雪松、火炬松、铅笔柏、五针松及柳杉等

（3）按生长速度分为速生、中生和慢生树。

速生树：如桉、杨、柳、白榆、构树及楸树等。

中速树：绝大部分属于此类。油松、落叶松及桦等。

慢生树：如红松、云杉、银杏、榉树、柘树及棕榈树。

2. 习性

（1）植株高大、根深叶茂。乔木属多年生木本植物，体形高大粗壮、根深叶茂。一般讲，乔木的高度是禾本科作物的 10 ~ 50 倍，根深是十几倍，一棵乔木体重是一棵玉米的 100 倍。

（2）消耗水分养分多。乔木的植物学特性决定了它是一个能吃能喝能干的大肚汉，尤其是大量消耗水分，蒸腾系数大。

（3）树木种类多、适应性广、抗逆性强。树木种类繁多，中国有乔木 5000 多种，其中，用材、油脂、纤维、香精、树脂、树胶、果品、观赏和药材等乔木就有 1000 多种。有耐旱、耐水、耐寒、耐热、耐酸、耐碱及耐风等各种类型。

3. 观赏特性

乔木树种是园林植物中重要的景观要素，在园林植物造景中占有很大的比重，并成为园林的主要角色，其枝大冠浓格外引人注目。不同的树种各有其独特的树形，主要由树种的遗传性而决定，但也受外界环境因子的影响，而人工养护等管理因素更是起决定作用。一个树种的树形并不是永远不变，它随着生长发育过程而呈现出规律性的变化，一般所谓某种树有什么样的树形，大多是指在正常的生长环境下成年树的外貌。

园林中乔木的树冠形状通常可分为：圆柱形，如龙柏、钻天杨；塔形，如雪松、塔柏；卵圆形，如悬铃木、毛白杨；广卵形，如侧柏、刺槐；圆锥形，如白皮松、云杉；倒卵形，如千头柏、刺槐；圆球形，如五角枫；半球形，如栎树；伞形，如合欢、楝树；垂枝形，如垂柳、垂枝桃；拱形，如连翘、迎春；棕榈形，如棕榈等种类。

4. 繁殖方式

（1）有性繁殖。不同的树种应视其自身特点及当地的气候条件选择适宜的播种季节，以促进种子萌发，提高出苗率，使出苗整齐，抗性增强。我国大多数地区和大多数树种都适合春播。春播北方在 3 月下旬至 4 月中旬，华东在 3 月上旬至 4 月上旬，南方在 2 月下旬至 3 月上旬。部分树种适于秋播，多在秋末冬初土壤冻结前进行。一些树种种子细小或含水量大，生命力短，失水后易丧失发芽力，应随采随播。如柳、杨、榆、桑及七叶树等。

（2）无性繁殖。虽然播种繁殖是树木的主要繁殖方式，但是对于生长速度相对比较慢的乔木树种来说，无性繁殖方式更能快速的成苗、成树，尽快满足园林绿化的需要。无性繁殖方式具有繁殖数量大，根系完整，生长健壮，能保持母本的优良特性、繁殖速度快等特点。

乔木树种主要应用的无性繁殖方式有嫁接繁殖（如柿树）、扦插繁殖（如悬铃木、杨、柳、榕树、橡皮树）、分株繁殖（银杏、香椿、石榴、枣、樱桃等）及组织培养等。

5. 生态作用

乔木是园林中的骨干树种，无论在功能上还是在艺术处理上都能起主导作用。树木可以调节气候、净化空气、防风降噪和防止水土流失、山体滑坡、等自然灾害，是人类最好的朋友。

园林乔木经过设计、精心选择、巧妙配置，能在保护环境、改善环境、美化环境和经济副产品方面发挥重要作用。此外，树木还是天然水库和天然空调器。我们要保护森林不被破坏，如少用一次性筷子、水杯、饭盒等制品，多用可重复使用的制品，减少森林资源的消耗。

5.1.2 乔木的园林用途

乔木是园林中的骨干树种，无论在功能上还是艺术处理上都能起主导作用，诸如界定空间、提供绿荫、防止眩光、调节气候等。其中多数乔木在色彩、线条、质地和树形方面随叶片的生长与凋落可形成丰富的季节性变化，即使冬季落叶后也能展现出枝干的线条美。大量观赏型乔木树种的种植，应达到三季有花。特别强调的是在植物的选配上采用慢生树与快生树相结合的方式，即使其能快速成景，又能保证长期的观赏价值。

乔木树种以高大、树形独特和良好的适应环境能力备受园林工作者的厚爱。

乔木在城市园林绿化中，主要作为孤植树、行道树、庭荫树和林带，作用主要是夏季为行人遮阴、美化街景，因此选择品种时主要从下面 7 方面着手：

（1）株形整齐，观赏价值较高（或花型、叶型、果实奇特，或花色鲜艳，或花期长），最好叶秋季变色，冬季可观树形、赏枝干。

（2）生命力强健，病虫害少，便于管理，管理费用低，花、果、枝叶无不良气味。

（3）树木发芽早、落叶晚，适合本地区正常生长，晚秋落叶期在短时间内树叶即能落光，便于集中清扫。

（4）行道树树冠整齐，分枝点足够高，主枝伸张、角度与地面不小于 30°，叶片紧密，有浓荫。

（5）繁殖容易，移植后易于成活和恢复生长，适宜大树移植。

（6）有一定耐污染、抗烟尘的能力。

（7）树木寿命较长，生长速度不太缓慢。

5.2 常见乔木树种的种类介绍

园林常见乔木主要分为常绿针叶树和常绿阔叶树两大类。我国北方地区常绿树种多为针叶类树种，南方地区多为阔叶类树种。

常绿针叶树多为裸子植物，叶型多为针形、鳞形、刺形等。现存常绿的裸子植物中有不少种类是孑遗植物，如我国的油杉、铁杉、红松等。针叶树种多生长缓慢，寿命长，适应范围广，多数种类在各地林区组成针叶林或针、阔叶混交林，为园林上常用的绿化树种。有些种类的枝叶、花粉、种子及根皮可入药，具有很高的经济价值。我国北方地区冬季寒冷漫长，常绿树种的配置就显得尤为重要。园林常见的种类有雪松、油松、华山松、白皮松、乔松、辽东冷杉、白杆、青杆、红皮云杉、圆柏、龙柏及侧柏等。

常绿阔叶树种因其季相变化不明显，四季叶色浓绿，在园林景观中受到人们的青睐。此类树种多分布在热带和亚热带地区，我国长江流域及其以南地区因气候温暖湿润，常绿阔叶树种类很多，常见的种类有：香樟、广玉兰、桂花、女贞、榕树、苏铁及垂叶榕等。

5.2.1 园林中常用的常绿乔木树种

1. 雪松

［学名］*Cedrus deodara*

［科属］松科、雪松属

［识别要点］常绿乔木，高达 50m 以上至 72m，胸径可达 3m。树冠圆锥形。树皮灰褐色，鳞片状剥裂。大枝平展，不规则轮生；一年生长枝淡黄褐色，有毛，短枝灰色。叶针状，灰绿色，长 2.5 ~ 5cm，在短枝顶端聚生。雌雄异株，少数同株，雌雄球花异枝；雄球花椭圆状卵形，长 2 ~ 3cm；雌球花卵圆形，长约 0.5cm。球果椭圆形，长约 10cm，成熟时红褐色，花期 9 ~ 11 月，果次年 9 ~ 10 月成熟（见图 5-1）。

图 5-1 雪松

［产地分布与习性］原产喜马拉雅山西部，自阿富汗至印度海拔 1300 ~ 3300m 地带。我国自 1920 年引种，现辽宁以南各大城市广为栽培。阳性树种，有一定耐阴能力，但最好顶端有充足的光热，否则生长不良；幼苗期耐阴力较强。有一定耐寒能力，但在北方地区栽培时，还应选避风处栽植为佳。耐旱力较强，喜土层深厚而排水良好的土壤，忌积水。对二氧化硫气体有过敏反应，会使嫩叶迅速枯萎。

［繁殖方式］一般用播种、扦插及嫁接法繁殖。

［园林用途］雪松树体高大，树形优美，为世界著名的观赏树。最宜孤植于草坪中央、建筑前庭中心、广场中心或主要大建筑物的两旁及园门的入口处等。其主干下部的大枝自近地面处平展，长年不枯，能形成繁茂雄伟的树冠。在冬季，雪片积

于翠绿的枝叶上，形成许多高大的银色金字塔，则更为引人入胜。此外，还可列植于园路的两旁，极为壮观。

2. 油松

[**学名**] *Pinus tabulaeformis*

[**别名**] 东北黑松、短叶松

[**科属**] 松科、松属

[**识别要点**] 常绿乔木，高达 25m，树冠在壮年期呈塔形或广卵形，在老年期呈盘状伞形。树皮灰棕色，呈鳞片状开裂，裂缝红褐色。小枝粗壮，无毛，褐黄色；冬芽长圆形，端尖，红棕色，在顶芽旁常轮生有 3 ~ 5 个侧芽。叶为针形，2 针 1 束，长 10 ~ 15cm，雄球花橙黄色，雌球花绿紫色。当年小球果的种鳞顶端有刺，球果卵形，长 4 ~ 9cm，种子卵形，长 6 ~ 8mm，淡褐色，有斑纹；翅长约 1cm，黄白色，有褐色条纹。子叶 8 ~ 12 枚。花期 4 ~ 5 月，果次年 10 月成熟（见图 5-2）。

图 5-2　油松

[**产地分布与习性**] 分布于辽宁、吉林、内蒙古、河北、河南、山西、陕西、山东、甘肃、宁夏、青海及四川北部等地，朝鲜亦有分布。强阳性树种，耐寒性强，可耐 -25℃的低温，对土壤要求不严格，但在黏重土壤中生长不良，不耐积水，喜中性和微酸性土壤，不耐盐碱。油松为深根性树种，根系发达，主根可达 4m 深的土层中。油松的寿命很长，可达数百年。

[**繁殖方式**] 种子繁殖。

[**园林用途**] 树干挺拔苍劲，四季常绿，不畏风雪严寒。油松树冠开展，年龄愈老姿态愈奇，老枝斜展，枝叶婆娑。由于树冠青翠浓郁，故有庄严肃静、雄伟宏博的气氛，在古典园林中作为主要的景物，以一株或三、五株成景，还可以作为背景树，其前方配置鲜花绿草。

图 5-3　华山松

3. 华山松

[**学名**] *Pinus armandii*

[**别名**] 果松、青松

[**科属**] 松科、松属

[**识别要点**] 常绿乔木，高达 35m，树冠广圆锥形。幼树树皮灰绿色，老则裂成方形厚块片固着树上。叶 5 针 1 束，长 8 ~ 15cm，质柔软，边缘有细锯齿，叶鞘早落。球果圆锥状长卵形，长 10 ~ 20cm，柄长 2 ~ 5 cm，成熟时种鳞张开，种子脱落。种子无翅或近无翅，花期 4 ~ 5 月，球果次年 9 ~ 10 月成熟（见图 5-3）。

[**产地分布与习性**] 产于我国陕西、山西、甘肃、青海、西藏、四川、湖北、云南、贵州及台湾等地区。阳性树，但幼苗略喜一定庇荫。喜温和凉爽、湿润气候，高温闷热地区生长不良，耐寒力强。喜排水良好，能适应多种土壤，最宜深厚、湿润、疏松的中性或微酸性壤土。不耐盐碱土，耐瘠薄能力不如油松，为浅根性树种，主根不明显。对二氧化硫抗性较强。

[**繁殖方式**] 采用播种繁殖。

[**园林用途**] 园林中可用作园景树、庭荫树、行道树，亦可用于丛植、群植，并系高山风景区之优良风景林树种。

4. 白皮松

[**学名**] *Pinus bungeana*

[**别名**] 蛇皮松、虎皮松、白骨松

[**科属**] 松科、松属

图 5-4　白皮松

[**识别要点**] 常绿乔木，高达 30m，树冠阔圆锥形、卵形或圆头形。树皮淡灰绿色或粉白色，呈不规则鳞片状剥落。一年生小枝灰绿色，光滑无毛；大枝自近地面处斜出。冬芽卵形，赤褐色。针叶，3 针 1 束，长 5 ~ 10cm，边缘有细锯齿，雄球花序长约 10cm，鲜黄色；球果圆锥状卵形，长 5 ~ 7cm，径约 5cm，成熟时淡黄褐色，近于无柄；鳞背宽阔而隆起，有横脊，鳞脐有刺。种子大，卵形褐色，翅长约 0.6cm。子叶 9 ~ 11 枚，花期 4 ~ 5 月；果次年 9 ~ 11 月成熟（见图 5-4）。

[**产地分布与习性**] 我国特产，分布于山西、河北、山东等省区广大地区。深根性树种，较抗风，生长速度中等，在初期不如油松，但在后期较油松快，5 月中下旬始花，花期约半月；9 月上旬树皮剥落较盛，至 10 月下旬始衰。孤植的白皮松，侧主枝的生长势较强，中央领导干的生长量不大，故形成主干低矮、整齐紧密的宽圆锥形树冠，直到老年期亦能保持较完整的体态。在常绿针叶树中，白皮松对二氧化硫气体及烟尘均有较强的抗性。阳性树，稍耐阴，幼树树耐半阴，耐寒性不如油松。喜生于排水良好而又适当湿润的土壤上，对土壤要求不严，在中性、酸性及石灰性土壤上均能生长，可生长在 pH 为 8 的土壤上。耐干旱能力较油松强。

[**繁殖方式**] 用种子繁殖。

[**园林用途**] 白皮松是特产中国的珍贵树种，其树干皮斑驳状呈乳白色，极为显目。常配置于宫廷、寺庙及名园之内。可孤植、对植也可列植成行。

5. 乔松

[**学名**] *Pinus griffithii*

[**科属**] 松科、松属

[**识别要点**] 常绿乔木，树高 15 ~ 24m，冠幅 6 ~ 12m。树皮光滑，树皮幼为灰绿色，随着年龄增长逐渐加深。针叶 5 针 1 束，蓝绿色，长 10 ~ 20cm，径约 1mm，细柔下垂，边缘有细锯齿，叶面有气孔线。花蕾卵圆形，顶部尖锐，花长 0.5cm 左右，黄色，雌蕊为粉色。球果圆柱形，长 15 ~ 25cm，成熟后淡褐色，种子椭圆状倒卵形，长 7 ~ 8mm，上端具结合而生的长翅，翅长 2 ~ 3cm，花期 4 ~ 5 月。球果于翌年秋季成熟（见图 5-5）。

图 5-5　乔松

[**产地分布与习性**] 原产于我国西藏南部、西南部以及云南

高海拔山地。喜肥沃、潮湿、排水良好的土壤，喜光，也稍耐阴，极不耐空气污染（臭氧，硫）和盐碱土。

［**繁殖方式**］播种繁殖。

［**园林用途**］是极好的观赏性树种。可栽植于花园、庭园，适宜山地风景区及园林绿地中作风景林。

6. 辽东冷杉

［**学名**］*Abies holophylla* Maxim.

［**别名**］杉松、沙松、冷杉

［**科属**］松科、冷杉属

［**识别要点**］常绿乔木，高达 30m，胸径 1m。树冠宽圆锥形，老树宽伞形。幼树皮淡褐色不裂，老树皮灰褐色浅纵裂。一年生枝淡黄灰色，无毛，有光泽。叶条形，先端突尖或渐尖，无凹缺，上面深绿色有光泽。球果圆柱形，熟时淡黄褐色（见图 5-6）。

［**产地分布与习性**］产于辽宁东部、吉林及黑龙江省，但小兴安岭无，是长白山区及牡丹江山区主要树种之一。耐阴，喜冷湿气候，耐寒。自然生长在土层肥厚的阴坡，干燥的阳坡极少见。喜深厚湿润、排水良好的酸性土。浅根性树种。幼苗期生长缓慢，10 年后渐加速生长。寿命长。

［**繁殖方式**］播种繁殖。

［**园林用途**］树冠尖塔形，姿态优美，枝叶浓绿，是东北地区重要园林绿化树种之一。宜作风景林、庭荫树。

图 5-6　辽东冷杉

7. 白杄

［**学名**］*Picea meyeri*

［**别名**］毛枝云杉、刺儿松

［**科属**］松科、云杉属

［**识别要点**］常绿乔木，高可达 30m，胸径 60cm 以上。树冠初阔圆锥形，中老年树冠呈不规则状。树皮灰褐色，薄片状剥落。大枝伸展，当年生枝黄褐色。叶线形，长 1.3 ~ 3cm，宽 0.2cm，先端钝尖，横切面菱形，有白色气孔线，叶螺旋状排列在小枝上，小枝上有木质叶枕。球果卵状圆柱形，长 4 ~ 8cm，径 3m 左右，初绿色，成熟后褐色；种鳞宽三角形，先端钝圆，背有条纹（见图 5-7）。

［**产地分布与习性**］产中国，北京、济南等地园林绿地中常见栽培。幼树耐阴性强、耐寒，喜生长在冷凉、湿润、肥沃、排水良好的微酸性、中性壤土或森林腐殖土中。根系浅，抗风能力差。在高温、干旱、瘠薄，土质密实环境生长不良，忌水涝。稍耐盐碱土壤。

［**繁殖方式**］播种繁殖。

图 5-7　白杄

［**园林用途**］树形挺拔，终年常绿，宜作华北地区造林树种，亦可栽培作庭园树群植观赏。

8. 青杄

［**学名**］*Picea wilsonii*

图 5-8 青杆

[**别名**] 细叶云杉、华北云杉

[**科属**] 松科、云杉属

[**识别要点**] 常绿乔木，高达 50m，胸径 1.3m。树冠圆锥形，一年生小枝淡黄、淡黄绿或淡黄灰色，无毛；后变为灰色、暗灰色。冬芽卵圆形，无树脂，芽鳞排列紧密，小枝基部宿存的芽鳞不反卷（与同属其他植物的重要区别）。叶较细，先端尖（见图 5-8）。

[**产地分布与习性**] 我国特有树种，产于内蒙古、河北、山西、陕西南部、湖北西部、甘肃中部、青海东部、四川等省、自治区高山。性强健，适应力强，耐阴，耐寒，喜凉爽湿润气候。喜排水良好，中性或微酸性土壤。

[**繁殖方式**] 可播种繁殖。

[**园林用途**] 树形整齐，树冠枝叶繁密，层次清晰，是优美的园林绿化树种，有较高的观赏价值，适合风景区、公园绿地丛植作风景林。北京、太原、西安等地常用作行道树或成片栽培。

9. 红皮云杉

[**学名**] *Picea koraiensis* Nakai

[**别名**] 红皮臭、虎尾松

[**科属**] 松科、云杉属

[**识别要点**] 常绿乔木，树高可达 30m 以上，1 年生枝淡黄褐色或红褐色。叶长 1.2 ~ 2.2cm，先端尖，横切面四棱形，球果长 5 ~ 8cm，种鳞倒卵形或三角状倒卵形。花期 5 ~ 6 月，种熟期 9 ~ 10 月（见图 5-9）。

[**产地分布与习性**] 产于东北大、小兴安岭、长白山区等地区山地。能耐寒，较耐阴，也能耐干旱，但不耐过度水湿。

[**繁殖方式**] 播种繁殖。

[**园林用途**] 树姿优美，是东北地区重要的园林绿化树种。

图 5-9 红皮云杉

10. 圆柏

[**学名**] *Sabina chinensis*（L.）Antoine

[**别名**] 桧柏

[**科属**] 柏科、圆柏属

[**识别要点**] 常绿乔木，树冠尖塔型或圆锥型，树皮灰褐色，叶有鳞形和刺形，雌雄异株，耐寒、耐旱性较强，稍耐阴。花期为 4 月下旬。果球形，当年为绿色，第二年 11 月或第三年成熟，成熟后为深褐色（见图 5-10）。

[**产地分布与习性**] 原产于我国东北南部及华北，现全国各地普遍栽培。喜光，耐荫性强，耐寒、耐热，对土壤要求不严，能生于酸性、中性及石灰质土壤上，对土壤的干旱及潮湿均有一定的抗性。在中性、深厚而排水良好的土壤中生长最佳。深根性，侧根发达，生长速度中等，寿命极长。对多种有害气体有一定抗性，是针叶树中对氯气和氟化氢抗性较强的树种。对二氧化硫的抗性显著胜过油松。能吸收一定数量的硫和汞，阻尘和隔音效果良好。

[**繁殖方式**] 播种繁殖，也可进行扦插繁殖。

［园林用途］圆柏在庭园中用途极广。性耐修剪又有很强的耐阴性，故作绿篱比侧柏优良。我国古来多配植于庙宇陵墓作墓道树或柏林。其树形优美，奇姿古态，堪为独景，是庭园中不可缺少之观赏树之一，宜与宫殿式建筑相配合。在配植时应勿与苹果，梨园靠近。还可用作盘扎整形材料，做出各种动物的造型，也十分别致，同时也是北方地区常用的绿篱材料。

图 5-10　圆柏

11. 龙柏

［学名］*Sabina chinensis*（L.）Antoine‘Kaizuca’

［科属］柏科、圆柏属

［识别要点］常绿乔木，树干挺直，树冠呈圆柱状塔形。树皮常有瘤状突起，侧枝短密，环抱主干扭曲上伸，形如盘龙。叶全为鳞型，交互对生，无刺。果实为球形，有蓝色蜡粉（见图 5-11）。

［产地分布与习性］龙柏为圆柏的一个变种。喜光，稍耐阴，性喜温暖湿润的气候，对土壤要求较严，以土质肥沃、深厚、排水良好、pH 值为 6.5 ~ 7.5 的土壤条件为宜。不耐涝，耐修剪，便于整形，生长速度中等。

［繁殖方式］可用扦插、嫁接、播种法繁殖。

［园林用途］龙柏为纪念性树种，树形奇特，最适合孤植、列植或与阔叶树群植，一些地区还可以对其进行修剪造型。

12. 侧柏

［学名］*Platycladus orientalis*（Lamb）Endl.

［别名］扁柏、扁松

［科属］柏科、侧柏属

［识别要点］常绿乔木，高达 20m，胸径 1m。幼树树冠尖塔形，老树广圆形。树皮薄，褐色，呈薄片状剥离。叶全为鳞片状。雌雄同株，单性，球果卵形，长 0.5 ~ 2.5cm，熟前绿色，肉质，种鳞顶端反曲尖头，成熟后木质开裂，红褐色。种子长卵形，无翅或几无翅；子叶 2 枚，发芽时花期 3 ~ 4 月，果 10 ~ 11 月（见图 5-12）。

图 5-11　龙柏

图 5-12　侧柏

［产地分布与习性］原产华北、东北，现全国各地均有栽培。喜光，但有一定耐阴力，喜温暖湿润气候，亦耐多湿，耐旱；较耐寒，适应能力很强。喜排水良好而湿润的深厚土壤，但对土壤要求不严格，无论酸性土、中性土或碱性土上均能生长，在土壤瘠薄处和干燥的岩石路旁亦可见有生长，抗盐性很强，根系发达，生长速度中等而偏慢，但幼年、青年期生长较快，至成年期以后则生长缓慢，寿命极长。

［繁殖方式］播种繁殖。

［园林用途］自古以来侧柏就常栽植于寺庙、陵墓地和庭园中。其枝干苍劲，气魄雄伟。此外，由于侧柏寿命长，树姿美，所以各地多有栽植，因而在名山大川常见侧柏古树自成景物。侧柏成林种植时，从生长的角度而言，以与圆柏、黄栌、臭椿等混植比纯林为佳。但从风景艺术效果而言，以与圆柏混植为佳。侧柏在夏季更加碧翠可爱，可片植、列植，也可作为绿篱的材料。

13. 榕树

［学名］Ficus microcarpa

［别名］

［科属］桑科、榕属

［识别要点］榕树属常绿乔木，以树形奇特，枝叶繁茂，树冠巨大而著称。枝条上生长的气生根，向下伸入土壤形成新的树干称之为“支柱根”。榕树高可达 30m，其支柱根和枝干交织在一起，形似稠密的丛林，因此被称之为“独木成林”。由于榕树的造型优美，使它既能成为庭园观赏树、行道树、遮阴乘凉树、群植成林树，也可制作成大、中、小、微型盆景。榕树叶革质，椭圆形或卵状椭圆形，有时呈倒卵形，长 4 ~ 10cm，全缘或浅波状，先端钝尖，基部近圆形，单叶互生，叶面深绿色，有光泽，无毛。隐花果腋生，近球形，初时乳白色，熟时黄色或淡红色，花期 5 ~ 6 月，果径约 0.8cm。果熟期 9 ~ 10 月，果子是绣眼鸟最喜爱的食物。有大叶榕、花叶榕、垂叶榕、柳叶榕、橡皮榕、竹叶榕、印度榕等树种（见图 5-13）。

图 5-13　榕树

［产地分布与习性］榕树原产于热带亚洲。主要分布于我国的广东、福建、台湾、广西、云南、贵州和浙江东南部、江西南部等省、自治区，以及印度、泰国、缅甸、马来西亚等东南亚各国。生长速度较快，适应性广，对栽培土质选择性不严。榕树多生长在高温多雨的气候潮湿，雨水充足的热带雨林地区。 榕树的种类很多，它们的花除了有雄花、雌花之分外，还有受昆虫的影响而成的瘿花，而且一些种类雌雄异株。榕树的花序在植物界中很特殊，它们呈圆形、椭圆形或梨形的果状，花朵密密麻麻，着生在花序腔的内壁，从外边看不到而称为隐头花序，当花成熟开放时，花序的顶部打开通道，让一类称为榕小蜂的昆虫出进，为它们传粉。

［繁殖方式］高压、扦插或播种法繁殖。

［园林用途］榕树常作为行道树及庭荫树栽植，其叶片浓绿光亮，生长迅速，成型较快。四季常绿，耐修剪，也可制作盆景。在世界盆景大家庭里，榕树盆景几乎具备了所有盆景的优点，榕树盆景以其树龄之长、须根之奇、生长之速、塑性之强而独领风骚。尤其闽南人喜榕爱榕，已经到了“无榕不成村，无处不见榕”的境界。

14. 苏铁

［学名］*Cycas revolute* Thunb.

［别名］铁树、凤尾蕉、凤尾松

图 5-14　苏铁

［科属］苏铁科、苏铁属

［识别要点］常绿棕榈状木本植物，茎高达 5m，叶羽状，长达 0.5 ~ 2. 4m，厚革质而坚硬，边缘反卷，球花长圆柱形，小孢子叶木质，密被黄褐色绒毛，背面着生多数药囊；雌球花略呈扁球形，大孢子叶宽卵形，有羽状裂，密被黄褐色棉毛，在下部两侧着生 2 ~ 4 个裸露的直生胚珠。种子卵形而微扁，花期 6 ~ 8 月，种子 10 月成熟，熟时红色（见图 5-14）。

［产地分布与习性］产于我国南部的福建、台湾等地沿海。喜暖热湿润气候，不耐寒，在温度低于 0℃时极易受害。生长速度缓慢，寿命可达 200 余年。

［繁殖方式］可用播种、分蘖、埋插等法繁殖。

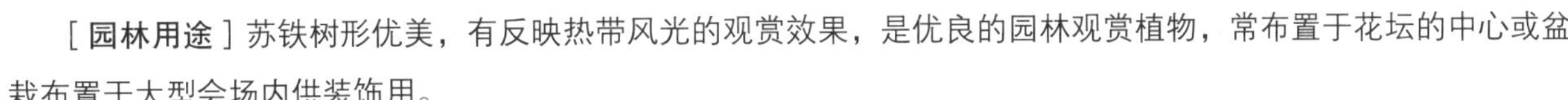

［园林用途］苏铁树形优美，有反映热带风光的观赏效果，是优良的园林观赏植物，常布置于花坛的中心或盆栽布置于大型会场内供装饰用。

图 5-15　香樟

15. 香樟

［学名］*Cinnamomum camphora*

［别名］樟树、樟

［科属］樟科、樟属

［识别要点］常绿大乔木，高达 20 ~ 30m。枝叶都有樟脑味。单叶互生，薄革质，卵形，具离基三出脉，脉腋具腺体。圆锥花序腋生，花小，两性，浅绿色。核果球形，紫黑色，果拖杯状。花期春季，果期秋季（见图 5-15）。

［产地分布与习性］原产于中国长江流域以南及西南地区。日本、朝鲜及越南也有分布。生于亚热带海拔 500 ~ 600m 以下温暖温润的低山平原。喜温暖、湿润气候，喜光，耐水湿，不耐干旱、贫瘠。土壤要求深厚肥沃和排水良好的中性或酸性沙质壤土。

［繁殖方式］可播种繁殖。

［园林用途］多用于园景树和行道树。

16. 桂花

［学名］*Osmanthus fragrans*（Thunb.）Lour.

［别名］木犀、岩桂、山桂、天竺桂

［科属］木犀科、木犀属

［识别要点］树冠圆头形或椭圆形，高达 12m。树皮粗糙，灰褐色或灰白色。单叶对生，椭圆形、卵形或长椭圆形，全缘或上半部疏生细锯齿。聚伞形花序 3 ~ 5 朵簇生，花小，淡黄色，浓香。核果紫黑色。花期 9 ~ 10 月，果期次年 4 ~ 5 月（见图 5-16）。

［产地分布与习性］原产我国中南、西部地区。淮河流域至黄河中下游以南各地普遍栽植。喜光，稍耐阴。喜温暖和通风良好的环境，适生于土层深厚、排水良好、富含腐殖质的偏酸性砂质壤土，对有毒气体有一定的抗性。

［繁殖方式］以扦插、嫁接繁殖为主。

［园林用途］适宜孤植、对植、列植、林植、园景树及园林小品的背景树。

17. 广玉兰

[**学名**] *Magnolia grandiflora* L.

[**别名**] 洋玉兰、荷花玉兰

[**科属**] 木兰科、木兰属

[**识别要点**] 高达 30m，小枝、芽、叶柄和叶背及果实均密被褐色绒毛，实生苗幼时树枝及叶背无毛。单叶互生，厚革质，椭圆形或倒卵状椭圆形，叶缘反卷微波状，表面深绿色，有光泽。花单生于枝顶，荷花状，大型，白色，芳香。聚合果蓇葖圆柱形，种子外皮红色。花期 5 ~ 6 月，果期 9 ~ 10 月 (见图 5-17)。

[**产地分布与习性**] 产于北美东南部。我国长江流域以南各城市广为栽培。喜光、喜温暖湿润的气候及深厚、肥沃湿润的土壤。对二氧化硫等有害气体抗性较强。

[**繁殖方式**] 播种和嫁接两种方法。

[**园林用途**] 树姿雄伟壮丽，叶厚实有光泽，四季常青，花硕大有香气，为园林中珍贵的观赏树种。适宜草坪孤植，更适合在现代建筑物周围进行列植，也可群植作为背景树，借色彩对比收到较突出的景观效果。

图 5-16　桂花

图 5-17　广玉兰

5.2.2　园林中常用的落叶乔木树种

1. 银杏

[**学名**] Ginkgo biloba L.

[**别名**] 公孙树、白果树、鸭掌树

[**科属**] 银杏科、银杏属

[**识别要点**] 落叶大乔木，树高达 40m，胸径可达 4m，幼树树皮近平滑，浅灰色，长大后树皮成灰褐色，粗糙开裂，大枝斜向上伸展，有长短枝之分，短枝密被叶痕，黑灰色，冬芽黄褐色，卵圆形。叶互生，扇形，短枝上顶端常具波状缺刻，长枝上的常 2 裂，有细长的叶柄。雌雄异株，球花单生于短枝的叶腋；雄球花成葇荑花序状，雄蕊多数，各有 2 个花药；雌球花有长梗，梗端通常分两叉，叉端生有 1 个具有盘状珠托的胚珠，通常 1 个胚珠发育成种子。种子核果状，具长梗，下垂，外种皮肉质，被白粉，熟时黄色或橙黄色，中种皮骨质，白色，内种皮膜质，胚乳肉质。花期 4 ~ 5 月，果实成熟期 9 ~ 10 月。银杏有雄株、雌株之分，雄株比雌株主枝开张角度小，树冠形成迟；叶裂深度深，常超过叶中部以上；秋季叶变色及落叶晚。目前观赏价值较高的变型、品种主要有黄叶银杏 (f. aurea Beiss)：叶鲜黄色；垂枝银杏 (cv. Pendula)：枝下垂；斑叶银杏 (f. variegate Carr)：叶有黄斑等 (见图 5-18)。

［产地分布与习性］银杏原产中国，主要分布在山东、浙江、江苏、四川、河北、安徽、湖北、河南等地。栽培历史悠久，早在唐代由中国传到日本，再从日本传到欧洲、美洲等地。属阳性树种，喜湿润排水良好的中性或酸性沙质土壤，石灰土也可生长，不耐盐碱土，不耐积水，较耐寒、耐旱，适应性强，生长较慢，病虫害少，深根性树种，寿命长，每年仅生长一次。具有一定的抗污染、抗烟火、抗尘埃能力，能吸收多种有毒气。

图 5-18　银杏

［繁殖方式］可用播种、扦插、分蘖和嫁接繁殖。

［园林用途］银杏是我国的特产树种，被称为“活化石”，树姿雄伟壮丽，叶形奇特，寿命长，病虫害少，最适宜作行道树、独赏树、庭荫树；同时秋叶金黄，可作秋色叶树种，因此古今中外均把银杏作为庭院、行道、园林绿化的重要树种。可孤植、列植和丛植。银杏用于作街道绿化时，应选择雄株，以免果实污染行人衣物。同时银杏树干虬曲、生命力强，易于嫁接繁殖和整形修剪，是制作盆景的优质材料，具有良好的观赏价值。

2. 金钱松

［学名］Pseudolarix kaempferi（Lindl.）Gord.

［别名］金松、水树

［科属］松科、金钱松属

［识别要点］落叶大乔木，高达 50m，胸径可达 1.5m；树冠阔圆锥形，树干通直，树皮赤褐色或灰褐色，裂成鳞状块片。大枝平展，不规则轮生，小枝有长短之分。叶条形扁平柔软，在长枝上的叶螺旋状散生，短枝上成簇状生于顶端，向四周辐射平展，圆如铜钱，因此而得名，长 3 ~ 5cm，宽 1.5 ~ 4mm，浅绿色，秋叶呈金黄色。雌雄同株，雄花球数个簇生于短枝顶端，雌花球单个生于短枝顶端。球果当年成熟，直立，卵形或倒卵形，成熟时淡红褐色，具短梗；种鳞木质，卵状披针形，成熟时脱落；苞鳞短小，种鳞会自动脱落，种子有翅，能随风传播。花期 4 ~ 5 月，球果 10 ~ 11 月成熟（见图 5-19）。

图 5-19　金钱松

［产地分布与习性］产于江苏、浙江和安徽南部，分布于江苏、安徽、浙江、福建、江西、湖南、四川、湖北、河南等地，多生长于低海拔山区或丘陵地带。适宜温凉湿润气候，要求深厚肥沃、排水良好的微酸性或中性沙质黄壤或黄棕壤，能耐 -20℃低温，但不耐干旱瘠薄，不适应长期积水地或盐碱地。为深根性喜光树种，幼时稍耐阴蔽，生长较慢，10 年以后需光性增强，生长逐渐加快，抗风能力强。为菌根共生树种，新植地挖坎时，注意同时掺入少量母树下的菌根土，有利于生长。

［繁殖方式］可用播种、扦插和嫁接繁殖。

［园林用途］中国特产树种，也是全世界唯一的一种，体形高大、树干端直、新叶翠绿，秋叶金黄。幼龄树宜盆栽，置堂前、亭、台、楼、榭等处陈列；大树宜植于公园、庭院等处，孤植、列植或丛植均宜，也可与阔叶树种混植，为珍贵的观赏树木之一。与南洋杉、雪松、日本金松和巨杉合称为世界五大公园树种。

3. 水杉

［学名］Metasequoia glyptostroboides Hu et Cheng

图 5-20 水杉

［别名］水桫

［科属］杉科、水杉属

［识别要点］落叶乔木，高达 35m，树冠呈圆锥形，干基常膨大，树皮灰褐色，裂成条片状脱落；大枝不规则轮生，小枝对生或近对生，下垂。叶交互对生，侧生小叶在小枝上排成羽状二列，条形扁平，柔软，冬季与小侧枝同时脱落。球花单性，雌雄同株。果近球形或长圆状球形，微具四棱；种鳞极薄，透明；苞鳞木质，盾形，熟时深褐色；种子倒卵形，扁平，周围有窄翅，果实 11 月成熟（见图 5-20）。

［产地分布与习性］原产四川与湖北交界的磨刀溪、水杉坝和湖南龙山、桑植（海拔 800 ~ 1500m）等地，多生长于地势平缓、土层深厚、湿润或稍有积水的地方，目前南北各地均有栽培。阳性树种，耐寒性强，喜湿又怕涝，在轻盐碱地可以生长，根系发达，喜微酸性、排水良好的土壤，生长快，对二氧化硫、氯气等有害气体较的抗性。

［繁殖方式］可用种子繁殖或扦插繁殖。

［园林用途］树干通直挺拔，叶色翠绿，秋叶金黄或黄棕色，可于公园、庭院、草坪、建筑物前、路旁等地列植或丛植；也可成片栽植营造风景林，成为秋色叶景观。

4. 毛白杨

［学名］Populus tomentosa Carr

［别名］白杨、笨白杨、响杨

［科属］杨柳科、杨属

［识别要点］落叶大乔木，树高达 35cm。树皮灰白色，光滑，上有菱形皮孔，老时树皮纵裂；幼枝有灰色绒毛，后脱落，芽稍有绒毛。单叶互生，长枝上的叶三角状卵形，先端渐尖，基部平截或近心形，边缘有锯齿，上面深绿色，疏有柔毛，下面有灰白色绒毛，后全脱落；短枝上的叶小，卵形或三角形，有波状齿，背面无毛。花单性，雌雄异株，先叶开放，柔荑花序；蒴果小，三角形，2 裂。花期 2 ~ 3 月，果熟期 4 ~ 5 月（见图 5-21）。

图 5-21 毛白杨

［产地分布与习性］原产我国，分布广，北起辽宁南部、内蒙古，南至长江流域，西至甘肃均有分布，以黄河中下游为分布中心，垂直分布在海拔 1200cm 以下，多生于低山平原土层深厚的地方。强阳性树种，喜凉爽湿润气候，在暖热、多雨的气候下易受病虫危害。对土壤要求不严，喜深厚肥沃的沙壤土，不耐过度干旱，稍耐碱。耐烟尘，抗污染。深根性，根系发达，萌芽力强，生长较快，寿命可长达 200 年。

［繁殖方式］多用埋条、留根、压条、分蘖、扦插，也可用嫁接繁殖。

［园林用途］树体高大挺拔，树干端直，叶大荫浓，生长较快，适应性强，管理粗放，是城乡及工矿区优良的绿化树种（雌株春季有飞絮，绿化中多使用雄株）。常用作行道树、园路树、庭荫树或营造防护林；可孤植、丛植于建筑周围、草坪、广场等。在北方，长期以来被广泛用于速生防护林、“四旁”绿化及农田林网树种，并起到了很好的效果。目前北方各地区，大量引种栽植新疆杨（Populus bolleana Lauche），耐干旱和盐碱，深根性，抗风力强，速生萌芽力强，耐修剪，对有毒气体抗性强，是城市绿化或道路两旁栽植的好树种。

5. 垂柳

［学名］Salix babylonica L.

［别名］柳树、垂枝柳、倒挂柳、倒插杨柳

［科属］杨柳科、柳属

图 5-22　垂柳

［识别要点］落叶乔木，高达 15m，胸径 1m，树冠开展，常呈倒广卵形。树皮灰褐色或灰白色，不规则开裂，小枝细长下垂。叶互生，狭披针形至线状披针形，长 8 ~ 16cm，先端渐长尖，基部楔形，无毛或幼叶微有毛，缘有细锯齿，表面绿色，背面灰白绿色；叶柄长约 5 ~ 10mm；托叶披针形，早落。花单性，葇荑花序，雌雄异株，雄花具 2 雄蕊，2 腺体；雌花子房仅腹面具 1 腺体。种子小，上有白色绒毛。花期 3 ~ 4 月；果熟期 4 ~ 5 月（见图 5-22）。

［产地分布与习性］产于长江流域及其以南海拔 1300m 以下的地区，华北、东北也有栽培，是平原水边常见树种。亚洲、欧洲及美洲许多国家都有悠久的栽培历史。喜光，不耐阴，较耐寒，耐水湿，也较耐干旱；对土壤要求不严，在酸性、中性和石灰质土壤上均能生长；抗风能力强，根系发达，生长迅速，15 年生树高达 13m，胸径 24cm，寿命较短，30 年后渐趋衰老；发芽早，落叶迟，吸收二氧化硫的能力强。

［繁殖方式］扦插繁殖为主，亦可用种子繁殖。播种育苗一般在杂交育苗时应用。

［园林用途］枝条细长，柔软下垂，随风飘舞，姿态优美，最宜植于河岸及湖池边，柔条依依拂水，别有风致。亦可用作行道树、庭荫树、固岸护堤树及平原造林树种。可孤植、列植、片植。此外，垂柳对有毒气体抗性较强，并能吸收二氧化硫，故也适用于工厂绿化。

6. 榆树

［学名］Ulmus pumila L.

［别名］白榆、家榆

［科属］榆科、榆属

［识别要点］落叶乔木，高达 25m，树冠圆球形，幼树树皮平滑，灰褐色或浅灰色，大树树皮暗灰色，不规则深纵裂，粗糙；小枝无毛或有毛，灰色，稀淡褐黄色或黄色，细长，排成二列状，有散生皮孔；冬芽近球形或卵圆形，芽鳞背面无毛。单叶互生，椭圆状卵形、披针形，长 2 ~ 6cm，先端渐尖，基部偏斜或近对称，叶面平滑无毛，叶背幼时有短柔毛，后变无毛或部分脉腋有簇生毛，边缘具不规则单锯齿。花簇生于去年生枝的叶腋，前叶开放。翅果近圆形，顶端有缺口，果核位于翅果的中部，成熟前后其色与果翅相同，初淡绿色，后黄白色。花期 3 ~ 4 月，果期 4 ~ 6 月（见图 5-23）。

图 5-23　榆树

［产地分布与习性］产于东北、华北、西北及西南地区，华北、淮北栽培更为普遍。朝鲜、蒙古等地也有分布。生于海拔 1000 ~ 2500m 以下的山坡、山谷、川地、丘陵及沙岗等处。属于阳性树种，喜干凉气候。耐干旱、耐中度盐碱、耐寒、抗旱，耐瘠薄，不耐水湿。对土壤要求不严，但以深厚肥沃、湿润、排水良好的砂壤土、轻壤土生长最好。根系发达，抗风力、保土力强。萌芽力强，耐修剪。生长快，寿命长。抗污染能力强，尤其对氟化氢、氯气及烟尘有较强的

抗性，叶面滞尘能力强。

［繁殖方式］主要采用播种繁殖，也可用分蘖、扦插繁殖。

［园林用途］榆树树干通直，树形高大，绿荫较浓，适应性强，生长快，是城市绿化的重要树种，宜作行道树、庭荫树，防护林及“四旁”绿化。在干旱瘠薄、严寒之地常呈灌木状，可修剪作绿篱。老茎残根还可制作桩景和盆景。在林业上也是营造防风林、水土保持林和盐碱地造林的主要树种之一。目前园林上用的较多的还有榔榆（Ulmus parvifolia Jacq），与白榆的主要区别是：榔榆的花是在秋季开放，且簇生于叶腋。

7. 白玉兰

［学名］Magnolia denudata Desr.

［别名］玉兰、望春花、木花树、应春花

［科属］木兰科、木兰属

图 5-24　白玉兰

［识别要点］落叶乔木，高达 20cm，树冠幼时狭卵形，成熟大树则呈宽卵形或近球形。树皮幼时灰白色，平滑少裂，老时则呈深灰色，粗糙开裂。小枝灰褐色，嫩枝、芽与花梗密被灰褐色绒毛。单叶互生，倒卵形，先端突尖而短钝，基部楔形或近圆形，幼时背面有毛，全缘。花大，单生枝顶，白色，芳香，花萼、花瓣相似，共 9 片。花期 2 ~ 4 月，叶前开放，聚合蓇葖果圆柱形，种子有红色假种皮，9 ~ 10 月成熟，成熟后开裂，种子红色（见图 5-24）。

［产地分布与习性］原产我国中部及西南地区，现北京、黄河流域以南均有栽培，庐山、黄山、峨眉山等处尚有野生。喜光，稍耐阴，较耐寒，具较强的抗寒性。适宜生于土层深厚肥沃、排水良好的微酸性或中性土壤，但亦能生长于碱性土中，不耐盐碱，土壤贫瘠时生长不良，根肉质，不耐积水，寿命长，生长速度较慢。对二氧化硫、氯和氟化氢等有毒气体有较强的抗性。

［繁殖方式］可用播种、扦插、压条及嫁接繁殖方法，但最常用的是嫁接和压条两种。

［园林用途］白玉兰早春先花后叶，花洁白、有清香，常植于厅前、院后，配植海棠、迎春、牡丹、桂花，象征“玉棠春富贵”。亦可在庭园路边、草坪角隅、亭台前后或漏窗内外、洞门两旁等处种植，孤植、对植、丛植或群植均可。实生种常主干明显，节长枝疏，花少；嫁接种呈多干状或主干低分枝状，节短枝密，花多，故在小型或封闭式的园林中，孤植或小片丛植，宜用嫁接种，以体现古雅之趣；而自然风景区则宜选用实生种，以表现粗犷纯朴的风格。

8. 鹅掌楸

［学名］Liriodendron chinensis（Hemsl.）Sarg.

［别名］马褂木、双飘树

［科属］木兰科、鹅掌楸属

［识别要点］落叶乔木，树高达 40m，胸径 1m 以上，树冠圆锥状，树皮灰褐色。1 年生枝灰色或灰褐色，具环状托叶痕；叶互生，长 12 ~ 15cm，形如马褂，各边 1 裂，浅裂或深裂，向中腰部缩入，背面粉白色；叶柄长 4 ~ 8cm。花单生枝顶，花被片 9 枚，外轮 3 片萼状，淡绿色，内二轮花瓣状多为黄色，花瓣长，花丝短，花期 5 ~ 6 月。聚合果纺锤形，由多数有翅的小坚果组成，果期 9 ~ 10 月（见图 5-25）。

图 5-25　鹅掌楸

［产地分布与习性］产于我国长江以南各地区，据调查我国的 11 个省 84 个县有鹅掌楸自然分布，包括江苏、安徽、浙江、福建、湖北、湖南、广西、陕西、四川、贵州、云南等，但一般东部、中南部较分散，而西部相对较集中。属中性偏阴树种，喜温暖湿润气候，不耐干旱、瘠薄，忌积水；喜深厚、肥沃、湿润排水良好的酸性或微酸性土壤，生长中速，抗二氧化硫，不耐移植。

［繁殖方式］可用播种、扦插、压条繁殖。

［园林用途］叶形奇特，秋叶金黄，花淡黄绿色，美而不艳，是极好的绿化观赏树种，适宜作庭荫树和行道树，丛植、列植、片植均可。

9. 二球悬铃木

［学名］Platanus acerifolia（Ait.）Willd.

［别名］英国梧桐、悬铃木

［科属］悬铃木科、悬铃木属

［识别要点］落叶大乔木，高 25 ~ 35m，枝条开展，树皮灰绿色，不规则片状剥落，剥落后呈浅绿色，光滑，嫩枝密生灰黄色绒毛。叶片三角状阔卵形，上下两面嫩时有绒毛，后脱落，基部截形，掌状 3 ~ 5 裂，中裂片阔三角形，宽度与长度约相等，叶缘有齿，叶柄密生黄褐色绒毛。头状花序，黄绿色，被绒毛。果球形，通常 2 个连成一串，宿存花柱长，刺状。花期 4 ~ 5 月；果熟 9 ~ 10 月（见图 5-26）。

图 5-26　二球悬铃木

［产地分布与习性］本种是三球悬铃木与一球悬铃木的杂交种，广泛种植于世界各地。我国引入栽培百余年，北自大连、北京，西至陕西、甘肃，南至广东及东部沿海各省都有栽培。喜光，不耐阴，喜温暖湿润气候，较耐寒，对土壤要求不严，耐干旱、瘠薄。根系浅，萌芽力强，耐修剪，生长迅速。抗烟尘、抗二氧化硫、硫化氢等有毒气体。

［繁殖方式］扦插繁殖，亦可播种繁殖。

［园林用途］树干高大，树皮光滑美观，枝叶茂盛，生长迅速，栽培容易，易成活，成荫快，耐污染，抗烟尘，对城市环境适应能力强，可作行道树、园景树和厂矿绿化树种。

10. 垂丝海棠

［学名］Malus halliana（Voss.）Koehne

图 5-27　垂丝海棠

［别名］海棠、垂枝海棠

［科属］蔷薇科、苹果属

［识别要点］落叶小乔木，树冠开展，树皮灰褐色、光滑，嫩枝、嫩叶有柔毛，后脱落。单叶互生，卵形至长椭圆形，边缘有细钝锯齿，中脉紫红色，叶柄细长，基部有两个披针形托叶。花 4 ~ 7 朵簇生于小枝顶端，伞形总状花序，花细长，与花萼同为紫色；花瓣 5 枚或稍多，粉红色有紫晕，开花时花朵下垂，故名垂丝海棠，多为半重瓣，也有单瓣花，花期 4 ~ 5 月。梨果球状，紫红色，果熟期 9 ~ 10 月（见图 5-27）。

［产地分布与习性］原产我国西南、中南、华东等地，

长江流域至西南各地均有栽培。性喜阳光，不耐阴，耐寒性不强，喜温暖湿润环境，耐旱能力较强，但不耐水涝。适宜生于背风向阳之处，对土壤要求不严，微酸或微碱性土壤均可成长，但以土层深厚、疏松、肥沃、排水良好略带黏质的土壤生长更好。耐修剪，对有害气体抗性较强。

[**繁殖方式**] 多用嫁接繁殖，也可扦插、压条或分蘖。

[**园林用途**] 是点缀春景的主要花木，可地栽装点园林。可对植门庭两侧，列植或丛植于公园游步道旁两侧，或孤植、丛植于草坪上、水边湖畔和亭台周围，或在观花树丛中作主体树种，以常绿树为背景，其下配植春花灌木，亦具特色。花枝可切花插瓶，树桩可制作盆景。

11. 红叶李

[**学名**] Prunus Cerasifera f. atropurea Jacq.

[**别名**] 紫叶李

[**科属**] 蔷薇科、李属

图 5-28　红叶李

[**识别要点**] 落叶小乔木，高达 8m，干皮紫灰色，光滑，小枝、叶片、花萼、花梗、雄蕊都呈紫红色。单叶互生，叶卵圆形至椭圆形，缘具细锯齿，两面无毛或背面中脉基部密生柔毛。花常单生叶腋，少 2 朵簇生，粉红色，与叶同放，花期 3 ~ 4 月。核果球型，熟时暗红色（见图 5-28）。

[**产地分布与习性**] 原产中亚及中国新疆天山一带，现各地广为栽培。喜光也稍耐阴，稍耐寒，对土壤要求不严，适应性强，以温暖湿润的气候环境和排水良好的砂质土壤最为有利。怕盐碱和积水，浅根性，萌蘖性强，对有害气体有一定的抗性。

[**繁殖方式**] 可用扦插、嫁接和压条繁殖。

[**园林用途**] 红叶李嫩叶鲜红，老叶紫色，是园林中重要的观叶树种，花小，白或粉红色，也是观花的优良品种。园林中常孤植、丛植于草坪、园路旁，街头绿地，居民新村等地，也可配植在建筑前，更宜与其他常绿树种配植，起到“万绿丛中一点红”的效果。

12. 樱花

[**学名**] Prunus serrulata Lindl

[**别名**] 山樱花、福岛樱、青肤樱

[**科属**] 蔷薇科、李属

[**识别要点**] 落叶乔木，高达 15 ~ 25m，树皮暗紫色，平滑有光泽，上有锈色唇形皮孔。叶单叶互生，椭圆形或卵状椭圆形，先端尾状，叶缘具有单或重锯齿，两面无毛，托叶披针状线形，缘有腺齿，叶柄端有 2 ~ 4 个腺体。花白色或粉红色，3 ~ 5 朵成伞形总状花序，萼片水平开展，花瓣先端有缺刻，于 4 月与叶同放，单瓣或重瓣，花期 4 ~ 5 月。核果球形或卵球形，初呈红色，后变紫褐色，7 月成熟（见图 5-29）。

图 5-29　樱花

[**产地分布与习性**] 原产北半球温带喜马拉雅山地区，目前世界各地都有栽培，喜光较耐寒，不耐水湿，根系较浅，对有毒气体抗性较弱。性喜阳光，喜温暖湿润的气候，

对土壤要求不严，以深厚肥沃的砂质土壤生长为好，根系浅，对烟尘、有害气体及海潮风的抵抗力均较弱。不耐盐碱土，不耐移植，忌积水，有一定的耐寒和耐旱能力，生长快速，萌芽力强。

［**繁殖方式**］嫁接繁殖为主，也可播种和扦插。

［**园林用途**］樱花花色艳丽，为春季重要的观花树种，常用于园林观赏，可丛植、群植、列植于各类绿地或专类园，可大片栽植造成“花海”景观，也可孤植，形成“万绿丛中一点红”的画面，还可作小路行道树或制作盆景。

13. 槐树

［**学名**］Sophora japonica Linn

［**别名**］槐、国槐

［**科属**］豆科、槐属

［**识别要点**］落叶乔木，高可达 25m，胸径 1.5m，树冠圆球形，老则呈扁球形，树干端直。树皮暗灰色，小枝绿色，皮孔明显，冬芽芽鳞不明显，柄下芽，被青紫色毛。奇数羽状复叶，互生，小叶 7 ~ 17 枚，对生，卵形至卵状披针形，长 2.5 ~ 5cm，先端渐尖，基部稍偏斜，叶背有白粉及平伏毛。花蝶形，黄白色，由多花组成顶生圆锥花序。荚果于种子间缢缩成念珠状，果皮肉质，长 2 ~ 8 cm，熟后不开裂，悬挂树梢，经冬不落。花期 7 ~ 8 月，果实成熟期 10 月（见图 5-30）。

图 5-30　槐树

［**产地分布与习性**］原产我国北部，现在南北各地均有栽培，日本、朝鲜及越南亦有分布。属阳性树种，喜光，稍耐阴，幼年生长较快，能适应干冷气候。要求深厚、排水良好的沙质土壤，但石灰性土、中性土及酸性土质均可生长，在干燥贫瘠多风的山地及低洼处生长不良。深根性，根系发达，萌芽力强，生长中速，寿命长。对 SO_2、Cl_2、HCl 及烟尘等抗性强。

［**繁殖方式**］播种繁殖，变种可用嫁接繁殖。

［**园林用途**］槐树栽培历史久远，树冠开展，树形美观，夏日浓荫盖地，是良好的庭园树、行道树树种，亦可作厂矿绿化之用。北方城市更为多见，孤植、对植、列植、群植配置于园林中，都很适宜。喜深厚、湿润、肥沃、排水良好的沙壤，对二氧化硫、氯气、氯化氢及烟尘等抗性很强，抗风力也很强，是优良的城市绿化风景林绿化及公路绿化树种。

图 5-31　合欢

14. 合欢

［**学名**］Albizia julibrissin Durazz

［**别名**］夜合花、绒花树、乌绒树、马缨花。

［**科属**］豆科、合欢属

［**识别要点**］落叶乔木，高达 16m，树冠宽广呈伞形。树皮灰褐色不裂，2 回偶数羽状复叶，羽片 4 ~ 12 对，各有小叶 10 ~ 30 对，小叶似镰刀，全缘，中脉偏向上部叶缘。花序头状，多数，伞房状排列，腋生或顶生；花粉红色，花萼筒状，花冠筒长约为萼筒的 2 倍，先端 5 裂，裂片披针形；雄蕊多数，花丝细长，下部合生，上部分离，伸出花冠筒外。荚果扁条形，幼时有毛。花期 6 ~ 7 月，果期 8 ~ 10 月（见图 5-31）。

［产地分布与习性］产于我国黄河流域及以南各地区。目前全国各地广泛栽培，朝鲜、日本、越南、泰国、缅甸、伊朗及非洲东部也有分布。阳性树种，喜温暖湿润和阳光充足环境，耐寒，耐干旱瘠薄，不耐水湿，对氯化氢、二氧化硫等有毒气体抗性强，适应性很强，对土壤要求不严，宜在排水良好、肥沃的沙质土壤上生长，萌芽力差，不耐修剪，生长迅速。

［繁殖方式］播种繁殖。

［园林用途］树冠开阔，姿势优美，叶形雅致，昼开夜合，盛夏绒花满树，十分清奇、美丽，花期长，宜作庭荫树、行道树。也可点缀于房前、草坪、山坡、林缘等地。也适用于池畔、水滨、河岸和溪旁等处散植。还可成片植为风景林。抗污染能力强，也是厂矿区绿化四旁绿化的优良树种。

15. 鸡爪槭

［学名］Acer palmatum Thumb

［别名］鸡爪枫、槭树

［科属］槭树科、槭树属

图 5-32　鸡爪槭

［识别要点］落叶小乔木，高达 10m，树冠伞形。树皮平滑，深灰色，枝开张，小枝细长、柔软，当年生枝紫红色或淡紫绿色；多年生枝深灰色。叶纸质，基部心形或近截形，掌状 5 ~ 9 裂，通常 7 裂，裂片长椭圆形或披针形，先端尾状，缘有不整齐锐齿或重锐齿，嫩叶生柔毛，老叶平滑无毛，叶柄细长，无毛。花紫色，杂性，雄花与两性花同株，伞房花序顶生，无毛，叶后开放，翅果，嫩时紫红色，成熟时棕红色；两翅张开成钝角。花期 4 ~ 5 月，果期 9 ~ 10 月（见图 5-32）。

［产地分布与习性］原产我国长江流域各省，多生于海拔 200 ~ 1200m 的林边或疏林和阴坡湿润山谷中。目前山东、江苏、浙江、安徽、江西、湖北、湖南、贵州、北京、河北等地均有栽培。喜光，喜温暖气候，适生于半阴环境，夏日怕日光曝晒，抗寒性强，要求疏松、肥沃、湿润和富含腐殖质的土壤，不耐水涝，较耐干燥，在阳光曝晒及潮风影响的地方，生长不良，对二氧化硫和烟尘抗性较强。

［繁殖方式］一般原种用播种繁殖，而园艺变种常用嫁接繁殖。

［园林用途］秋叶鲜红，色艳如花，灿烂如霞，为优良的观叶树种。植于庭院绿地、草坪、林缘、土丘、溪边、池畔、路隅、墙边、亭廊、山石间点缀，均十分得体；若以常绿树作背景，丛植于草坪中；或在山石小品中配植；或盆栽作桩景，也很别致。

16. 美国红枫

［学名］Acer rubrum

［别名］红花槭、北方红枫、北美红枫、红糖槭

［科属］槭树科、槭树属

［识别要点］落叶乔木，高可达 30m，树型直立向上，树冠呈椭圆形或圆形，叶掌状 3 ~ 5 裂，对生，表面亮绿色，叶背泛白，部分有白色绒毛。春季新叶泛红，之后变成绿色，直至深绿色，秋季叶片为绚丽的红色，持续时间长。花红色，花期 4 ~ 5 月，果实为翅果，红色，果期 9 ~ 10 月（见图 5-33）。

图 5-33　美国红枫

［产地分布与习性］原产于北美洲，主要分布加拿大和美国，在夏威夷亦有栽培。目前我国主要分布在山东，辽宁一带。喜光，适应性较强，耐寒、耐旱、耐湿。喜水肥，耐低温（-40℃左右），耐盐碱，生长迅速，喜欢潮湿、肥沃的土壤。在微酸、湿润、透水性好的土壤生长最理想。对臭氧和二氧化硫有一定抗性。早春开始生长，一年生长季节中，先长高度，后长冠幅。在北方变色效果很好，而南方很多城市则无法见其秋季色彩。

［繁殖方式］可用种子繁殖或扦插繁殖。

［园林用途］树冠整齐，秋叶鲜红，光彩夺目，在园林绿化中被广泛应用于公园、小区、街道等地，用作彩色行道树，干旱地防护林树种和风景林。

17. 五角枫

［学名］Acer mono Maxim.

［别名］色木

［科属］槭树科、槭树属

［识别要点］落叶乔木，高可达 20m。树冠球形，树皮灰褐色，纵裂，小枝淡黄色，冬芽紫褐色；单叶对生，掌状 5 裂，基部心形或浅心形，裂片卵状三角形，顶部渐尖或长尖，全缘，表面绿色，无毛，背面淡绿色，基部脉腋有簇毛；花黄绿色，成顶生伞房花序，萼片和花瓣各 5；翅果扁平，两翅开展成钝角或近水平，翅长为小坚果的 2 倍。花期 4 ~ 5月，果熟期 8 ~ 9月（见图 5-34）。

图 5-34　五角枫

［产地分布与习性］五角枫产于各地，广布于我国东北、华北西至陕西、四川、湖北、南达浙江、江西、安徽等省；苏联西伯利亚东部、蒙古、朝鲜和日本也有分布，是我国槭树科中分布最广的一种。多生于海拔 800 ~ 1500m 的山坡或山谷疏林中，在西部可高达海拔 2600 ~ 3000m 之高地。弱阳性，耐半阴，耐寒，较抗风，不耐干热和强烈日晒。适应性强，抗旱，耐贫瘠，喜温凉湿润气候，对土壤要求不严，在中性、酸性及石灰性土上均能生长，但以土层深厚、疏松、肥沃及湿润之地生长最好。生长速度中等，深根性，很少病虫害。

［繁殖方式］主要用种子繁殖，也可用扦插、嫁接繁殖。

［园林用途］树姿优美，叶形秀丽，秋叶变色早，且持续时间长，变为黄色或红色，为著名秋季观叶树种，是行道、庭院和风景区绿化的优良树种。在城市绿化中，适于建筑物附近、庭院及绿地内散植；在郊野、公园利用坡地片栽或山地丛植，给人一种“霜叶红于二月花”的秋季景观；也可与其他秋色叶树种或常绿树配植，彼此衬托掩映，可增加秋景色彩之美。

18. 木棉

［学名］Bombax ceiba Linn

［别名］斑芝树、英雄树、攀枝花、红棉

［科属］木犀科、白蜡属

［识别要点］落叶大乔木，高可达 25m，常高于邻树，故名英雄树。树干直立有明显瘤刺；掌状复叶互生，叶柄很长；早春花簇生于枝端，花冠红色或橙红色，直径约 12cm，花瓣 5，肉质，椭圆状倒卵形，长约 9cm，外弯，边缘内卷，两面均被星状柔毛；雄蕊多数，合生成管，排成 3 轮，最外轮集生为 5 束；蒴果甚大，木质，呈长圆形，可达 15cm，成熟后会自动裂开，里面充满了棉絮，可做枕头、棉被等填充材料。种子多数，倒卵形，黑色，光滑，藏于白色毛内。木棉外观多变化：春天时，一树橙红；夏天绿叶成荫；秋天枝叶萧瑟；冬天秃枝寒树，

图 5-35　木棉

四季展现不同的风情（见图 5-35）。

［产地分布与习性］树木的原产地不详，但很可能源自印度。它随着移民被广泛种植于华南、台湾、中印半岛及南洋群岛。根据中国的古籍记载，南越王赵佗曾在公元前 2 世纪向汉室天朝献上木棉树一株。木棉花还分白色木棉花和红色木棉花。我国的广州、昆明、深圳、福州、厦门等地都有种植。特别是广州、厦门满街都种有木棉花作为行道树。每年元宵节刚过，木棉树就开始开花。木棉为阳性树种，喜生于干热气候、石灰岩地带的平坦地及江河两岸的冲积土中，在日光充足的地方开花良好，在强酸性红黏土上则生长不良。木棉速生，材质轻软，可供蒸笼、包装箱之用，花、树皮、根皮药用，有祛湿之效。

［繁殖方式］播种、扦插或嫁接方式繁殖。

［园林用途］木棉每年 2 ~ 3 月树叶落光后进入花期，然后长叶，树形具阳刚之美。 因木棉树形高大雄伟，枝干舒展，分枝层次分明，树冠整齐，多呈伞形。早春满树枝干缀满硕大而艳丽的花朵，如火如荼，耀眼醒目，极为壮丽，是美丽的观赏树种，可作行道树或庭园风景树。

19. 鸡蛋花

［学名］Plumeria rubra ‘Acutifolia’

［别名］缅栀子、蛋黄花 、大季花、印度素馨

［科属］夹竹桃科、鸡蛋花属

［识别要点］落叶小乔木，高 5 ~ 8m，全株无毛。枝粗壮肉质。叶互生，常聚集于枝端，长圆状倒披针形或长椭圆形，长 20 ~ 40cm，顶端短渐尖，基部狭楔形，全缘。聚伞花序顶生；花萼裂片小，不张开而压紧花冠筒；花冠外面白色而略带淡红色斑纹，内面黄色，芳香。蓇葖果双生。花期 5 ~ 10 月。鸡蛋花有两种之分。一种因花心蛋黄色叫黄鸡蛋花，在夏威夷人们喜欢将花串成花环献给贵宾；另一种因花呈红色叫红鸡蛋花。果为一双生蓇葖；子多数，顶端具膜质翅，无种毛（见图 5-36）。

图 5-36　鸡蛋花

［产地分布与习性］原产美洲的墨西哥、委内瑞拉及西印度群岛。现广植于各热带地区，在一些国家，常被种植于寺庙四旁，故又名“庙树”或“塔树”。我国南方各省多有栽培，两种花色都有植株。此树很少结果，扦插容易成活，无需播种繁殖。鸡蛋花性喜高温高湿、阳光充足、排水良好的环境。生性强健，能耐干旱，但畏寒冷、忌涝渍，喜酸性土壤，但也抗碱性。栽培以深厚肥沃、通透良好、富含有机质的酸性沙壤土为佳，花期 5 ~ 10 月，主要用扦插和压条法繁殖。适生温度为 23 ~ 30℃，夏季能耐 40℃的极端高温，气温低于 15℃以下，植株开始落叶休眠，直至来年 4 月左右。叶片易感染角斑病、白粉病，介壳虫危害。

［繁殖方式］高压、扦插法繁殖。

［园林用途］庭园种植，草地栽培，盆栽观赏。鸡蛋花除用作园林观赏外，最重要的功用是泡茶。蛋花其色黄、淡紫，有肉质之感，雅淡素洁，很是可爱。将蛋花从树上摘下即可用滚水泡之，饮之清香、润滑。晒干了的鸡蛋花可泡成上好的茶。

20. 七叶树

[**学名**] Aesculus chinensis Bunge

[**别名**] 梭椤树、天师栗、娑罗树

[**科属**] 七叶树科、七叶树属

图 5-37　七叶树

[**识别要点**] 落叶乔木，高达 35m，树冠圆球形，树皮深褐色或灰褐色，长条片状脱落，小枝圆柱形，光滑粗壮，上有淡黄色皮孔，髓心大。顶芽发达，冬芽大，有树脂。掌状复叶对生，小叶 5 ~ 7 枚，小叶纸质，倒卵状长椭圆形至长椭圆状倒披针形，长 8 ~ 16cm，先端渐尖，基部楔形，边缘有细锯齿，仅背面脉上疏生柔毛，叶柄较长，8 ~ 15cm，有灰色柔毛。顶生圆锥花序，由 5 ~ 10 朵小花组成，花序总轴生有柔毛，杂性，雄花与两性花同株（花序基部多两性花），花瓣 4，不等大，白色，上面 2 瓣常有橘红色或黄色斑纹，边缘有纤毛，芳香，雄蕊 6，花丝线状，无毛，花药长圆形，淡黄色。蒴果球形或倒卵形，密生疣点，黄褐色，无刺，具很密的斑点，种子常 l ~ 2 粒，形如板栗，深褐色；种脐大、白色。花期 4 ~ 5 月，果期 9 ~ 10 月（见图 5-37）。

[**产地分布与习性**] 原产中国北部和西北部，黄河流域一带较多。现在我国黄河流域及东部各省均有栽培，仅秦岭有野生，自然分布在海拔 700m 以下的山地，欧美、日本等地也有栽培。喜光，稍耐阴，喜冬季温和、夏季凉爽湿润气候，但也能耐寒；喜深厚、肥沃、湿润及排水良好之土壤；深根性树种，萌芽力强，生长速度中等偏慢，寿命长；适生能力较弱，在瘠薄及积水地上生长不良，酷暑烈日下易遭日灼危害；不耐干热气候，略耐水湿。在条件适宜地区生长较快，但幼龄植株生长缓慢。

[**繁殖方式**] 播种繁殖

[**园林用途**] 树干耸直，树形优美，叶大形美，遮荫效果好，花大秀丽，果形奇特，可观叶、观花和观果，为世界著名的观赏树种，四大行道树之一（国外主要是其同属种欧洲七叶树）最适宜栽作行道树、庭荫树和园景树，可孤植、列植和群植，或与常绿树和阔叶树混植均可。在我国，七叶树与佛教有着很深的渊源，因此很多古刹名寺如杭州灵隐寺、北京卧佛寺、大觉寺中都有大树栽植。在建筑前对植、路边列植，或孤植、丛植于山坡、草地都很合适。为防止树干遭受日灼之害，可与其他树种配植。

图 5-38　栾树

21. 栾树

[**学名**] Koelreuteria paniculata Laxm

[**别名**] 灯笼树、摇钱树

[**科属**] 无患子科、栾树属

[**识别要点**] 落叶乔木，高达 20m，树冠为近似的圆球形，树皮灰褐色，细纵裂；小枝稍有棱，无顶芽，皮孔明显，奇数羽状复叶，互生，有时部分小叶深裂而为不完全的二回羽状复叶，小叶 7 ~ 15 枚，卵形或长卵形，边缘具锯齿或裂片，背面沿脉有短柔毛。花小金黄色，形成顶生圆锥花序。蒴果中空，三角状卵形，果皮膜质，似小灯笼，顶端尖，成熟时红褐色或橘红色，冬季落叶后还在树上悬挂着。花期 6 ~ 7 月，果期 9 ~ 10 月（见图 5-38）。

[**产地分布与习性**] 原产于我国北部及中部，日本、朝鲜也有分布。目前全国多有分布，以华北较为常见，多分布在海拔 1500m 以下的低山及平原地区，最高可达海拔 2600m。阳性树种，喜光，耐寒（黄山栾较差），耐干旱和瘠薄，对水湿、盐渍有一定抗性，深根性，萌蘖力强，生长速度中等，幼树生长较慢，以后渐快。对土壤要求不严，在微酸及碱性土壤上都能生长，较喜欢生长于石灰质土壤。对烟尘、二氧化硫和臭氧均有较强的抗性，病虫害较少，栽培管理容易。

[**繁殖方式**] 以播种繁殖为主，分蘖或根插亦可。

[**园林用途**] 树姿端正，枝叶茂密而秀丽，春季嫩叶多为红叶，夏季黄花满树，入秋叶色变黄，秋日蒴果高挂，紫红，形式灯笼，十分美丽，是理想的园林绿化树种。宜做庭荫树，行道树及园景树，也可作为居民区、工矿区及四旁绿化树种，同时还是很好的水土保持及荒山造林树种。

图 5-39　无患子

22. 无患子

[**学名**] Sapindus mukurossi Gaertn

[**别名**] 皮皂子、木患子、苦患树

[**科属**] 无患子科、无患子属

[**识别要点**] 落叶乔木，高达 20 ~ 25m，树冠扁球形。树皮灰白色，平滑不裂，枝开展，小枝无毛，密生皮孔，芽 2 个叠生；通常为偶数羽状复叶，互生，无托叶，有柄，小叶 8 ~ 12 枚，卵披针形或卵状长椭圆形，先端长尖，基部不对称，全缘，革质，无毛，或下面主脉上有微毛。花黄白色或带淡紫色，顶生圆锥花序，花杂性，小形，无柄，核果球形，熟时黄色或棕黄色。种子球形，黑色，坚硬。花期 6 ~ 7 月，果期 9 ~ 10 月（见图 5-39）。

[**产地分布与习性**] 原产中国长江流域以南各地以及中南半岛各地、印度和日本。现在，广东、福建、广西、江西、浙江等地区有栽培。喜光，稍耐阴，耐寒能力较强。对土壤要求不严，深根性，抗风力强；不耐水湿，能耐干旱，保护水土；萌芽力弱，不耐修剪；生长较快，寿命长。对二氧化硫抗性较强。

[**繁殖方式**] 可用播种、扦插和压条繁殖。

[**园林用途**] 树形高大，树干通直，枝叶开展，绿荫浓密。到了秋季，满树叶色金黄，与其他秋色叶树种配植一起，形成园林秋色叶景观，到了 10 月，果实累累，橙黄美观。是园林中良好的观叶、观果树种。宜作行道树、庭荫树、园景树和厂矿区绿化树种，可孤植、列植和丛植。

23. 白蜡

[**学名**] Fraxinus chinensis Roxb.

[**别名**] 青榔木、白荆树

[**科属**] 木犀科、白蜡属

[**识别要点**] 落叶乔木，高达 15 ~ 20m，树冠卵圆形，树皮黄褐色，纵裂。小枝光滑无毛，冬芽淡褐色，被绒毛。奇数羽状复叶，对生，小叶 5 ~ 9 枚，通常 7 枚，卵圆形或卵状披针形，先端渐尖或突尖，基部狭，不对称，缘有波状齿，表面无毛，背面沿脉有短柔毛。圆锥花序侧生或顶生于当年生枝上，大而疏松下垂，与叶同放或叶后开放，花萼钟状，无花瓣。翅果扁平，倒披针形，长 3 ~ 4cm。花期 3 ~ 5 月，果期 9 ~ 10 月（见图 5-40）。

图 5-40　白蜡

［**产地分布与习性**］原产我国，北自东北中南部，经黄河流域、长江流域，南达广东、广西，东南至福建，西至甘肃等地均有分布，且多分布于山洞溪流旁，生长快。喜光，适宜温暖湿润的气候，耐寒、耐涝、耐盐碱、亦耐干旱瘠薄，对土壤要求不严。抗烟尘、抗污染能力强，深根性树种，萌芽、萌根蘖力强，耐修剪。

［**繁殖方式**］扦插繁殖为主，也可播种繁殖。

［**园林用途**］形体端正，树干通直，枝叶繁茂而鲜绿，秋叶橙黄，是城市绿化和林业绿化的好树种，可作行道树（雄株姿态好）、庭荫树和园景树，孤植、对植、列植和片植，也可用于湖岸绿化和工矿区绿化。

本章小结

乔木是园林中的骨干树种，无论在功能上还是艺术处理上都能起主导作用。其中多数乔木在色彩、线条、质地和树形方面随叶片的生长与凋落可形成丰富的季节性变化，即使冬季落叶后也能展现出枝干的线条美。

乔木树种的干曲直、挺拔的姿态具有特殊的观赏效果。乔木的树冠也是园林景观中的重要因素，尖塔及圆锥壮树形者，多有严肃端庄的效果。柱状狭窄树冠者，多有高耸静谧效果。圆钝、钟形树冠者，多为雄伟，浑厚的效果。垂枝类型者，常形成优雅和平的气氛。

乔木树种在园林绿化中扮演着重要的角色，能够制造氧气，是杀菌能手。许多树木在生长过程中会分泌出杀菌素，杀死由粉尘带来的各种病原菌。树木是粉尘过滤器。调节温湿度、防风、防尘、减弱噪声、保持水土等。很多园林乔木具有很高的观赏价值，或观花、果、叶、或赏其姿态，都能在美化环境、美化市容、衬托建筑，以及园林风景构图等方面起到突出的作用。如世界五大庭院观赏树种的雪松、金钱松、南洋杉、日本金松、巨杉（世界爷）。乔木树种在园林中多植于路旁、池边、廊、亭前后或与山石建筑相配，或在局部小景区三五成组地散植各处，形成有自然之趣的布置；主要作为孤植树、行道树、庭荫树和林带，作用主要是夏季为行人遮荫、美化街景。

思考与练习

1. 名词解释

独赏树　　行道树　　行道树　　花灌木

2. 列举当地的乔木树种，各自的观赏特点与园林用途。

3. 列举适于作行道树的树种 10 种，各自的观赏特点与园林用途。

4. 哪些树种适宜做庭荫树，其观赏特点与园林用途。

5. 写出我国五大常用的行道树种，说明其科、属、种及园林用途。

6. 以当地某公园为例，说明乔木树种的不同用途。

第6章 灌 木 类

6.1 灌木类的特性及其园林用途

6.1.1 灌木的基本特性

灌木是指没有明显主干的木本植物，植株一般比较矮小，从近地面处开始丛生出横生的枝干。一般可分为观花、观果、观枝干等几类，均为多年生。灌木高度在 3 ~ 6m 以下，枝干系统不具明显的主干（如有主干也很短），并在出土后即行分枝，或丛生地上。其地面枝条有的直立（直立灌木），有的拱垂（垂枝灌木），有的蔓生地面（蔓生灌木），有的攀援他木（攀援灌木），有的在地面以下或近根茎处分枝丛生（丛生灌木）。

6.1.2 灌木的园林用途

灌木是自然风景的重要构成，也是构成园林景观的主要素材，丰富多彩的植物，使城市规划艺术和建筑艺术得到充分的表现；植物构成的空间和季相，使园林景观变得丰富多彩和风韵无穷。

园林中灌木种类繁多，形态各异，丰富多彩的植物材料为营造园林景观提供了广阔的天地。园林灌木在园林建设中的运用主要有以下方面：利用植物构成各种空间类型；利用园林植物表现时序景观；利用园林灌木创造观赏景点；利用植物烘托建筑、雕塑，或与之共同构成景观；利用园林灌木进行意境的创作；利用园林灌木形成地域景观特色。灌木在园林植物群落中属于中间层，起着乔木与地面、建筑物与地面之间的连贯和过渡作用。由于其中有很多具有丰富的色彩和美丽的形状，极易形成视觉焦点。

1. 在园林景观中的造园作用

（1）代替草坪成为地被覆盖植物。对大面积的空地，利用小灌木一棵一棵紧密栽植，而后对植株进行修剪，使其平整划一，也可随地形起伏跌宕。虽是灌木所栽，但整体组合却是一片“立体草坪”之效果，成为园林绿化中的背景和底色。

（2）代替草花组合成色块和各种图案。一些小灌木的叶、花、果具备不同的色彩，可运用小灌木密集栽植法组合成寓意不同的曲线、色块、花形等图案，这些色块和图案在园林绿地中或大片草坪中起到画龙点睛的作用。

（3）花坛满栽。对一些形状各异的花坛，采取小灌木密集栽植法进行绿化美化，形成花镜、花台，会产生不同的视觉效果。

2. 具有草本植物难以比拟的管理优势

（1）抗病虫害、抗旱、好管理。由于是木本植物，根系较深，因此较草本植物耐旱。栽植后前期浇水、喷水，保证成活后，后期基本可以粗放管理，苗木荫蔽后杂草也难以生长。进入正常管理后，即使在旺盛生长季节修剪次数每月仅 1 ~ 2 次，比起高羊茅、早熟禾、黑麦草类混播的冷季型草修剪次数相对要少。

（2）与 1 ~ 2 年生草花或多年生草本地被植物相比有一劳永逸的功效。为保证效果，有的 1 ~ 2 年生草花一年要更换 2 ~ 3 次；而一些草坪草除了管理费工费时费水外，一般最佳观赏期只有 2 ~ 3 年，若仍不更换草坪则会出现根系盘结、草坪老化等问题，影响观赏效果。运用密集栽植法栽植的小灌木，其显露在外表面的枝叶量有限，养分充足，且根系深远，故最佳效果明显、持久。

（3）小灌木密集栽植造景在园林上应用时，由于主要靠修剪造型，因此土壤水肥不均造成的苗势强弱对整体效果影响不大。

3. 与草坪、草花比，小灌木密集栽植的不足之处

（1）虽具草坪观赏效果但不能真正取代草坪。比如仅能应用于面积有限、管理水平高的空地。

（2）小灌木的色彩比较少，比草花的自然形态及颜色逊色不少。

（3）一次栽植时投资略高于草坪。

（4）主要靠修剪出效果，不能完全放任生长。

6.2 常见灌木的种类

1. 栀子花

［**学名**］Gardenia jasminoides

［**别名**］木丹、鲜支、卮子、越桃、水横枝、支子花、山栀花、黄鸡子、黄荑子、黄栀子、黄栀、山黄栀、玉荷花、白蟾花、禅客花、碗栀等

［**科属**］茜草科栀子属

［**识别要点**］常绿灌木，高 1 ~ 2m，干灰色，小枝绿色。单叶对生或三叶轮生，叶片呈倒卵状长椭圆形，全缘，有短柄，长 5 ~ 14cm，顶端渐尖，稍钝头，叶片革质，表面翠绿有光泽，仅下面脉腋内簇生短毛，托叶鞘状。花单生枝顶或叶腋，有短梗，白色，大而芳香，花冠高脚碟状，一般呈六瓣，有重瓣品种（大花栀子），花萼裂片倒卵形至倒披针形伸展，花药露出。浆果卵状至长椭圆状，有 5 ~ 9 条翅状直棱，黄色或橙色，1 室，种子多而扁平，嵌生于肉质胎座上。花期较长，从 5 ~ 6 月连续开花至 8 月，果熟期 10 月（见图 6–1）。

图 6–1　栀子花

［**产地分布与习性**］栀子花原产中国，全国大部分地区有栽培，集中在华东和西南、中南多数地区，如贵州、浙江、江苏、江西、福建、湖北、湖南、四川、陕西南部等省份。湖南省岳阳市的市花即为栀子花。喜温暖、湿润、光照充足且通风良好的环境，但忌强光暴晒，适宜在稍蔽阴处生活，耐半阴，怕积水，不耐寒，喜肥沃湿润的酸性土壤。

［**繁殖方式**］栀子花可用有性生殖和无性生殖多种方法繁殖，一般多采用扦插法和压条法进行繁殖，也可用分株和播种法繁殖，但很少采用，一般北方盆栽不易收到种子。

［**园林用途**］栀子花枝叶繁茂，叶色四季常绿，花芳香素雅，绿叶白花，格外清丽可爱，是有名的香花观赏植物，为庭院中优良的美化材料。它适用于阶前、池畔和路旁配置，也可用作花篱、盆栽和盆景观赏，花还可做插花和佩带装饰。果皮可作黄色染料，木材坚硬细致，为雕刻良材。

2. 含笑

［**学名**］Michelia figo/ Banana shrub

［**别名**］含笑美、含笑梅、山节子、白兰花、唐黄心树、香蕉花

［**科属**］木兰科含笑属

［**识别要点**］常绿灌木或小乔木，株体高约 1 ~ 3m，茎干因有微小的疣状突粒故略显粗糙、树皮呈灰褐色，花芽、幼小枝丫上和叶背中脉密生黄褐色的细绒毛；革质光滑、全缘互生状的叶片为椭圆形或卵形，长 4 ~ 10cm；花朵系单生于叶腋，于 4 ~ 6 月盛开，花径约 2 ~ 3cm，乳白色或淡黄色的花瓣通常为六片，具浓烈香蕉香气（见图 6–2）。

图 6-2 含笑

［产地分布与习性］原产于广东和福建，现长江流域至江南、台湾等各地均有栽培。性喜温湿，不甚耐寒，长江以南背风向阳处能露地越冬。夏季炎热时宜半阴环境，不耐烈日曝晒。其他时间最好置于阳光充足的地方。不耐干燥瘠薄，但也怕积水，要求排水良好，肥沃的微酸性壤土，中性土壤也能适应。含笑花性喜暖热湿润，不耐寒，适半阴，宜酸性及排水良好的土质，因而环境不宜之地均行盆栽，秋末霜前移入温室，它比较适合于 pH 值为 5.0 ～ 5.5 的微酸性土壤。

［繁殖方式］扦插、高压法和嫁接法等方式繁殖。

［园林用途］适于在小游园、花园、公园或街道上成丛种植，可配植于草坪边缘或稀疏林丛之下。使游人在休息之中常得芳香气味的享受。为名贵的芳香观赏植物，花可熏茶、提取芳香油。

3. 海桐

［学名］Pittosporum tobira

［别名］海桐花、山矾

［科属］海桐科 海桐属

［识别要点］常绿小乔木或灌木，高达 3m。单叶互生，多聚生枝顶，狭倒卵形，长 5 ～ 12cm，宽 1 ～ 4cm，全缘，顶端钝圆或内凹，基部楔形，边缘常外卷，有柄。聚伞花序顶生；花白色或带黄绿色，芳香，花柄长 0.8 ～ 1.5cm；萼片、花瓣、雄蕊各 5；子房上位，密生短柔毛。蒴果近球形，有棱角，长达 1.5cm，成熟时 3 瓣裂，果瓣木质；种子鲜红色。花期 5 月，果熟期 10 月，蒴果卵球形，有棱角，成熟时三瓣裂，露出鲜红色种子（见图 6-3）。

［产地分布与习性］产我国江苏南部、浙江、福建、台湾、广东等地；朝鲜、日本亦有分布。长江流域及其以南各地庭园常见栽培观赏。对气候的适应性较强，能耐寒冷，亦颇耐暑热。对土壤要求不严，抗二氧化硫等有毒气体能力较强；萌芽力强，耐修剪。

［繁殖方式］用播种或扦插繁殖。

［园林用途］本种枝叶茂密，树冠圆整，初夏开花清理芳香，是南方城市及庭院常见的理想观赏树种，多做房屋基础种植和绿篱。北方常盆栽观赏，温室过冬。

图 6-3 海桐

4. 红花继木

［学名］Lorpetalum chindensevar. rubrum

［别名］红桎木、红花

［科属］金缕梅科檵木属

［识别要点］常绿灌木或小乔木。树皮暗灰或浅灰褐色，多分枝。嫩枝红褐色，密被星状毛。叶革质互生，卵圆形或椭圆形，长 2 ～ 5cm，先端短尖，基部圆而偏斜，不对称，两面均有星状毛，全缘，暗紫红色。4 ～ 5 月开花，花期长，约 30 ～ 40 天，花 3 ～ 8 朵簇生在总梗上呈顶生头状花序，紫红色（见图 6-4）。

［产地分布与习性］主要分布于长江中下游及以南地区；印度北部也有分布。产于江苏苏州、无锡、宜兴、溧

阳、句容等地。喜光，稍耐阴，但阴时叶色容易变绿。适应性强，耐旱。喜温暖，耐寒冷。萌芽力和发枝力强，耐修剪。耐瘠薄，但适宜在肥沃、湿润的微酸性土壤中生长。

［**繁殖方式**］扦插嫁接繁殖。主要用切接和芽接两种方法。

［**园林用途**］是优良的观花观叶树种，广泛用于色篱、模纹花坛、灌木球、彩叶小乔木、桩景造型、盆景等城市绿化美化。

图 6-4　红花继木

5. 九里香

［**学名**］Murraya exotica L.

［**别名**］石辣椒、九秋香、九树香、七里香、千里香、万里香、过山香、黄金桂、山黄皮、千只眼、月橘

［**科属**］芸香科九里香属

图 6-5　九里香

［**识别要点**］九里香为常绿灌木或小乔木，高 2 ~ 4m；株姿优美，枝叶秀丽，花香浓郁。嫩枝呈圆柱形，直径 1 ~ 5mm，表面灰褐色，具纵皱纹。质坚韧，不易折断，断面不平坦。羽状复叶有小叶 3 ~ 9 枚，多已脱落；小叶片呈倒卵形或近菱形，最宽处在中部以上，长约 3cm，宽约 1.5cm；先端钝，急尖或凹入，基部略偏斜，全缘；黄绿色，薄革质，上表面有透明腺点，小叶柄短或近无柄，下部有时被柔毛。盆栽株高 1 ~ 2m，多分枝，直立向上生长。干皮灰色或淡褐色，常有纵裂。奇数羽状复叶互生，小叶 3 ~ 9 枚，互生，卵形、匙状倒卵形或近菱形，全缘，浓绿色有光泽。聚伞花序，花白色，径约 4cm，花期 7 ~ 11 月。浆果近球形，肉质红色，果熟期 10 月至翌年 2 月。果实气香，味苦、辛，有麻舌感（见图 6-5）。

［**产地分布与习性**］九里香产中国云南、贵州、湖南、广东、广西、福建、台湾、海南等地，以及亚洲其他一些热带及亚热带地区。九里香喜阳光充足，也耐半阴，喜温暖，不耐寒 。九里香对土壤要求不严，宜选用含腐殖质丰富、疏松、肥沃的沙质土壤。

［**繁殖方式**］种子繁殖，扦插繁殖和压条繁殖。

［**园林用途**］常栽于宅旁、房前屋后，结合绿化栽植成绿篱。可用于园林布置花坛、花境、庭院花材，亦可作切花、花篮、花束等配叶。

6. 龙船花

［**学名**］Ixora chinensis

［**别名**］山丹、英丹、仙丹花、百日红，山丹、英丹花、水绣球、百日红

［**科属**］茜草科龙船花属

［**识别要点**］常绿小灌木，高 1 ~ 2m；老茎黑色有裂纹，嫩茎平滑无毛。单叶对生，薄革质或纸质，倒卵形至矩圆状披针形，长 6 ~ 13cm，宽 2 ~ 4 cm，全缘；聚伞形花序顶生，花序具短梗，有红色分枝，长 6 ~ 7cm，花序直径 6 ~ 12cm，有许多红色至橙色的花，十分美丽。花直径 1 ~ 2cm，花冠筒长 3 ~ 3.5cm，有 4 裂片，花冠红色或橙红色。花期夏季（见图 6-6）。

［**产地分布与习性**］中国、马来西亚、英国、欧洲各国。喜温暖、湿润和阳光充足环境。不耐寒，耐半阴，不

图 6-6　龙船花

耐水湿和强光。土壤以肥沃、疏松和排水良好的酸性砂质壤土为佳。盆栽用培养土、泥炭土和粗沙的混合土壤，pH 值在 5 ~ 5.5 为宜。

[繁殖方式] 以扦插繁殖为主，枝插、芽插、根插都可生根。

[园林用途] 龙船花株形美观，开花密集，花色丰富，终年有花可赏，是重要的盆栽木本花卉，广泛用于盆栽观赏，亦可用于园林布置花坛、花境。

7. 大红花

[学名] Hibiscus rosa-sinensis

[别名] 扶桑、佛槿、朱槿

[科属] 锦葵科木槿属

[识别要点] 常绿灌木，可高达 6m，叶互生，叶形为阔卵形至狭卵形，长 4 ~ 9cm，与桑叶相似，叶缘有粗锯齿或缺刻，基部全缘，无毛，表面有光泽。花体积大，花柄有下垂或直上两种，花单生于上部叶腋间，花冠通常鲜红色，雄蕊柱超出花冠外，花梗长而无毛；花色有红、白、黄、粉红、橙等色，花期全年，夏秋最盛 (见图 6-7)。

[产地分布与习性] 自然分布于中国福建、台湾、广东、广西、云南、中南半岛也有。喜光，喜暖热湿润气候，不耐寒，长江流域仍需温室越冬。

[繁殖方式] 扦插、嫁接繁殖。

[园林用途] 适于在小游园、花园、公园或街道上成丛种植，可配植于草坪边缘或稀疏林丛之下。 亦可密植作为绿篱，大红花茎直而多分枝，栽种于花园庭院中的一般被人修剪至 1m 多高左右。

8. 希美莉

[学名] hamelia patins

[别名] 醉娇花、希美丽、希茉莉

[科属] 茜草科长隔木属

[识别要点] 为多年生常绿灌木。常见植株高 2 ~ 3m，分枝能力强，枝开展下垂。树冠广圆形；茎粗壮，红色至黑褐色。叶四枚轮生，长披针形，长 15 ~ 17cm，宽 5 ~ 6cm，纸质，腹面深绿色，背面灰绿色，叶面较粗糙，全缘；幼枝、幼叶及花梗被短柔毛，淡紫红色。聚伞圆锥花序，顶生，管状花长 2.5cm，橘红色。花期几乎全年，盛花期 5 ~ 10 月。全株具白色乳汁 (见图 6-8)。

图 6-7　大红花

图 6-8　希美莉

[**产地分布与习性**] 主要分布于热带美洲。其性喜高温、高湿、阳光充足的气候条件，喜土层深厚、肥沃的酸性土壤，耐荫蔽，耐干旱，忌瘠薄，畏寒冷，生长适温为 18 ~ 30℃。

[**繁殖方式**] 播种或扦插繁殖。

[**园林用途**] 希茉莉成型快，树冠优美，花、叶俱佳，是近年来在南方园林绿化中广受欢迎的植物，主要用于园林配植；北方常温室盆栽观赏。

9. 金叶假连翘

[**学名**] Duranta repens cv. Dwarf Yellow

[**别名**] 黄金叶

[**科属**] 马鞭草科假连翘属

[**识别要点**] 常绿灌木，株高 0.2 ~ 0.6m，枝下垂或平展。叶对生，叶长卵圆形，色金黄至黄绿，卵椭圆形或倒卵形，长 2 ~ 6.5cm，中部以上有粗齿。花蓝色或淡蓝紫色，总状花序呈圆锥状，花期 5 ~ 10 月。核果橙黄色，有光泽（见图 6-9）。

图 6-9　金叶假连翘

[**产地分布与习性**] 原产墨西哥至巴西，中国南方广为栽培，华中和华北地区多为盆栽。性喜高温，耐旱。全日照，喜好强光，能耐半阴。生长快，耐修剪。

[**繁殖方式**] 多用扦插或播种方式。

[**园林用途**] 适于种植作绿篱、绿墙、花廊，或攀附于花架上，或悬垂于石壁、砌墙上，均很美丽。其枝条柔软，耐修剪，可卷曲为多种形态，作盆景栽植，或修剪培育作桩景，效果尤佳。南方可修剪成形，丛植于草坪或与其他树种搭配，也可做绿篱，还可与其他彩色植物组成模纹花坛。北方可以盆栽观赏，适宜布置会场等地。

10. 琴叶珊瑚

图 6-10　琴叶珊瑚

[**学名**] Jatropha integerrima

[**别名**] 琴叶樱、南洋樱、日日樱

[**科属**] 大戟科麻疯树属

[识别要点] 常绿灌木，株高约 1 ~ 2m。单叶互生，倒阔披针形，常丛生于枝条顶端。叶基有 2 ~ 3 对锐刺，叶渐尖，叶面为浓绿色，叶背为紫绿色，叶柄具茸毛，叶面平滑。聚伞花序，花瓣 5 片，花冠红色；且为单性花，雌雄同株，自着生于不同的花序上；蒴果成熟时呈黑褐色（见图 6-10）。

[**产地分布与习性**] 原产地中美洲，我国南方多有栽培。

[**繁殖方式**] 播种或扦插繁殖。

[**园林用途**] 庭园常见的观赏花卉，被广泛应用于景观上。适于在小游园、花园、公园或街道上成丛种植，亦可配植于草坪边缘或稀疏林丛之下。

11. 米兰

[**学名**] Aglaia odorata

[**别名**] 米籽兰、树兰

[**科属**] 楝科米籽兰属

图 6-11　米兰

［识别要点］常绿灌木或小乔木，高 4 ~ 7m，是大叶米兰的小叶变种。分枝多而密，幼枝顶部常被锈色星状鳞片；羽状复叶互生，叶轴有窄翅，小叶 3 ~ 5 枚，对生有光泽；花小似粟米，金黄色，在 15℃以上时均能开花，杂性异株，圆锥花序腋生；新梢开花，盛花期为夏秋季；开花时清香四溢，气味似兰花。树形圆整美观（见图 6-11）。

［产地分布与习性］原产中国南部、亚洲东南部。

广泛种植于世界热带各地。中国福建、广东、广西、四川、云南有分布。北方也多盆栽。喜阳稍耐阴。适应温暖多湿的气候条件，对低温敏感，很短时间的零下低温就能造成整株死亡，25℃以上时生长旺盛。忌旱、稍耐阴，要求深厚肥沃的砂质土壤，以微酸性为宜。

［繁殖方式］常用压条和扦插繁殖。

［园林用途］米兰是人们喜爱的花卉植物，花放时节香气袭人。作为食用花卉，可提取香精。米兰盆栽可陈列于客厅、书房和门廊，清新幽雅，舒人心身。在南方庭院中米兰又是极好的风景树，常用于园林布置花坛、花境、庭院花材，亦可作切花、花篮、花束等配叶。

12. 八角金盘

［学名］Fatsia japonica

［别名］八金盘、八手、手树、金刚纂

［科属］五加科八角金盘属

［识别要点］常绿灌木或小乔木，高可达 5m，常成丛生状。幼嫩枝叶多易脱落性的褐色毛。单叶互生，叶柄长 10 ~ 30cm；叶片大，革质，近圆形，直径 12 ~ 30cm，掌状 7 ~ 9 深裂，裂片长椭圆状卵形，先端短渐尖，基部心形，边缘有疏离粗锯齿，上表面暗亮绿，下表面色较浅，有粒状突起，边缘有时呈金黄色；侧脉搏在两面隆起，网脉在下面稍显著。圆锥花序顶生，长 20 ~ 40cm；伞形花序直径 3 ~ 5cm，花序轴被褐色绒毛；花萼近全缘，无毛；花瓣 5 片，卵状三角形，长 2.5 ~ 3mm，黄白色，无毛；雄蕊 5，花丝与花瓣等长；子房下位，5 室，每室有 1 胚球；花柱 5，分离；花盘凸起半圆形。果产近球形，直径 5mm，熟时黑色。花期 10 ~ 11 月，果熟期翌年 4 月（见图 6-12）。

图 6-12　八角金盘

［产地分布与习性］原产于日本琉球群岛，台湾引种栽培，现全世界温暖地区已广泛栽培。喜阴湿温暖的气候。不耐干旱，不耐严寒。以排水良好而肥沃的微酸性土壤为宜，中性土壤亦能适应。萌蘖力尚强。

［繁殖方式］播种、扦插或分株繁殖。

［园林用途］八角金盘四季常青，叶片硕大。叶形优美，浓绿光亮，是深受欢迎的室内观叶植物。适应室内弱光环境，为宾馆、饭店、写字楼和家庭美化常用的植物材料。用于布置门厅、窗台、走廊、水池边，或作室内花坛的衬底。叶片又是插花的良好配材。在长江流域以南地区，可露地栽培，宜植于庭园、角隅和建筑物背阴处；也可点缀于溪旁、池畔或群植林下、草地边。

13. 红背桂

[**学名**] Excoecaria cochinchinensis Lour

[**别名**] 青紫木、红紫木、紫背桂

[**科属**] 大戟科土沉香属

图 6-13 红背桂

[**识别要点**] 常绿灌木，株高 1 ~ 2m。多分枝丛生，小枝具皮孔，光滑无毛。茎干粗壮，幼枝纤细，向水平方伸展，老枝干皮呈黑褐色，生有不明显的小瘤点，比较粗糙，嫩枝翠绿色，光滑有光泽，节间较长，节茎膨大，柔软而下垂。单叶对生，矩圆形或倒卵状矩圆形，叶宽披针形，长 5 ~ 13cm，宽 1.5 ~ 4cm，先端渐尖，基部楔形，叶柄长 3 ~ 10mm；托叶小，近三角形，叶缘有整齐锯齿，稀 3 枚轮生，稀互生，表面绿色，背后紫红色。侧脉 6 ~ 12 对，略明显。花单性异株，花小，穗状花序腋生，小花淡黄色。花单性异株；雄花序长约 1 ~ 2cm；苞片卵形，比花梗长，基部两侧各具 1 枚腺体，小苞片 2 枚，线形，基部具 2 枚腺体；雄花萼片 3 片，披针形，缘具撕裂状小齿，花丝分离；雌花序极短，由 3 ~ 5 朵花组成，花梗长 l ~ 2mm；苞片卵形，比花梗短；小苞片与雄花同；雌花萼片 3 片，阔卵形，边缘具小齿，子房球形，无毛，花柱 3 个，分离，基部多少连合，长约 2.2mm，外弯而先端卷曲，紧贴于子房上。蒴果球形，顶部凹陷，基部截平，直径约 8.5 ~ 10mm，高约 7mm，红色，带肉质。种子卵形，光滑。花植物结果期全年（见图 6-13）。

[**产地分布与习性**] 原产中国广东、广西、海南及越南等地，分布于广东、广西、云南等中国南部地区。不耐干旱，不甚耐寒，生长适温 15 ~ 25℃，冬季温度不低于 5℃。耐半阴，忌阳光曝晒，夏季放在庇荫处，可保持叶色浓绿。要求肥沃、排水好的沙壤土。

[**繁殖方式**] 广泛采用扦插快速育苗方法。

[**园林用途**] 其株形矮小，枝条柔软自然弯曲成一弧度，枝叶扶疏，自然清新，主要观赏紫红叶背。南方常植于庭院角隅、墙旁，亦可作绿篱。北方多盆栽观赏，亦可置于高架上观赏。

14. 夹竹桃

[**学名**] Nerium oleander

[**别名**] 柳叶桃，半年红

[**科属**] 夹竹桃科夹竹桃属

[**识别要点**] 常绿直立大灌木，高达 5m，有乳汁，无毛。叶 3 ~ 4 枚轮生，在枝条下部为对生，窄披针形，长 11 ~ 15cm，宽 2 ~ 2.5cm，全缘而略反卷，下面浅绿色；侧脉平行，硬革质。顶生聚伞花序；花萼直立；花冠深红色，有时有芳香，重瓣；副花冠鳞片状，顶端撕裂。蓇葖果矩圆形，长 10 ~ 23cm，直径 1.5 ~ 2cm；种子顶端具黄褐色种毛（见图 6-14）。

图 6-14 夹竹桃

[**产地分布与习性**] 原产伊朗、印度、尼泊尔，现广植于热带及亚热带地区；我国各省（自治区、直辖市）均有栽培。喜光，喜温暖湿润气候，不耐寒，忌水渍，耐一定程度空气干燥，耐烟尘，抗有毒气体能力强。长江流流域以南可露地

过冬，北方常温室盆栽；适生于排水良好、肥沃的中性土壤，微酸性、微碱土也能适应。

[繁殖方式] 扦插繁殖为主，也可分株和压条，极易成活。

[园林用途] 多见于公园、厂矿、行道绿化。世界各地庭园常栽培作观赏植物。

15. 黄蝉

[学名] Allamanda schottii

[别名]

[科属] 夹竹桃科黄蝉属

图 6-15　黄蝉

[识别要点] 常绿直立或半直立灌木，高约 1m，也有高达 2m 的。具乳汁，叶 3 ~ 5 枚轮生，长椭圆形或倒披针状矩圆形，全缘，长 5 ~ 12cm，宽达 4cm，被短柔毛，叶脉在下面隆起。聚伞花序顶生，花冠鲜黄色，花冠基部膨大呈漏斗状，中心有红褐色条纹斑。裂片 5 片，长 4 ~ 6cm，冠筒基部膨大，喉部被毛；5 枚雄蕊生喉部，花药与柱头分离。蒴果球形，直径 2 ~ 3cm，具长刺。花期 6 ~ 8 月，果期 10 ~ 12 月（见图 6-15）。

[产地分布与习性] 原产于巴西，华南庭园常见栽培。性喜高温、多湿，阳光充足。适于肥沃、排水良好的土壤。栽培的品种有硬枝黄蝉和软枝黄蝉两种

[繁殖方式] 多用扦插繁殖。

[园林用途] 观花、观叶植物，适于园林种植或盆栽，亦可作成花架、屋顶花园材料。具有抗贫瘠，抗污染特性。适合在工厂矿区作为绿化植物，因为有毒，所以不适合家庭栽种。

16. 变叶木

[学名] Codiaeum variegatum（Linn）

[别名] 洒金榕

[科属] 大戟科变叶木属

金叶假连翘 **[识别要点]** 常绿灌木或小乔木。高 1 ~ 2m。单叶互生，厚革质；叶形和叶色依品种不同而有很大差异，叶片形状有线形、披针形至椭圆形，边缘全缘或者分裂，波浪状或螺旋状扭曲，甚为奇特，叶片上常具有白、紫、黄、红色的斑块和纹路，全株有乳状液体。总状花序生于上部叶腋，花白色不显眼。常见品种有：长叶型，叶片呈披针形；绿色叶片上有黄色斑纹；角叶型，叶片细长，叶片先端有一翘角；螺旋型，叶片波浪起伏，呈不规则扭曲与旋卷，叶铜绿色，中脉红色，叶上带黄色斑点；细叶型，叶带状，宽只及叶长的 1/10，极细长，叶色深绿，上有黄色斑点；阔叶型，叶片卵形或倒卵形，浓绿色，具鲜黄色斑点（见图 6-16）。

图 6-16　变叶木

[产地分布与习性] 原产地马来西亚及东南亚和太平洋群岛的热带地区。喜高温、湿润和阳光充足的环境，不耐寒。喜光性植物，整个生长期均需充足阳光，茎叶生长繁茂，叶色鲜丽，特别是红色斑纹，更加艳红。若光照长期不足，叶面斑纹、斑点不明显，缺乏光泽，枝条柔软，甚至产生落叶。土壤以肥沃、保水性强的黏质壤土为宜。盆栽用培养土、腐叶土和粗沙的混合土壤。

[繁殖方式] 播种、扦插、压条繁殖。

[**园林用途**] 变叶木因在其叶形、叶色上变化显示出色彩美、姿态美，可以在观叶植物深受人们喜爱，华南地区多用于公园、绿地和庭园美化，既可丛植，也可做绿篱，在长江流域及以北地区均做盆花栽培，装饰房间、厅堂和布置会场。其枝叶是插花理想的配叶料。

17. 月季

[**学名**] Rosa chinensis

[**别名**] 月月红 长春花

[**科属**] 蔷薇科蔷薇属

[**识别要点**] 常绿或落叶有刺灌木，或呈蔓状与攀援状，直立，茎为棕色，具钩刺或无刺，也有几乎无刺的。小枝绿色，叶为墨绿色，多数羽状复叶，宽卵形或卵状长圆形，长 2.5 ~ 6cm，先端渐尖，具尖齿，叶缘有锯齿，两面无毛，光滑；托叶与叶柄合生，全缘或具腺齿，顶端分离为耳状。花朵常簇生，稀单生，花色甚多，色泽各异，径 4 ~ 5cm，多为重瓣也有单瓣者；萼片尾状长尖，边缘有羽状裂片；花柱分离，伸出萼筒口外，与雄蕊等长；每子房 1 胚珠。果卵球形或梨形，长 1 ~ 2cm，萼片脱落。花期 4 ~ 10 月。其栽培品种变种繁多，大多数是完全花。是两性花。有花中皇后的美称（见图 6-17）。

图 6-17 月季

[**产地分布与习性**] 中国是月季的原产地之一，广泛分布于世界各地。适应性强，耐寒耐旱，对土壤要求不严，但以富含有机质、排水良好的微带酸性沙壤土最好。喜光，但过多强光直射又对花蕾发育不利，花瓣易焦枯，喜温暖，一般气温在 22 ~ 25℃最为适宜，夏季高温对开花不利。喜日照充足，空气流通，排水良好而避风的环境，盛夏需适当遮阴。多数品种最适温度白昼 15 ~ 26℃夜间 10 ~ 15℃。较耐寒，冬季气温低于 5℃即进入休眠。如夏季高温持续 30℃以上，则多数品种开花减少，品质降低，进入半休状态。要求富含有机质、肥沃、疏松之微酸性土壤。空气相对湿度宜 75% ~ 80%，稍干、稍湿也可，有连续开花的特性。需要保持空气流通，无污染，若通气不良易发生白粉病，空气中的有害气体，如二氧化硫，氯，氟化物等均对月季花有毒害。

[**繁殖方式**] 繁殖以嫁接、扦插为主，播种及组织培养等为辅。

[**园林用途**] 月季可用于园林布置花坛、花境、庭院花材，可制作月季盆景；亦可作切花、花篮、花束等。花可提取香料。

18. 杜鹃

[**学名**] Rhododendron simsii Planch.

[**别名**] 杜鹃花、红杜鹃、映山红、艳山红、艳山花、清明花、金达莱（朝鲜语）、山踯躅、红踯躅、山石榴、羊角花（羌族）等。

[**科属**] 杜鹃花科杜鹃花属

[**识别要点**] 落叶或半常绿灌木，高约 2 ~ 3m；枝条、苞片、花柄及花等均有棕褐色扁平的糙伏毛。叶纸质，长椭圆形，长 3 ~ 5cm，宽 1 ~ 3cm，先端锐尖，基部楔形，两面均有糙伏毛，背面较密。花 2 ~ 6 朵簇生于枝端；花萼 5 裂，裂片椭圆状卵形，长 2 ~ 4mm；花冠鲜红或深红色，宽漏斗状，长 4 ~ 5cm，5 裂，上方 1 ~ 3 裂片内面有深红色斑点；雄蕊 7 ~ 10 枚，花丝中部以下有微毛，花药紫色；子房及花柱近基部有糙伏毛，柱头头状。蒴果卵圆形，长约 1cm，有糙伏毛。花期 4 ~ 5 月，果熟期 10 月。为酸性土指示植物。叶含黄酮类（杜鹃花醇）、三萜成分、乌苏酸（见图 6-18）。

[**产地分布与习性**] 生于山坡、丘陵灌丛中。广布于长江流域各省，东至台湾、西南达四川、云南；世界分

图 6-18　杜鹃

布：杜鹃花在全世界约有 960 余种，亚洲最多约 850 种，北美洲 24 种，欧洲 9 种，澳大利亚 1 种，中国约占 560 种，占全世界种类的 59%。我国的横断山区和喜马拉雅地区是世界杜鹃花的现代分布中心之一。杜鹃喜欢酸性土壤，性喜凉爽、湿润、通风的半阴环境，既怕酷热又怕严寒，生长适温为 12 ~ 25℃，夏季气温超过 35℃，则新梢、新叶生长缓慢，处于半休眠状态。夏季要防晒遮阴，冬季应注意保暖防寒。忌烈日暴晒，适宜在光照强度不大的散射光下生长，光照过强，嫩叶易被灼伤，新叶老叶焦边，严重时会导致植株死亡。冬季，露地栽培杜鹃要采取措施进行防寒，以保其安全越冬。

［**繁殖方式**］扦插与嫁接。

［**园林用途**］杜鹃花花繁叶茂，绮丽多姿，萌发力强，耐修剪，根桩奇特，是优良的盆景材料。园林中最宜在林缘、溪边、池畔及岩石旁成丛成片栽植，也可于疏林下散植。适于在小游园、花园、公园或街道上成丛种植，可配植于草坪边缘或稀疏林丛之下。

19. 一品红

［**学名**］Euphorbia pulcherrima Willd

［**别名**］圣诞红、象牙红、老来娇、圣诞花、猩猩木

［**科属**］大戟科大戟属

［**识别要点**］落叶灌木，植株高 1 ~ 3m，单叶互生，长椭圆形，全缘或波状浅裂，有时呈提琴形，顶部叶片较窄，披针形；叶被有毛，叶质较薄，脉纹明显；顶端靠近花序之叶片呈苞片状，开 3 花时株红色，为主要观赏部位。杯状花序聚伞状排列，顶生；总苞淡绿色，边缘有齿及 1 ~ 2 枚大而黄色的腺体；雄花具柄，无花被；雌花单生，位于总苞中央；自然花期 12 月至翌年 2 月。有白色及粉色栽培品种（见图 6-19）。

图 6-19　一品红

［**产地分布与习性**］原产于墨西哥塔斯科地区，在我国两广和云南地区有露地栽培，植株可高达 2m。喜湿润及阳光充足的环境，向光性强，不耐低温，对土壤要求不严，但以微酸型的肥沃，湿润、排水良好的砂壤土最好。

［**繁殖方式**］通常采用扦插，嫩枝及休眠枝可利用。

［**园林用途**］开花期间适逢圣诞节，故又称“圣诞红”。除了可在庭园中栽培种植外，最适宜盆栽种植，作为阳台、客厅、会议室等处绿化装饰材料。

20. 珍珠梅

［**学名**］Sorbaria kirilowii（Reqel）Maxim

［**别名**］华北珍珠梅

［**科属**］蔷薇科珍珠梅属

［**识别要点**］落叶丛生灌木，高 2 ~ 3m。枝开展；小枝弯曲，无毛或微被短柔毛，幼时嫩绿色，老时暗黄褐

色或暗红褐色。冬芽卵形，称端圆钝，无毛或被疏柔毛，紫褐色，具数枚鳞片。奇数羽状复叶互生，小叶 7 ~ 17 枚，连叶柄长 13 ~ 23cm，叶轴微被短柔毛；托叶叶质，卵状披针形至三角状披针形，边缘有不规则锯齿或全缘，长 8 ~ 13mm，宽 8mm；小叶片对生，无梗或近无柄，相距 2 ~ 2.5mm，披针形至卵状披针形，长 5 ~ 7mm，宽 1.8 ~ 2.5mm，基部近圆形广楔形，偶有偏斜，先端渐尖，边缘有尖锐重锯齿，两面无毛或近无毛，羽状脉，具侧脉 12 ~ 16 对，背面明显，顶生圆锥花序大，总花梗和花梗均被星状毛或短柔毛，果期逐渐脱落；花径 10 ~ 12mm；萼筒钟状，外面微被短柔毛，萼裂片三角状卵形，先端急尖；花瓣长圆形或倒卵形，长 5 ~ 7mm，宽 3 ~ 5mm，白色；雄蕊 40 ~ 50，比花瓣长 1.5 ~ 2 倍，生于花盘边缘；心皮 5 子房被短柔毛或无毛。蓇葖果长圆形，具顶生弯曲的花柱；果梗直立，宿存萼片反折，稀开展。花期 6 ~ 8 月，果期 9 ~ 10 月（见图 6-20）。

图 6-20　珍珠梅

［**产地分布与习性**］原产于亚洲北部，我国河北、河南、陕西、甘肃、山东、山西、内蒙古等地均有分布。性喜阳光并具有很强的耐阴性，耐寒、耐湿又耐旱。对土壤要求不严，在一般土壤中即能正常生长，而在湿润肥沃的土壤中长势更强。

［**繁殖方式**］播种、扦插及分株繁殖。

［**园林用途**］珍珠梅株丛丰满，枝叶清秀，贵在缺花的盛夏开出清雅的白花而且花期很长。尤其是对多种有害细菌具有杀灭或抑制作用，适宜在各类园林绿地中种植。特别是具有耐阴的特性，因而是北方城市高楼大厦及各类建筑物北侧阴面绿化的花灌木树种。珍珠梅的花、叶清丽，花期很长又值夏季少花季节，在园林应用上十分常受欢迎的观赏树种，可孤植，列植，丛植效果甚佳；其花序也是切花瓶插的。

21. 棣棠

［**学名**］Kerria japonica（L.）DC.

［**别名**］蜂棠花、黄度梅、金棣棠梅、黄榆梅、金碗、地藏王花、麻叶棣棠、清明花

［**科属**］蔷薇科棣棠花属

［**识别要点**］落叶丛生灌木，高 1 ~ 2m；小枝绿色，无毛。叶片卵形至卵状披针形，单叶互生，长 2 ~ 10cm，宽 1.5 ~ 4cm，先端长尖，基部近圆形或微心形，边缘有锐重锯齿，常浅裂，表面无毛或疏生短柔毛，背面或沿叶脉、脉间有短柔毛。花金黄色，直径 3 ~ 4.5cm，萼片卵状三角形或椭圆形，边缘有极细齿；花柱与雄蕊等长。瘦果黑色，扁球形。花期 4 ~ 5 月，果期 7 ~ 8 月（见图 6-21）。

图 6-21　棣棠

［**产地分布与习性**］原产中国和日本，我国黄河流域至华北、华南至西南均有分布。 喜温暖湿润和半阴环境，耐寒性较差，对土壤要求不严，以肥沃、疏松的沙壤土生长最好。

［**繁殖方式**］常用分株、扦插和播种法繁殖。分株适用于重瓣品种。扦插分春季硬枝扦插和梅雨季嫩枝扦插。可地栽，亦可盆栽。

［**园林用途**］棣棠柔枝垂条，金花朵朵，宜作花篱、花径，群植于常绿树丛之前，古木之旁，山石缝隙之中或池畔、水边、

溪流及湖沼沿岸成片栽种，均甚相宜；若配植疏林草地或山坡林下，则尤为雅致，野趣盎然，盆栽观赏也可。

22. 红绒球

［学名］Calliandra haematocephala Hassk.

［别名］红合欢、美洲合欢、美蕊花

［科属］含羞草科朱缨花属

图 6-22　红绒球

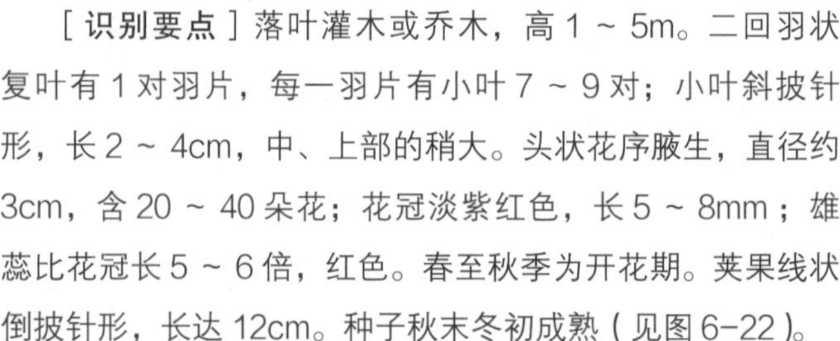

［识别要点］落叶灌木或乔木，高 1 ~ 5m。二回羽状复叶有 1 对羽片，每一羽片有小叶 7 ~ 9 对；小叶斜披针形，长 2 ~ 4cm，中、上部的稍大。头状花序腋生，直径约 3cm，含 20 ~ 40 朵花；花冠淡紫红色，长 5 ~ 8mm；雄蕊比花冠长 5 ~ 6 倍，红色。春至秋季为开花期。荚果线状倒披针形，长达 12cm。种子秋末冬初成熟（见图 6-22）。

［产地分布与习性］原产南美洲，世界热带亚热带地区广为栽培。喜温暖和阳光充足的环境。要求土层深厚。越冬温度 15 ~ 18℃。热带和亚热带地区可露地栽植，北方地区可盆栽观赏。阳性植物，需强光。生育适温：23 ~ 30℃生长特性：生长速度中至快。喜爱多肥，耐热、耐旱、不耐阴、耐剪、易移植。冬季休眠期会落叶或半落叶。

［繁殖方式］播种和扦插繁殖，但以扦插法为主。

［园林用途］其枝叶扩展，花序呈红绒球状，在绿叶丛中夺目宜人。园林中常修剪成球形，初春萌发淡红色嫩叶，美丽盎然，为优良的木本花卉植物。宜于园林中作孤植、丛植，又可作绿篱和道路分隔带栽培。

23. 黄刺梅

［学名］Rosa xanthina Lindl

［别名］刺玫花、重瓣黄刺

［科属］蔷薇科、蔷薇属

［识别要点］落叶灌木，高 1 ~ 3m。枝常为拱形；小枝褐紫色，无毛，具直立皮刺，皮刺基部扁平，稍宽大，老枝褐紫色，具皮刺，无针刺。奇数羽状复叶，互生或簇生于短枝上；托叶细小，大部分与叶柄合生，先端分离成狭披针形裂片，边缘有腺齿或全缘，宿存；小叶 7 ~ 13 枚，几乎无柄，基部小叶稍小；小叶片近圆形或广椭圆形，长 8 ~ 15cm，宽 6 ~ 8cm，基部近圆形，稍偏斜，先端钝，边缘有重钝锯齿，表面无毛，背面幼时微被柔毛，后脱落；叶轴具稀疏柔毛并疏生小皮刺或无毛或小皮刺。花单生于短枝顶端，无苞片；花梗长 1 ~ 2cm，无毛；花托无毛；花直径约 4cm；萼裂片披针形，长约 12mm，先端渐尖，全缘，外面无毛，内面密被白色绒毛；花瓣重瓣，广倒卵形，长约 2mm，先端微凹，黄色；雄蕊长约 5cm；花柱离生，微露出花托口外，密被绒毛，比雄蕊短。蔷薇果近球形，直径约 1cm，红褐色，平滑，宿存萼片反折。花期 5 ~ 6 月，果期 7 ~ 8 月（见图 6-23）。

图 6-23　黄刺梅

［产地分布与习性］广泛分布于我国华北、东北、西南及西北各省区天然林区。喜温暖湿润和阳光充足的环境，稍耐阴，耐寒冷和干旱，怕水涝。对土壤要求不严，在贫瘠、碱性土壤都能正常生长，但怕积水，因此最好种植在向阳、干燥的地方，种在阴处光照不足会使枝条生长细弱，开花稀

少、花朵变小。根系强大，萌芽力强，抗病能力较强。

［**繁殖方式**］常采用软枝扦插和分根的方法。

［**园林用途**］黄刺梅黄花绿叶，绚丽多姿，株丛大，花色金黄，花期长，为庭园观赏植物，园林中可孤植观赏。可广泛用于道路、街道两旁绿化和庭院、园林美化，亦可在海拔较低、雨量较多、土壤疏松的中下坡大面积种植。是北方地区主要的早春花灌木，多在草坪、林缘、路边丛植，若筑花台种植，几年后即形成大丛，开花时金黄一片，光彩耀人，甚为壮观。亦可在高速公路及车行道旁，作花篱及基础种植。也可栽种于建筑物的朝阳面或侧面形成花篱，还可以瓶插观赏。

24. 紫荆

［**学名**］Cercis chinensis Bunge

［**别名**］满条红、苏芳花、紫株、乌桑、箩筐树

［**科属**］豆科紫荆属

［**识别要点**］落叶乔木或灌木。紫荆为落叶乔木，经栽培后常成灌木状。叶互生，近圆形，顶端急尖，基部心形，长 6 ~ 14cm，宽 5 ~ 14cm，两面无毛。花先于叶开放，4 ~ 10 朵簇生于老枝上；小苞片 2 片，阔卵形；花玫瑰红色，长 1.3 ~ 1.5cm，小花梗纲柔，长 0.6 ~ 1.5cm。荚果狭披针形，扁平，长 5 ~ 14cm，宽 1.3 ~ 1.5cm，沿腹缝线有狭翅不开裂；种子 2 ~ 8 颗，扁圆形，近黑色。花期 4 ~ 5 月（见图 6-24）。

图 6-24　紫荆

［**产地分布与习性**］紫荆原产于中国，在湖北西部、辽宁南部、河北、陕西、河南、甘肃、广东、云南、四川等省都有分布。性喜欢光照，有一定的耐寒性。喜肥沃、排水良好的土壤，不耐淹。萌蘖性强，耐修剪（见图 6-24）。

［**繁殖方式**］常用播种、分株、压条、扦插或嫁接的方法

［**园林用途**］早春季节先于叶开花，花形似蝶，盛开时花朵繁多，成团簇状，紧贴枝干，满树都是花，不仅枝条上能着花，而且老干上也能开花，给人以繁花似锦的感觉；到了夏秋季节则绿叶婆娑，满目苍翠；冬季落叶后则枝干筋骨毕露，苍劲虬曲之感跃然眼前，是观花、叶、干俱佳的园林花木，适合栽种于庭院、公园、广场、草坪、街头游园、道路绿化带等处，也可盆栽观赏或制作盆景。

25. 绣线菊

［**学名**］Spiraea salicifolia L.

图 6-25　绣线菊

［**别名**］柳叶绣线菊、蚂蝗梢

［**科属**］蔷薇科绣线菊属

［识别要点］为落叶直立灌木，高可达 2m，枝条密集，小枝有棱及短毛，单叶互生，叶片长圆状披针形，缘具细密锐锯齿，两面无毛，叶柄短，无毛，长圆形圆锥着生于当年生具叶长枝枝顶，长可 6 ~ 13cm，被生毛，花密集，两性花，花具短，花瓣粉红色，雄蕊 50 枚伸出花瓣外，花有花盘、苞片、花萼和萼片，均被毛，蓇葖果直立，高约 5mm，沿腹缝线有毛并具反折萼片，花期 6 ~ 9 月，果熟 8 ~ 10 月（见图 6-25）。

［**产地分布与习性**］辽宁、内蒙古、河北、山东、山西

等地均有栽培分布。国外：蒙古、日本、朝鲜、西伯利亚以及欧洲东南部均有分布。喜光也稍耐阴，抗寒，抗旱，喜温暖湿润的气候和深厚肥沃的土壤。萌蘖力和萌芽力均强，耐修剪。

［**繁殖方式**］播种、分株、扦插均可。

［**园林用途**］枝繁叶茂，叶似柳叶，小花密集，花色粉红，花期长，自初夏可至秋初，娇美艳丽，是良好的园林观赏植物和蜜源植物。

26. 金丝桃

［**学名**］Hypericum monogynum L.

［**别名**］土连翘

［**科属**］藤黄科金丝桃属

图 6-26　金丝桃

［**识别要点**］半常绿小灌木，高达 1m；全枝光滑无毛，多分枝；小枝对生，圆柱形，红褐色。单叶对生，具透明腺点，长椭圆形，长 3 ~ 8cm，宽 1 ~ 2cm，顶端钝尖，基部渐狭而稍抱茎，上面绿色，下面分绿色，全缘，叶脉明显，中脉在两面都明显而下面稍凸起，无柄。花顶生，单生或成聚伞花序，直径 3 ~ 5cm，具披针形小苞片；萼片 5 片，卵状矩圆形，顶端微钝；花瓣 5 片，宽倒卵形；雄蕊多数，基部合生为 5 束；花柱细长，顶端 5 裂。蒴果卵圆形，花期 6 ~ 7 月，果期 8 月（见图 6-26）。

［**产地分布与习性**］原产我国中部及南部地区，常野生于湿润溪边或半阴的山坡下，爱温暖湿润气候，喜光，耐半阴，耐寒性不强，对土壤要求不严，除黏重土外，在一般的土壤中均能较好地生长。

［**繁殖方式**］常用分株、扦插和播种法繁殖。

［**园林用途**］其不但花色金黄，而且其呈束状纤细的雄蕊花丝也灿若金丝，惹人喜爱。是人们很乐于栽培的花木之一。园林中常用于湿润溪边或半阴的山坡下成片栽种或配植于疏林草地中，花多叶茂，即使在无花时节，观叶也十分具有美趣。

本章小结

小灌木密集栽植造景可作为一种园林设计手法大量应用于园林绿地。它体现的不是植物的自然美、个体美，而是通过人工修剪造型的办法，体现植物的修剪美、群体美。这些植物组合或色块，应用于不同场合，能起到丰富景观、增加绿量的作用，有着简洁明快、气度不凡的效果，体现出园林规划设计的大手笔。小灌木密集栽植造景虽不能完全取代草坪和草本地被植物所产生的作用和效果，但也因其具有便于管理，效果上乘的优点被广泛应用于园林绿化的重要部位，替代草坪和草花产生较高水平的园林艺术效果，满足现代城市园林绿化建设需要。

灌木在园林中可做绿篱，或林下美化，或丛植、列植，或配山石，或在道路两旁种植，亦可作为插花切花、切叶等，能达到有别于乔木和草本植物不一样的园林美化效果。

思考与练习

1. 灌木的基本特性有哪些?

2. 试述灌木的园林用途。

3. 试述灌木在园林景观中的造园作用。

4. 与草坪、草花比，小灌木密集栽植有哪些不足之处?

5. 一品红、夹竹桃、月季、杜鹃分别属于什么科、什么属?各自有哪些园林用途?

6. 比较九里香与米兰的形态特性及园林应用的异同点。

7. 结合当地园林绿化实际，总结常用的灌木种类及它们的园林用途。

第7章 藤 蔓 类

植物枝条的生长方式多种多样、不尽相同。大多数木本植物种类都具有粗壮的枝干，可以直立地上生长，但还有一些木本植物，其枝干自身不能很好直立生长，必须攀附其他植物或物体生长，我们称之为藤蔓类植物。藤蔓植物亦称为藤本植物、攀援植物、爬藤植物。有些藤蔓类植物如果没有依附的支撑物，便可在地面上迅速蔓延，占据较大的土地面积，因此，在园林绿化中，蔓藤类植物也是良好的地被植物。

7.1 藤蔓类植物的类型、特性及其园林用途

藤蔓类植物生长迅速，种类多样，适应性强，耐旱、寒、贫瘠、阴及阳等不同生态环境条件。藤蔓类植物在园林绿化中的应用与其他植物的应用一样，要根据环境特点、建筑类型、绿化功能等要求，结合蔓藤类植物自身的特性、体量大小、生长速度及观赏效果等选用。可以攀援于高大枯树上，形成独赏树的效果；还可以对山坡、屋顶、篱垣、棚架、立体绿化以及林下进行绿化，都可取得其他植物不可替代的作用。在实际中，为提高城市绿量，用藤蔓类植物进行垂直绿化也是比较常见且好用的方法，可以将植物攀援于竹架、铁架上，充分拓展了立体绿化空间，扩大了绿化体量，丰富了绿化形式，改善了城市生态景观和环境质量。

7.1.1 藤蔓类植物的类型

根据植物的攀援习性，可将藤蔓类植物分成四种类型。

1. 缠绕类

这类植物是依靠自身主茎缠绕支持物向上生长，并不具有特化的攀援器官，如紫藤、金银花、猕猴桃等。

2. 卷须类

卷须类植物具有特有的攀援器官，这些器官来源于枝叶等器官的变态。常见的攀援器官常分为茎（枝）卷须、叶卷须、花序卷须三类。茎卷须是由茎或枝的变态特化而成的卷曲攀援器官，常见如葡萄；叶卷须是由叶柄、叶尖、托叶或小叶等部位特化而成的卷曲攀缘器，如铁线莲、炮仗藤、香豌豆等；花序卷须是由花序的一部分特化成卷须的缠绕类型。

3. 吸附类

依靠气生根或吸盘（可分泌黏胶）牢固的吸附于光滑物体表面，或将物体固定在遇到得支持物上生长，如爬山虎、凌霄等。

4. 蔓生类

蔓生悬垂植物无特殊的攀援器官，仅靠细柔而蔓生的枝条攀援，有的长倒钩刺，如蔷薇、悬钩子、叶子花等。

7.1.2 藤蔓类植物的基本特性

1. 占地少，绿量大

藤蔓类植物可以依附建筑物和其他支持物生长，因此占据的面积相对较小。

2. 生长快

藤蔓类植物生长快，如长江流域爬山虎每年可长 5 ~ 8m，紫藤可长 3 ~ 6m。

3. 种类多样

藤蔓类植物大多可以观花、叶、果，有些还是很好的秋色叶植物种类。

4. 适应性强

藤蔓类植物能耐旱、寒、贫瘠、阴及阳不同的生态环境条件。

5. 可随攀附物变化

藤蔓类植物可攀附于其他物体上，故可用于墙面、棚架、灯柱、假山、石桥等物体上，随被攀附的物体形状而生长。

6. 降温隔热

藤蔓类植物可用于建筑物、铺装路面，有较好的降温隔热作用。

7.1.3 藤蔓类植物在园林绿化中的应用形式

1. 棚架式

棚架式是园林中最常见、结构造型丰富多样的构筑物之一，多用于居民区。此类选用的藤蔓类植物生长旺盛、枝叶茂密，速生荫浓，也可选用可观花观果的藤蔓类植物种类，还可获得经济效益。此类蔓藤类植物种类如紫藤、藤本月季、葡萄、凌霄等。

2. 凉廊式

凉廊式在公园、小游园居多。宜选取速生、叶茂、寿命长的种类。通常是在亭阁形状的支架四周种植生长旺盛，枝叶浓密的蔓木形成绿亭。

3. 附壁式

附壁式即墙面绿化。墙面绿化是指建筑物墙面以及各种实体围墙表面的绿化，它不仅具有生态功能，还给建筑物外表面以艺术装饰。

4. 篱垣式

具有围墙或屏障功能的构筑物，结构多样，用藤蔓类植物，使其形成绿墙、花墙、绿篱、绿栏等，更显自然，使园林效果更佳生机勃勃。

5. 其他

其他如悬蔓式、绳杆牵引式等。

7.2 园林中常用的藤蔓树种种类

7.2.1 园林中常用的常绿（半常绿）藤蔓树种

1. 薜荔

[**学名**] Ficus pumila Linn.

[**别名**] 凉粉果、木馒头

[**科属**] 桑科、榕属

[**识别要点**] 吸附类常绿木质藤本，小枝有棕色绒毛，含乳汁；叶互生，革质，全缘，两型；营养枝节上生不定根，叶小而薄，尖端渐尖，基部不对称，几无柄；结果枝上无不定根，叶较大而厚，先端钝形，基部圆形至浅心形，上面无毛，背面被黄褐色柔毛，网脉甚明显，呈蜂窝状。花极小，隐花果单生叶腋，梨形或倒卵形，有乳汁，顶部截平，有短柄，幼时被黄色短柔毛，成熟黄绿色或微红。花期 4 ~ 5 月，果熟期 9 ~ 10 月（见图 7-1）。

[**产地分布与习性**] 分布于中国长江以南至广东、海南等地区，北方偶有栽培。日本、越南北部也有；垂直分

布海拔 50 ~ 800m 之间，无论山区、丘陵、平原均有分布，多攀附在山脚、山窝、古树、大树和断墙残壁、古石桥、庭园围墙等上面。喜温暖湿润气候，耐阴、耐旱、耐贫瘠，耐寒性不强，抗性强。

图 7-1　薜荔

［繁殖方式］用播种、扦插、嫁接、压条及组织培养均可。

［园林用途］叶质厚，深绿发亮，寒冬不凋，可将其攀援岩坡、墙垣、假山和树上或作护坡材料，也可用于庭院绿化和石漠化治理。

2. 常春油麻藤

［学名］Mucuna sempervirens Hemsl.

［别名］牛马藤、大血藤

［科属］豆科、油麻属

图 7-2　常春油麻藤

［识别要点］常绿木质左旋大藤本，茎长可达 30m，茎棕色或黄棕色，粗糙；小枝纤细，淡绿色，光滑无毛。复叶互生，小叶 3 枚，纸质，全缘无毛，顶端小叶较大，卵形或长方卵形，先端渐尖，基部阔楔形；两侧小叶长方卵形，先端尖尾状，基部斜楔形。下垂的总状花序生于老茎，长 10 ~ 35cm，花萼宽钟形被浓密绒毛，花较大，蝶形，深紫色或紫红色。荚果扁平条状，木质，密被锈色粗毛，种子间缢缩。花期 4 ~ 5 月，果期 7 ~ 8 月（见图 7-2）。

［产地分布与习性］产于我国陕西、四川、贵州、云南、福建、云南、浙江等省，日本也有分布。多生于林边，常缠绕于树上。喜温暖、半阴的环境条件，适宜于生长在湿润、疏松、肥沃排水良好的土壤，最宜长在石灰岩上。

［繁殖方式］可进行播种、扦插或压条繁殖。

［园林用途］藤茎高大，叶片常绿，老茎开花，是棚架、栅栏、裸岩、枯树、崖壁、沟谷、围墙及陡坡等处垂直绿化的优良树种，宜在自然式庭院及森林公园中栽植，出可用于石漠化治理。

3. 香花崖豆藤

［学名］Millettia dielsiana Harms ex Diels

［别名］山鸡血藤

［科属］豆科、崖豆藤属

图 7-3　香花崖豆藤

［识别要点］常绿藤本。根及老茎横断面鲜时皮部有少量红棕色汁液流出，干后周围一圈为血红色，茎圆柱形，有一定的韧性，灰褐色。羽状复叶，小叶 5 枚，长椭圆形、披针形或卵形，长 5 ~ 12cm，宽 2.5 ~ 5cm，先端钝，基部圆形，下面疏生短柔毛或无毛；叶柄、叶轴有短柔毛。多顶生圆锥花序，花单生于序轴的节上；萼片钟状，密生锈色毛；花冠紫红色，蝶形。荚果条形，近木质，密生黄褐色绒毛。花期 6 ~ 7 月，果期 10 ~ 11 月（见图 7-3）。

［产地分布与习性］主产华东、华南和西南等地区，目

前长江流域以南及甘肃、陕西、四川等地均有栽培，多生长在海拔 500 ~ 1400m 的山坡灌木丛中、岩石缝或沟边上。喜温暖湿润的气候，耐阴，忌水淹，较耐干旱瘠薄，适宜生长在深厚、肥沃，排水良好的土壤。对有毒气体有一定的抗性。

[**繁殖方式**] 用播种、扦插、分株、压条均可繁殖。

[**园林用途**] 枝叶繁茂，四季常青；花冠蝶形，紫红色，呈圆锥花序，花大美丽，适用于大型假山、叠石、墙垣及岩石的攀援绿化，也可用于坡地、林缘、堤岸等地种植。

4. 扶芳藤

[**学名**] Euonymus fortunei Hand

[**别名**] 爬行卫矛

[**科属**] 卫矛科、卫矛属

[**识别要点**] 常绿或半常绿，茎匍匐或攀援，长可达 10cm。枝上通常生长不定根并具小瘤状突起。叶对生，薄革质，较小而厚，广椭圆形或椭圆状卵形以至长椭圆状倒卵形，边缘具细锯齿，上面叶脉稍突起，下面叶脉甚明显；叶柄短。腋生聚伞花序；花绿白色，蒴果近球形，种子外被橘红色假种皮。花期 6 ~ 7 月。果期 9 ~ 10 月。常用栽培品种有金边和银边扶芳藤，叶较小，叶缘金黄色或银白色（见图 7-4）。

图 7-4　扶芳藤

[**产地分布与习性**] 产于黄河中下游及以南地区，分布于中国华北、华东、中南及西南各地。喜温暖湿润和阳光充足的环境，耐阴、耐热、耐寒，也耐干旱和瘠薄，生长快，萌芽力强，耐修剪，抗性强，寿命长，繁殖容易，固土力强，适应性强。

[**繁殖方式**] 播种繁殖、扦插繁殖均可。

[**园林用途**] 生长旺盛，叶色常绿，秋叶变红，可用于点缀墙角、山石、老树、假山、岩石园、立交桥下、花坛及庭院；根系发达，适合制作附石式或附木式盆景。可将其附在形状、大小合适的奇石或枯树桩上；或对其加以适当的整形，使之成悬崖式盆景，置于书桌、几架上，也十分美观。

5. 常春藤

[**学名**] Hedera nepalensis K.Koch var.sinensis（Tobl.）Rehd

[**别名**] 中华长春藤、洋爬山虎、常春藤、钻天风、三角风

[**科属**] 五加科、常春藤属

图 7-5　常春藤

[**识别要点**] 常绿攀援藤本，茎长可达 30m，枝有气生根，幼枝被鳞片状柔毛。叶互生，革质，深绿色，有长柄，先端渐尖，基部楔形；营养枝上的叶三角状卵形，全缘或 3 浅裂；花果枝上的叶卵形或卵状披针形，先端长尖，基部楔形，全缘。伞形花序单生或 2 ~ 7 个顶生；花小，黄白色或绿白色。核果球形，黄色或红色。花期 5 ~ 8 月，果期 9 ~ 11 月。常用的品种中，叶色有金边、金心、银边、银心、红斑等（见图 7-5）。

[**产地分布与习性**] 原产欧洲、亚洲和北非。目前我国浙江、上海、南京、湖南、湖北、江苏、云南、贵州、陕

西、甘肃等地均有分布。极耐性强，但也能在光照充足之处生长，适应性很强，喜欢比较冷凉的气候，耐寒力较强，对土壤和水分要求不高，但肥沃、疏松的酸性和中性土壤为好。

［**繁殖方式**］通常用扦插或压条法繁殖，极易生根，栽培管理简单。

［**园林用途**］枝蔓茂密，姿态优雅，可利用其气生根攀缘于假山、墙垣上、岩石或在建筑阴面作垂直绿化材料；也可种于树林下，让其攀于树干上；或作地被，或作盆景或作为鲜切花的辅助材料。

6. 络石

［**学名**］Trachelospermum jasminoides (Lindl.) Lem

［**别名**］石龙藤、万字茉莉

［**科属**］夹竹桃科、络石属

［**识别要点**］常绿藤本，枝蔓长 2 ~ 10m，有乳汁。老枝光滑，节部常发生气生根，幼枝上有黄色茸毛。单叶对生，全缘，脉间常呈白色，长椭圆形至长椭圆披针形，先端渐尖，革质，叶表面光滑有蜡质层，叶背有绒毛，叶柄很短。聚伞花序腋生，白色，花冠高脚碟状，5 裂，裂片呈螺旋形排列，有芳香，蓇葖果，筒状对生，种子上生有长毛。花期 5 ~ 6 月，果期 9 ~ 12 月。常见栽培的有花叶络石（如图），叶上有白色或乳黄斑点，并带有红晕（见图 7-6）。

图 7-6　络石

［**产地分布与习性**］原产于我国华北以南各地，目前我国中部和南部地区的园林中栽培较为普遍。喜阳，喜温暖、湿润、半阴环境，具有一定的耐寒能力，耐旱怕涝，耐贫瘠，耐践踏，对土壤要求不严，在石灰性、酸性及中性土壤中均能正常生长，但以疏松、肥沃、湿润的砂壤土最为适宜。抗污染能力强，对有害气体如二氧化硫、氧气及氯化氢、氟化物及汽车尾气等光化学烟雾有较强抗性。吸滞能力强，根系发达，萌蘖力强，耐修剪，病虫害很少。

［**繁殖方式**］可用压条和扦插繁殖。

［**园林用途**］四季常青，适应性极强，茎触地后易生根，耐阴性好，攀爬性较强，可植于庭园、公园，院墙、石柱、亭、廊、陡壁等攀附点缀；或做疏林草地的林间、林缘地被；也可做污染严重工矿区和公路护坡等环境恶劣地块的绿化；也可与金叶女贞、红叶小檗等彩叶树种搭配作色带色块绿化用。

7. 飘香藤

［**学名**］Dipladenia sanderi

［**别名**］双喜藤、文藤、红蝉花

［**科属**］夹竹桃科、双腺藤属

图 7-7　飘香藤

［**识别要点**］多年生常绿藤本，单叶对生，全缘，长卵圆形，先端急尖，革质，叶表面有皱褶，叶色浓绿并富有光泽。花着生在叶腋，花冠呈漏斗形，有红色、桃红色、粉红色等，主要在夏、秋两季开花，如果养护得当其他季节也可以开花（见图 7-7）。

［**产地分布与习性**］原产美洲热带地区，现在我国南方如广东、广西、海南、香港等地有栽培。喜温暖、湿润及阳光充足的环境，也可置于稍荫蔽的地方，但光照不足开花数量明显减少，不耐寒，生长适宜温度为 20 ~ 30℃，对土壤的适应性较强，但以富含腐殖质、排水良好的沙质壤土为好。

[**繁殖方式**] 一般用扦插法繁殖，也可用组织培养方法进行。

[**园林用途**] 花大色艳，株形美观，叶色浓绿并富有光泽，花期主要为夏、秋两季，被誉为热带藤本植物的皇后。室外栽培时，可用于篱垣、棚架、天台、小型庭院美化。由于其蔓生性不强，也适合室内盆栽，置于阳台做成球形或吊盆观赏。

8. 炮仗花

[**学名**] Pyrostegia ignea Presl.

[**别名**] 黄金珊瑚、火把花

[**科属**] 紫葳科、炮仗花属

[**识别要点**] 常绿木质大藤本，茎粗壮有棱，线状卷须有3裂，攀援高达10m。小叶2～3枚，卵状至卵状椭圆形，先端渐尖，基部阔楔形至卵圆形，叶柄有柔毛。花橙红色，花冠厚、反转，有明显的白色绒毛，多朵紧密排列成下垂的圆锥花序。蒴果长线形，种子有翅（见图7-8）。

图7-8　炮仗花

[**产地分布与习性**] 原产中美洲，全世界温暖地区常见有栽培。我国广东（广州）、海南、广西、福建、台湾及云南（昆明、西双版纳）等地均有分布。性喜向阳环境和肥沃、湿润、酸性的土壤，生长迅速，耐寒性不强，有一定的抗污染能力。

[**繁殖方式**] 可用压条或插条繁殖。

[**园林用途**] 形如炮仗，下垂成串，花蕾似锦囊，花冠若罄钟，花丝如点绛，满棚满架，极受人们喜爱。多用于阳台、花廊、花架、门亭、低层建筑墙面或屋顶作垂直绿化材料。可用大盆栽植，置于花棚、花架、茶座、露天餐厅、客厅、门廊及阳台等处，作顶面及周围的绿化，景色殊佳；也宜植作花墙，覆盖土坡、石山。矮化品种，可盘曲成图案，作盆花栽培。

9. 金银花

[**学名**] Lonicera Japonica Thunb

[**别名**] 忍冬、金银藤、右转藤、鸳鸯藤

[**科属**] 忍冬科、忍冬属

[**识别要点**] 半常绿藤本，枝细长中空，幼枝密被柔毛，皮棕褐色，条片状剥落。单叶对生，纸质，卵形至卵状披针形，顶端尖或渐尖，基部圆形或近心形，幼时有毛，后脱落，叶柄密被短柔毛。花成对生于小枝上部叶腋，苞片大，叶状，卵形至椭圆形，两面均有短柔毛；花冠白色，略带紫红晕，后变黄色，有清香，唇形，上唇裂片直立，下唇带状反转，花冠筒稍长于唇瓣；雄蕊和花柱均高出花冠。浆果球形，熟时黑色，种子卵圆至椭圆形，褐色，中部有1凸起的脊，两侧有浅的横沟纹。花期5～7月（秋季亦常开花），果熟期8～10月。常见的栽培变种有红金银花（Var. chinensis）及白金银花（Var. halliana），都有极高的观赏价值，但红花金银花应用更多，嫩枝、叶柄、嫩叶带紫红色，花冠淡紫红色（见图7-9）。

图7-9　金银花

[**产地分布与习性**] 原产我国，现分布各省；日本和朝鲜也有，多生于山坡灌丛或疏林中、乱石堆、路旁等地，海

拔最高可达 1500m。适应性很强，喜阳、耐阴，耐寒、耐旱及耐涝；对土壤要求不严，酸性，盐碱地均能生长，但以疏松、湿润、肥沃的深厚沙质壤土上生长最佳，根系发达，生根力强，抗性强。

［繁殖方式］可用播种和扦插繁殖。

［园林用途］是色香兼备的藤本，适合庭院、山坡、水边等地栽植；或作篱垣、花廊、花门、花架、花栏、山石的绿化点缀；也有利用柱桩、铁丝、绳索等物牵引，使其成柱形、尖塔形等作绿化配置；也可作地被或用作屋顶绿化（体量轻）；同时也是一种很好的固土保水植物，老桩也可制作盆景。

10. 叶子花

［学名］Bougainvillea spectabilis Willd

［别名］三角花、三角梅、九重葛、贺春红

［科属］紫茉莉科、叶子花属

［识别要点］常绿攀援灌木，茎粗壮，有腋生直刺，枝常下垂；单叶互生，纸质，卵形或卵状披针形，长 5 ~ 10cm，宽 3 ~ 6cm，全缘，先端渐尖，基部楔形，下面无毛或微生柔毛；花顶生，其花很细小，常 3 朵簇生于三枚较大的苞片内，花梗与苞片的中脉合生，苞片大而美丽，有砖红、鲜红、紫红、黄色、白色或复色，为主要观赏部位，被误认为是花瓣，因其形状似叶，故称其为叶子花；花期可从 11 月起至翌年 6 月。瘦果五棱形，常被宿存的苞片包围，但很少结果。根据其枝、叶及苞片有无绒毛，叶子花可分为两大类：无毛叶子花，枝叶光滑无毛，其中又有多花叶子花和斑叶叶子花之分，此品种较耐低温，气温 5℃情况下可越冬；另一类为美丽叶子花，枝叶及苞片密生茸毛，其中又有红叶子花和砖红叶子花之分，该品种在气温 10℃以上才能越冬（见图 7-10）。

图 7-10　叶子花

［产地分布与习性］原产巴西，现在我国各地均有栽培。同时是海南的三亚市和海口市；广西的北海市和梧州市；福建的三明市和厦门市；广东的深圳市、珠海市、惠州市和江门市；贵州的黔西南州以及台湾的屏东等国内外 10 多个城市的市花。它喜温暖湿润、阳光充足的环境，不耐寒，我国除南方地区可露地栽培越冬，其他地区都需盆栽和温室栽培。对土壤要求不严，在排水良好、含矿物质丰富的砂质壤土最为适宜。耐贫瘠、耐干旱、忌积水，耐修剪，同时具有一定的抗二氧化硫的能力。

［繁殖方式］多采用扦插、高压和嫁接法繁殖。

［园林用途］枝蔓较长，或左右旋转，反复弯曲，柔韧性强，可塑性好，萌发力强，极耐修剪，花苞片大，色彩鲜艳如花，且持续时间长，是优良的攀援花灌木，宜用于庭园、宅旁、花架、花柱、绿廊、拱门、围墙、水滨、花坛、假山、岩石和墙面的装饰，还可作盆景置于门廊、庭院和厅堂入口处，或花篱或修剪成各种形状供观赏，老桩可培育成桩景，苍劲艳丽，观赏价值更高。

11. 藤本月季

［学名］Morden cvs.of Chlimbers and Ramblers

［别名］藤蔓月季 爬藤月季 爬蔓月季

［科属］蔷薇科、蔷薇属

［识别要点］常绿或半常绿攀援生长型，小枝绿色，茎上散生钩刺，也有几乎无刺的。叶互生，奇数羽状复叶，小叶一般 3 ~ 5 片，椭圆或卵圆形，叶缘有锯齿，两面无毛，光滑，托叶与叶柄合生。花常簇生生于枝顶，稀单生，有微香，花色甚多，花型丰富，花期持久，虽属四季开花习性，以晚春或初夏二季花的数量最多。肉质蔷薇果，成熟后呈红黄色，顶部裂开（见图 7-11）。

[**产地分布与习性**] 原种主产于北半球温带、亚热带，我国为原种分布中心。现代杂交种类广布欧洲、美洲、亚洲、大洋洲，尤以西欧、北美和东亚为多。现在我国各地多栽培，以河南南阳最为集中。喜日照充足，空气流通，排水良好而避风的环境，耐寒（比原种稍弱）。对土壤要求不严格，但以富含有机质、肥沃、疏松、排水良好的微带酸性沙壤土最好。根系发达，抗性较强，管理粗放，耐修剪，生长迅速。

图 7-11　藤本月季

[**繁殖方式**] 以扦插为主，对优良品种扦插难以成活的，多用嫁接繁殖。

[**园林用途**] 品种万千，花多色艳，甚为壮观。园林中多将其攀附于各式通风良好的架、廊之上，可形成花球、花柱、花墙、花海、拱门形、走廊形等景观。

7.2.2　园林中常用的落叶藤蔓树种

1. 紫藤

[**学名**] Wistaria sinensis（Sims）Sweet.

[**别名**] 藤萝、朱藤、招藤

[**科属**] 豆科、紫藤属

图 7-12　紫藤

[**识别要点**] 落叶缠绕大藤本，茎枝为左旋性，干皮灰白色，冬芽扁卵形，密被柔毛。奇数羽状复叶，互生，小叶 7 ~ 13 枚，卵状长椭圆形至卵状披针形，嫩叶有毛，老叶无毛，具小托叶。花序总状下垂，总花梗、小花梗及花萼密被柔毛，蝶形花，紫色、淡紫色或紫红色，芳香。荚果长条，表面密生绒毛，种子扁圆形、黑色。花期 4 ~ 5 月，果熟 8 ~ 10 月。常见的品种有多花紫藤（Wisteria floribunda DC.）花紫色或蓝紫色、银藤（var.alla Lindl）花白色、重瓣紫藤（Plena）花重瓣紫色（见图 7-12）。

[**产地分布与习性**] 原产我国，朝鲜、日本亦有分布。华北地区分布较多，其中以河北、河南、山西、山东最为常见；华东、华中、华南、西北和西南地区均有栽培。喜光，略耐阴，较耐寒；喜深厚肥沃而排水良好的土壤。主根深，侧根少，不耐移植，生长快，寿命长；有一定耐干旱、瘠薄和水湿的能力；对二氧化硫、氯化氢有较强的抗性。

[**繁殖方式**] 可用播种、扦插、压条、分株、嫁接等繁殖方法，主要用播种和扦插。

[**园林用途**] 是优良的观花藤木，一般应用于园林的棚架、门廊及山面绿化材料，适栽于湖畔、池边、假山及石坊等处；也可制成盆景或盆栽供室内装饰。

2. 南蛇藤

[**学名**] Celastru sorbiculatus Thunb.

[**别名**] 大南蛇、落霜红、黄果藤

[**科属**] 卫矛科、南蛇藤

[**识别要点**] 落叶攀援灌木或藤本，小枝圆柱形，光滑无毛，灰棕色或灰褐色，上有皮孔。单叶互生，近圆形

图 7-13 南蛇藤

或倒卵状椭圆形，先端渐尖或短尖，基部楔形，边缘有带钝锯齿，两面光滑无毛或叶背脉上具稀疏短柔毛。花为小形，腋生聚伞花序，淡黄绿色，雌雄异株。蒴果近球形，橙黄或橙红色，假种皮红色，种子卵形至椭圆形，赤褐色。花期 5 ~ 6 月，果期 9 ~ 10 月（见图 7-13）。

［**产地分布与习性**］分布于我国东北、华北、西北、华东、及湖北、湖南、四川、贵州及云南等地，俄罗斯、朝鲜、日本也有分布，多野生于山地沟谷及灌木丛中，垂直分布可达海拔 1500m。性喜阳耐阴，分布广，抗寒耐旱，对土壤要求不严，最宜在背风向阳、湿润而肥沃、排水好的沙质壤土中生长。

［**繁殖方式**］可采用播种、扦插、压条和分株方法繁殖。

［**园林用途**］姿态优美，秋季叶片经霜变红或变黄，成熟的累累硕果，竞相开裂，露出鲜红色的假种皮，是优良的城市攀援绿化材料。宜植于棚架、墙垣、岩壁等处；或植于湖畔、溪旁、河岸、坡地、假山及石隙，颇具野趣；或剪取成熟果枝作为瓶插材料。

3. 爬山虎

［**学名**］Parthenocissus tricuspidata（Sieb.et Zucc）Planch

［**别名**］三叶地锦、爬墙虎、假葡萄藤

［**科属**］葡萄科、爬山虎属

［**识别要点**］落叶藤本，老枝灰褐色，幼枝紫红色，有皮孔，髓白色。卷须短而多分枝，顶端扩大成吸盘状，遇到物体便吸附在上面。叶互生，边缘有粗锯齿，3 主脉，变异很大：花枝上的叶宽卵形，常三裂，表面无毛，背面脉上常有柔毛；下部枝上的叶分裂成 3 小叶，背面具有白粉，叶背叶脉处有柔毛；幼枝上的叶较小，常不分裂。花多为两性，雌雄同株，聚伞花序常生于短枝顶端两叶之间，夏季开花，花小，黄绿色。浆果小球形，被白粉，熟时蓝黑色，鸟喜食。花期 6 月，果期 9 ~ 10 月（见图 7-14）。

图 7-14 爬山虎

［**产地分布与习性**］原产于亚洲东部、喜马拉雅山区及北美洲，后引入其他地区，朝鲜、日本也有分布。我国分布很广，北起吉林，南至广东均有分布。对土壤及气候适应性很强，喜阴，耐寒，耐旱，耐贫瘠，生长快，耐修剪，怕积水，阴湿环境或向阳处，均能茁壮生长，但在阴湿、肥沃的土壤中生长最佳，对二氧化硫、氯气等有害气体抗性强。

［**繁殖方式**］主要用扦插繁殖，播种、压条也可。

［**园林用途**］爬山虎的茎叶密集，夏季开黄绿色小花；秋叶橙黄或红色，颇为美观。常用作高大的建筑物、假山、立交桥等的垂直绿化，常攀缘在墙壁、岩石、栅栏、庭园入口、桥头石壁、公园山石或老树干上；或用于工矿区绿化；或作石漠化山地、高速公路挖方路段的绿化材料。

4. 凌霄

［**学名**］Campsis grandiflora（Thunb.）Schum

［**别名**］紫葳、女藏花、中国凌霄、倒挂金钟

［科属］紫葳科、凌霄属

［识别要点］落叶木质藤本，树皮灰褐色，小枝紫色，茎上有气生根。羽状复叶对生，小叶 7 ~ 9 枚，卵形至卵状披针形，先端渐尖，基部不对称，两面无毛，边缘疏生 7 ~ 8 锯齿。花橙红或橙黄色，由三出聚伞花序集成稀疏顶生圆锥花丛；花萼钟形，裂片 5，萼筒基部至萼齿尖有 5 条纵棱；花冠漏斗状，先端 5 裂，裂片半圆形，下部联合呈漏斗状，表面可见细脉纹。蒴果长如豆荚，顶端钝，种子多数。花期 6 ~ 8 月，果期 10 ~ 11 月。园林中常用的还有美国凌霄［Campsis radicans（L.）Seem］，与凌霄的主要区别是：小叶 9 ~ 13，叶缘有 4 ~ 5 齿，叶轴及小叶背面均有柔毛，花冠比凌霄花小，橘黄色，蒴果顶端尖。原产北美，耐寒力较强，我国各地引种栽培（见图 7-15）。

图 7-15　凌霄

［产地分布与习性］我国特有树种，原产我国中部和东部。现分布于黄河和长江流域、江苏、广东、广西及贵州，各地均有栽培，日本也有分布。喜光，稍耐阴，喜温暖、湿润、排水良好微酸性和中性土壤，耐寒性不强，耐旱，忌积水，生长快，萌芽力强。

［繁殖方式］可用扦插、压条、分株或播种繁殖。

［园林用途］凌霄生性强健，枝繁叶茂，花大色艳，花期较长，十分美丽，适宜作花廊、花架垂直绿化，可用于棚架、假山、花廊及墙垣，也可植于假山等处。

5. 猕猴桃

［学名］Actinidia chinensis Planch

［别名］猕猴梨、藤梨、阳桃、木子、奇异果

［科属］猕猴桃科、猕猴桃属

图 7-16　猕猴桃

［识别要点］落叶木质藤本。枝褐色，有柔毛，髓白色，层片状。单叶互生，近圆形或宽倒卵形，顶端钝圆或微凹，基部圆形至心形，边缘有细齿，表面有疏毛，背面密生灰白色星状绒毛。花 3 ~ 6 朵成聚伞花序，开时乳白色，后变黄色，单生或数朵生于叶腋。萼片 5 片，有淡棕色柔毛；花瓣 5 ~ 6 片，雄蕊多数，花药黄色，花柱丝状，多数。浆果长椭圆形，密被黄棕色长柔毛。花期 5 ~ 6 月，果熟期 8 ~ 10 月。猕猴桃的植株有雌雄，雄株多毛，叶小，雄株开花早于雌株；雌株毛少或无毛，叶大于雄株（见图 7-16）。

［产地分布与习性］原产于中国湖北宜昌市夷陵区雾渡河镇。现在我国长江流域以南各地，北至西北、四川、河南等地均有分布，以海拔 500 ~ 1000m 较多。喜光，耐半阴；喜温暖湿润气候，较耐寒，肉质根，不耐涝，不耐旱，萌芽性强，耐修剪；喜深厚、肥沃、排水好的腐殖质土壤。

［繁殖方式］可用播种、扦插或嫁接繁殖。

［园林用途］猕猴桃根深叶茂、茎蔓盘曲回旋，常用于庭院棚架及栅栏、篱笆、围墙等垂直绿化；同时又具有明快的季相变化，早春萌叶青翠，夏初花香怡人，入秋浆果垂枝累累，严冬其苍干则更显遒劲，可以用来布置拱门、花廊、花架等园林小品；也可作为假山置石及动物雕塑的衬托植物；还可用来装饰树干，缠绕苍木枯树，给

人以古朴与复苏之感。

6. 铁线莲

［学名］Clematis florida Thunb.

［别名］番莲、威灵仙、山木通

［科属］毛茛科、铁线莲属

［识别要点］落叶或半常绿本质藤本，蔓茎可长达 4m，富韧性，全体有稀疏短毛。叶对生，有柄，2 回三出复叶，小叶卵形至卵状披针形，全缘或少 2 ~ 3 缺刻；叶背疏生短毛。花单朵腋生，在花梗近中部具 2 枚对生叶状苞片，萼片 4 ~ 8 枚，白或乳白，平展，雄蕊多数，常变态，花丝扁平扩大，暗紫色；雌蕊亦多数，花柱上有丝状毛或无，一般常不结果，只有雄蕊不变态的才能结实，瘦果聚集成头状并具有长尾毛，倒卵状，扁平。花期 5 ~ 6 月。具多数原种、杂种及园艺品种群，其中有大花品种、小花品种、复瓣或重瓣品种以及晚花品种等（见图 7-17）。

图 7-17　铁线莲

［产地分布与习性］原产我国中南部，广东、广西、江西、湖南等地均有分布。目前，全世界约有铁线莲 300 种，广泛分布于各大洲，而以北温带与北半球的亚热带地区为多。喜光，喜温暖湿润和半阴的环境，喜肥沃、排水良好的碱性壤土，忌积水或夏季干旱而不能保水的土壤。耐寒性不强，抗病虫害力较强。

［繁殖方式］播种、压条、嫁接、分株或扦插繁殖均可。

［园林用途］种类多，有的花大色艳，有的多数小花聚集成大型花序，是攀援绿化中不可缺少的优良材料。可种植于墙边、窗前；或依附于乔、灌木之旁；配植于假山、岩石之间；攀附于花柱、花门、篱笆之上；少数种类适宜作；有些花枝、叶枝与果枝，还可作瓶饰、切花材料等。

7. 三叶木通

［学名］Akebia trifoliata（Thunb.）Koidz

［别名］三叶拿绳、八月炸

［科属］木通科、木通属

图 7-18　三叶木通

［识别要点］落叶木质藤本，长达 10m。茎、枝无毛，灰褐色。三出复叶，有小叶 3 枚，革质，卵形或卵状披针形，长宽变化很大，先端钝圆或具短尖，基部圆形，边缘具不规则浅波齿，背面灰绿色，叶柄细长。春夏季开紫红色花，单性同株，总状花序腋生，长约 8 ~ 10cm，总梗细长；雌花紫红色，生于花序基部，有花 1 ~ 3 朵；雄花暗紫色，较小，生于花序上端，约有 20 朵左右。果实肉质，浆果状，长椭圆形，紫红色，果皮厚光滑，果肉多汁，8 ~ 9 月成熟后沿腹缝线开裂，故称八月炸，味甜可食；种子多数，呈椭圆形，棕色（见图 7-18）。

［产地分布与习性］产生于中国华北至长江流域各省及华南、西南地区，秦岭也有。现在多分布于河北、山西、山东、河南、甘肃和长江流域以南。性喜阴湿环境，较耐寒。在湿润、排水良好、微酸、多腐殖质的黄壤中生长好，也能适应中性土壤。通常生长在低海拔山坡林下草丛中。

［**繁殖方式**］多用播种、压条、扦插繁殖。

［**园林用途**］三叶木通叶形、叶色别有风趣，且耐阴湿环境，适宜配植林木下、岩石间或叠石洞壑之旁；可作花架绿化材料或引其缠绕树木、点缀山石；亦可作盆栽、桩景材料。

本章小结

藤蔓类植物是指那些地上部分不能直立，需借助它物攀附或缠绕生长的植物。此类植物是园林垂直绿化或立体绿化必不可少的植物材料，对山坡、墙面、屋顶、篱垣、林下、棚架、立体绿化都具有不可替代的作用。对于开拓立体绿化空间、扩大城市绿量、丰富绿化形式、改善城市生态景观和环境质量具有独特的应用前景。

思考与练习

1. 藤蔓类植物又可称为什么植物?
2. 依照茎的攀爬方式，藤蔓类植物可分为哪几类?
3. 爬山虎又名什么？美国地锦又名什么?
4. 地锦与五叶地锦的区别是什么?
5. 请比较三叶爬山虎、五叶爬山虎、葡萄的形态特性及园林应用的异同点。
6. 调查归纳你所在地区适宜棚架配置的观赏植物种类及其园林观赏特性。
7. 调查归纳你所在地区适宜垂直绿化的植物种类及园林观赏特性。
8. 对本地区一些藤蔓类植物的种类及应用进行调查，归纳总结本地区该类园林植物的种类及其园林应用特点。
9. 你所在城市园林环境常见的蔓藤类植物种有哪些?
10. 蔓藤类植物在园林上有哪些应用?
11. 评析紫藤的观赏特征及园林应用。
12. 结合当地园林绿化实际，豆科有哪些藤本植物可应用于园林绿化当中?
13. 葡萄科藤蔓类种类不少，如何在园林绿化中发挥它们的观赏价值?

第 8 章　棕榈树木类

8.1　棕榈树的特性及其园林用途

棕榈是国内分布最广，分布纬度最高的树木种类。喜光，喜温暖湿润气候，耐寒性极强，可忍受零下 14℃的低温。 在丰富多彩的园林植物中，生产于热带、亚热带，种类繁多，形态各异的棕榈科植物，因其具有其他树种无可媲美的优点而被园林设计者广泛采用。在园林设计中如果合理地选用棕榈植物，往往可以创造出极富特色的热带风情园。

8.1.1　棕榈树木的生物学特性和生态习性

棕榈科植物分布于热带，亚热带或温暖地区，尤其以南北回归线之间为主要分布地区，性喜温暖、温润的气候，大多数种类在全日照或半日照的环境下均能生长，有的种类则要求弱光环境，对土壤的要求不严格。其形态有常绿乔木，灌木或藤本，茎干有单生或丛生，通常不分枝，呈圆柱形，全缘或具锯齿，丝毛等，花有雌雄同株或异株，单性、两性或杂性；果实有浆果、坚果或核果，果皮为纤维质。植株形态富变化，小巧玲珑或高耸壮硕，其树姿婆娑多姿，终年青翠，广受大众喜爱。

8.1.2　棕榈树木的总体配置原则

棕榈科植物如何与其他植物搭配，合情合理地表达设计的主题，其实并无定法，这种搭配往往是设计师思维和手法的体现，也是决定一个设计方案成败的关键，“因地制宜”、“因时而异”是一个总的原则，只有根据实际情况来选择植物的搭配，才会取得最佳的设计效果，棕榈科植物配置艺术同样遵循艺术的原理。

1. 统一原理的运用

统一原理的运用又称变化与统一原则，植物配置时，树形、色彩、线条、叶干质地及比例都要有一定的差异和变化，显示多样性，但又要使它们之间保持一定的相似性，引起统一感，即服从对立与统一的关系。

2. 调和的原则

调和的原则即协调和对比的原则。在景区与景区之间，调和过度很重要，但大片反复的一致性、近似性，会使游人产生单调感、疲倦感。故在景区之间，采用叶色、树形对比强烈的树种将它们区分开来，以引人注目。

3. 均衡的原则

均衡的原则是以植物数量的比例作依据的平衡原则。

4. 韵律的原则

韵律的原则即在配置中，将同一种对比反复运用。

8.1.3　棕榈树木的园林用途

棕榈树木树型多样、独特，颇具南国风光，高大的树种达数十米，树姿雄伟，茎干单生，苍劲挺拔，加上叶型美观，与茎干相映成趣，可作主景树；有些种类，茎干丛生，树影婆娑，宜作配景树种；低矮的种类，株型秀丽，栽种于盆中，作盆景观赏。棕榈科植物以单植、列植或群植形式，广泛应用于道路、公园、庭院、厂区及小区绿化。

1. 道路绿化

棕榈科植物树型美，落叶少。常用于市区和国内的道路绿化，与道路附近的建筑物和其他公共设施配套。如大王椰子、假槟榔、海枣、蒲葵等独干乔木型种类其树干粗壮高大，挺拔清秀，雄伟壮观，且树体通视良好，利于交通安全，可把它们列于道路两旁、分车带或中央绿带上，犹如队列整齐的仪仗队，具有雄伟庄严的气氛。如华南植物园的王椰路就因路边两排整齐的大王椰子而闻名。在道路变道外侧，栽种大王椰子、霸王棕、华盛顿棕榈等以引导行车方向，而且这些高大挺拔的棕榈树也可使驾驶员产生安全感，在道路的回旋交汇处及中央隔离带上，可配植低矮的棕榈植物，如棕竹、美丽针葵等，既不妨碍司机及行人视线，也不会遮挡街景，同时，棕榈植物根系比许多常绿乔木浅，不会危及墙基及地下管线安全。

2. 公园绿化

在公园里，棕榈科植物除了作为道路绿化树种外，还可种植形成棕榈植物区或棕榈岛，或点缀于公园山石门窗等景观之中。通常在公园中较开阔的地带，选择适宜生长的棕榈科植物，其景观具热带、南亚热带绮丽风光。种植时，可以单独群植，也可以多种混植成景，常选择的种类有假槟榔、大王椰子、蒲葵、海枣、短穗鱼尾葵等。而在公园的山石、水旁，景墙、门窗前后可以点缀种植少量棕榈科植物，与原景相映成趣，做到既与原景相匹配，又能增添生机和活力。在这些区域，一般选用较为低矮、秀丽的种类，如散尾葵、棕竹、美丽针葵等。

3. 庭院绿化

庭院绿化范围包括居住区、游园、宅旁绿地、公用事业绿地、公共建筑庭院及内庭的绿化等。在庭院绿化中，以短穗鱼尾葵、棕竹、三药槟榔等多干丛生型种类为佳，紧密种植成一道绿色屏障，用以分隔庭院空间，增加景观层次；并可通过遮和藏，以隔挡厕所、垃圾房等俗陋处所，令建筑与绿化有机地结合起来，效果美观；密植成绿墙，用于庭院中各类雕塑作品的背景，令主景雕塑跃然入目；以美丽针葵等仪态轻盈的品种与各类景石组合配植，别具情趣，植于墙前、廊边；利用不同的造景效果和自然独特的形态来衬托规则式的建筑形体。可达“粉墙作纸，植物作画”的效果，令人流连忘返。

4. 室内绿化

近年来，棕榈科植物在室内绿化，以其特有的装饰美化效果，越来越受青睐。一般地说，凡是有一定耐阴性，树干不过于高大，树形、叶形、叶色等有一定观赏价值者，均可用于室内绿化。目前，常用的品种有短穗鱼尾葵、富贵椰子、袖珍椰子、散尾葵、蒲葵、国王椰子、棕竹、夏威夷椰子、三角椰子及美丽针葵等，这些品种均可盆栽置于室内欣赏。但要根据其耐阴性，体积大小，选择适宜的摆放场所。另外，有些棕榈科植物如散尾葵、美丽针葵，鱼尾葵等叶片富含纤维质，坚韧柔软，易于弯曲造型，可切取叶片，用作室内插花配叶材料。

5. 水边造景

棕榈科植物种类秀丽多资，树干富有弹性，不易折断，在庭院设计上，常常被安排在海边，湖边，人们不仅欣赏树冠的天际线，还可以看水中美丽的倒影。

6. 与其他植物搭配

棕榈树木和其他植物在园林设计上的运用必须相辅相成，互相配合，方能达到最佳的造景效果。如果只是追求时髦，孤立地选用棕榈植物，甚至将它与其他植物相排斥，不但得不到应有的效果，反而会弄巧成拙。当然，根据设计意图，在某些立体园林的设计方案里，棕榈植物如何与其他植物搭配，合情合理地表达设计的主题，其实并无定法，这种搭配往往是设计师思维和手法的体现，也是决定一个设计方案成败的关键。例如热带风情园林，棕榈植物的选配在比例上可以相应扩大，以表达其热带气息，但也不等于排斥其他树木。棕榈植物的园林造景艺术，基本上要把握它本身固有的自然整形、质感特有性和鲜明的个性。应把握并充分利用其高度自然整形的园林特征，充分考虑质感的差异，把棕榈植物的自然美表现得淋漓尽致。

8.2 园林中常用的棕榈树种的种类

棕榈树木原产于中国，现世界各地均有栽培。棕榈在中国主要分布在秦岭、长江流域以南的温暖湿润多雨地区，以四川、云南、贵州、湖南、湖北、陕西最多，垂直分布于海拔 300 ~ 1500m，西南地区可达 2700m。棕榈性喜温暖湿润的气候，极耐寒，较耐阴，极耐旱，惟不能抵受太大的日夜温差。栽培土壤要求排水良好、肥沃。棕榈根系较浅，无主根，栽种时不宜过深，栽后穴面要保持盘子状。棕榈对烟尘、二氧化硫、氟化氢等多种有害气体具较强的抗性，并具有吸收能力，适于空气污染区大面积种植。除此之外，棕榈还有许多用途，树干纹理致密，外坚内柔，耐潮防腐，是优良的建材；叶鞘纤维可制扫帚、毛刷、蓑衣、枕垫、床垫及水塔过滤网等；棕皮可制绳索；棕叶可用作防雨棚盖；花、果、棕根及叶基棕板可加工入药，主治金疮、疥癣、带崩、便血、痢疾等多种疾病；种子蜡皮则可提取出工业上使用的高熔点蜡；种仁含有丰富的淀粉和蛋白质，经磨粉后可作牲畜饲料；未开花的花苞还可作蔬菜食用。

1. 假槟榔

［**学名**］*Archontophoenix alexandrae*

［**别名**］亚历山大椰子

［**科属**］棕榈科假槟榔属

图 8-1　假槟榔（图片由天工网提供）

［**识别要点**］常绿乔木，高达 10 ~ 25m，单干直立如旗杆状。茎圆柱状具阶梯状环纹，基部略膨大。叶簇生于茎顶，伸展如盖，叶长约 2.5m，羽片全裂，条状披针形，裂片 140 枚左右，呈 2 列整齐排列，长约 60cm，端渐尖而略 2 浅裂，边全缘，表面绿色，背面灰绿色，具有明显隆起的中脉，叶轴背面密被褐色绒毛。叶鞘膨大而包茎，形成明显的冠茎。花序生于叶鞘下，呈圆锥花序式，下垂，多分枝，具 2 个鞘状佛焰苞。雌雄同株，雄花三角状长圆形，乳黄色；雄花花序长 80cm，宽约 60cm，米黄色。果实卵球形，熟时呈红色，长 12 ~ 14mm。种子卵球形，长约 8mm，直径约 7mm（见图 8-1）。

［**产地分布与习性**］原产于澳大利亚的昆士兰洲，中国福建、台湾、广东、海南、广西及云南西双版纳均有栽培。中国引种有百余年历史，现遍植华南各地。喜高温、高湿和避风向阳的环境，不耐寒，要求土层深厚、肥沃、排水良好的沙质壤土。抗大气污染和吸收粉尘能力较差。

［**繁殖方式**］播种繁殖、分株繁殖。

［**园林用途**］假槟榔在华南地区常植于庭园或作行道树，是华南栽植最多的观叶展植物之一。3 ~ 5 年生的幼株，可大盆栽植，供展厅、会议室、主会场等处陈列。成年树多露地种植作行道树以及建筑物旁、水滨、庭院、草坪四周等处，单株、小丛或成行种植均宜，但树龄过大时移植不易恢复。大树叶片可剪下作花篮围圈，幼龄期叶片，可剪作切花配叶。

2. 三药槟榔

［**学名**］*Areca triandra*

［**别名**］三雄蕊槟榔

［**科属**］棕榈科槟榔属

［**识别要点**］丛生型常绿灌木或小乔木，株高 4 ~ 6m，茎干粗 5 ~ 15cm，间以灰白色环纹，顶上有一短鞘形成的茎冠。羽状复叶，长可达 2m，裂片 12 ~ 19 对，近长方形，长 40 ~ 60cm，最上一对裂片较宽，顶端斜截平，主脉 2 ~ 3 条，于叶面突起，叶鞘绿色，紧包茎干，其上有散生、紫红色鳞秕。叶柄长 10cm 或更长。

图 8-2　三药槟榔（图片由搜狐社区提供）

佛焰苞 1 个，革质，开花后脱落。雌雄同株，肉穗花序长 30 ~ 40cm，多分枝，分枝曲折，上部纤细，着生 1 列或 2 列的雄花，有香气，而雌花单生于分枝的基部。果实卵状纺锤形，熟时由黄色变为深红色。种子椭圆形至倒卵球形。

［**产地分布与习性**］产于印度、中南半岛及马来半岛等亚洲热带地区。中国台湾、广东、云南等省、自治区有栽培。喜温暖、湿润、背风、半阴环境。耐阴性较强，强烈阳光下生长差。抗寒性比较弱，最适宜在 22 ~ 28℃的环境中生长，小苗期易受冻害，随着树的成长而不断提高。4 龄植株通常高 1.5 ~ 2m，能忍受 4℃的低温。晚秋应避开北风的侵袭，宜放在南向的地方（见图 8-2）。

［**繁殖方式**］播种繁殖、分株繁殖。

［**园林用途**］形似翠竹，姿态优雅，具浓厚的热带风光气息，是优良的景观树种和不可多得的观叶植物。在热带及亚热带地区，它既是庭园、别墅绿化美化的珍贵树种，更是会议室、展厅、宾馆、酒店等豪华建筑物厅堂装饰的主要观叶植物。

3. 霸王棕

［**学名**］*Bismarckia nobilis*

［**别名**］俾斯麦棕、霸王榈

［**科属**］棕榈科霸王棕属

［**识别要点**］植株高大，可达 30m 或更高，胸径 40cm，基径可达 80cm。茎干光滑，结实，灰绿色。叶片巨大，径约 3m，叶身坚韧直伸，叶数可达 30 片，扇形，掌状叶浅裂为 1/4 ~ 1/3，蓝灰色。雌雄异株，穗状花序，雌花序较粗短，雄花序较长。果长约 4.5cm，径 3.5cm。种子长约 3.7cm，直径约 2.7cm，近球形，黑褐色（见图 8-3）。

图 8-3　霸王棕（图片由天堂网提供）

［**产地分布与习性**］原产马达加斯加，近年引入中国，在华南地区栽培表现良好，深受欢迎。霸王棕喜阳光充足、温暖气候，比较耐旱、耐寒。成株适应性较强，喜肥沃土壤，耐瘠薄，对土壤要求不严，但成株移栽应尽量保持完整土球，且土球要较一般棕榈植物大，避免移植时发生“移植痴呆症”。

［**繁殖方式**］播种繁殖。

［**园林用途**］霸王棕高大壮观，生长迅速，叶片巨大，叶身坚韧直伸，构成了极为独特而优美的株形，再加上体型的庞大以及独特的蓝灰色叶，十分引人注目，在庭园中具有极高的观赏价值，是珍贵而著名的观赏类棕榈。可孤植作为主景植物，也可列植。

4. 鱼尾葵

［**学名**］*Caryota ochlandra*

［**别名**］假桄榔、孔雀椰子

［**科属**］棕榈科鱼尾葵属

［识别要点］常绿乔木，高可达 20m。单干直立，有环状叶痕。叶二回羽状全裂，大而粗壮，长 2 ~ 3m，宽 1.2 ~ 1.7m，先端下垂，中肋粗壮；中肋分枝两侧各有 10 ~ 20 片斜方形小羽片，小羽片长 15 ~ 30cm，革质，基部狭楔形，先端成不规则啮齿状，叶面有浅纵纹，羽片形似鱼尾，故名鱼尾葵。叶柄长约 1.5 ~ 3cm，叶鞘巨大，长圆筒形，抱茎，长 1m 左右。肉穗花序长约 3m，多分枝，悬垂。雌雄同株，花黄色。果球形，径 2cm 左右，成熟后紫红色，有种子 1 ~ 2 颗。花期 7 月（见图 8-4）。

图 8-4　鱼尾葵（图片由天工网提供）

［产地分布与习性］原产亚洲热带与大洋洲等地，中国海南五指山有野生分布，台湾、福建、广东、广西、云南均有栽培。鱼尾葵性喜温暖，不耐寒，生长适温为 25 ~ 30℃，越冬温度要求在 10℃以上。耐阴性强，忌阳光直射，叶面会变成黑褐色，并逐渐枯黄，夏季荫棚下养护，生长良好。喜湿，在干旱的环境中叶面粗糙，并失去光泽。喜疏松、肥沃、富含腐殖质的酸性土壤。

［繁殖方式］播种繁殖。

［园林用途］植株挺拔，叶形奇特，姿态潇洒，富热带情调，盆栽常布置于会堂，大客厅等场合。也可用作行道树及庭荫树。茎含有大量淀粉，可以作为桄榔粉的代用品，边材坚硬，可作家具贴面、手杖、筷子等工艺品。

5. 袖珍椰子

［学名］*Chamaedorea elegans*

［别名］矮生椰子、袖珍棕、矮棕

［科属］棕榈科袖珍椰子属

图 8-5　袖珍椰子（图片设计师天堂网提供）

［识别要点］袖珍椰子盆栽时，株高不超过 1m，其茎干细长直立，不分枝，深绿色，上有不规则环纹。叶片由茎顶部生出，羽状复叶，全裂，裂片宽披针形，羽状小叶 20 ~ 40 枚，镰刀状，深绿色，有光泽。植株为春季开花，肉穗状花序腋生，雌雄异株，雄花稍直立，雌花序营养条件好时稍下垂，花黄色呈小珠状，结小浆果多为橙红色或黄色。由于其株型酷似热带椰子树，形态小巧玲珑，美观别致，故得名袖珍椰子（见图 8-5）。

［产地分布与习性］原产于墨西哥和委内瑞拉。喜温暖、湿润和半阴环境。生长适宜的温度为 20 ~ 30℃，13℃时进入休眠期，冬季越冬最低气温为 3℃。袖珍椰子栽培基质以排水良好、湿润、肥沃的壤土为佳，盆栽时一般可用腐叶土、泥炭土加 1/4 河沙和少量基肥配制作为基质。它对肥料要求不高，一般生长季每月施 1 ~ 2 次液肥，秋末及冬季稍施肥或不施肥。每隔 2 ~ 3 年于春季换盆一次。浇水以宁干勿湿为原则，盆土经常保持湿润即可。夏秋季空气干燥时，要经常向植株喷水，以提高环境的空气湿度，冬季适当减少浇水量，以利于越冬。袖珍椰子喜半阴条件，高温季节忌阳光直射。在烈日下其叶色会变淡或发黄，并会产生焦叶及黑斑，失去观赏价值。

[**繁殖方式**] 播种繁殖、分株繁殖。

[**园林用途**] 植株小巧玲珑，株形优美，姿态秀雅，叶色浓绿光亮，耐阴性强，是优良的室内中小型盆栽观叶植物。叶片平展，成龄株如伞形，端庄凝重，古朴隽秀，叶片潇洒，玉润晶莹，给人以真诚纯朴，生机盎然之感。小株宜用小盆栽植，置案头桌面，为台上珍品，亦宜悬吊室内，装饰空间。成株可供客厅、候机室、会议室、宾馆服务台等室内环境，可使室内增添热带风光的气氛和韵味。置于房间拐角处或置于茶几上均可为室内增添生意盎然的气息，使室内呈现迷人的热带风光。袖珍椰子为美化室内的重要观叶植物，近年已风靡世界各地。

6. 散尾葵

[**学名**] *Chrysalidocarpus lutescens*

[**别名**] 黄椰子、紫葵

[**科属**] 棕榈科散尾葵属

[**识别要点**] 丛生常绿灌木或小乔木，基部多分蘖，呈丛生状生长。茎干光滑，黄绿色，无毛刺，嫩时披蜡粉，上有明显叶痕，呈环纹状。叶面光滑而细长，羽状复叶，全裂，长40～150cm，叶柄稍弯曲，先端柔软，裂片线形或披针形，左右两侧不对称，中部裂片长约50cm，顶部裂片仅10cm，宽1～2cm，背面主脉隆起。叶柄、叶轴、叶鞘均淡黄绿色，叶鞘圆筒形，包茎。肉穗花序圆锥状，生于叶鞘下，多分支，长约40cm，宽50cm。雄花花蕾卵状，黄绿色；花萼呈覆瓦状排列；花瓣呈镊合状排列。雌花花蕾有的卵状，有的呈三角状卵形，花萼、花瓣均呈覆瓦状排列。花小，金黄色，花期3～4月。果近圆形，长1.2cm，宽1.1cm，橙黄色。种子1～3，卵形至椭圆形，背面具有纵向深槽（见图8-6）。

图8-6　散尾葵（图片由天工网提供）

[**产地分布与习性**] 原产非洲的马达加斯加岛，世界各热带地区多有栽培。中国引种栽培广泛，台湾、深圳、广州等地都有栽培。 散尾葵性喜温暖湿润、半阴且通风良好的环境，不耐寒，较耐阴，畏烈日，适宜生长在疏松、排水良好、富含腐殖质的土壤，越冬最低温10℃以上，生长季节必须保持盆土湿润和植株周围的空气湿度。散尾葵怕冷，耐寒力弱，中国华南地区尚可露地栽培，长江流域及其以北地区均应入温室养护。在中国北方地区室外盆栽的一般于9月下旬至10月上旬入室，须放在阳光充足处，越冬期室温白天23～25℃，夜间维持15℃左右，至少需保持8℃以上，否则会受冻害，造成冬春季死亡，在越冬期还须注意经常擦洗叶面或向叶面少量喷水，保持叶面清洁。

[**繁殖方式**] 播种繁殖、分株繁殖。

[**园林用途**] 散尾葵叶羽状披针形，先端柔软，姿态优美婆娑，性耐阴，是著名的热带观叶植物。在华南地区的庭院中，多作观叶植物栽种于树阴、宅旁，北方地区主要用于盆栽，是布置客厅、餐厅、会议室、家庭居室、书房、卧室或阳台的高档盆栽观叶植物，可体现热风光，在明亮的室内可以较长时间摆放观赏，在较阴暗的房间也可连续观赏4～6周，是深受欢迎的高档观叶植物。散尾葵叶子还可用于插花中切叶，作为插花中的陪衬。

7. 椰子

[**学名**] *Cocos nucifera*

[**别名**] 胥余、越王头、椰瓢、大椰

图 8-7　椰子（图片设计师天堂网提供）

［科属］棕榈科椰子属

［识别要点］常绿乔木。树干挺直，高 15 ~ 30m，茎粗壮，有环状叶痕，基部增粗，常有簇生小根。叶簇生茎顶，羽状全裂，长 4 ~ 6m，裂片多数，革质，线状披针形，长 65 ~ 100cm，宽 3 ~ 4cm，先端渐尖，裂片向外摺叠。叶柄粗壮，长约 1m，基部有网状褐色棕皮。肉穗状花序腋生，长 1.5 ~ 2m，多分枝，雄花聚生于分枝上部，雌花散生于下部；雄花具萼片 3，鳞片状，长 3 ~ 4mm，花瓣 3，革质，卵状长圆形，长 1 ~ 1.5cm，雄蕊 6 枚；雌花基部有小苞片数枚，萼片革质，圆形，宽约 2.5cm，花瓣与萼片相似，但较小。坚果倒卵形或近球形，顶端微具三棱，长 15 ~ 25cm，内果皮骨质，近基部有 3 个萌发孔，种子 1 粒；胚乳内有一富含液汁的空腔（见图 8-7）。

［产地分布与习性］椰子为古老的栽培作物，原产地说法不一，有说产于南美洲，有说产于亚洲热带岛屿，但大多数认为起源于马来群岛。现广泛分布于亚洲、非洲、大洋洲及美洲的热带滨海及内陆地区。主要分布在南北纬 20° 之间，尤以赤道滨海地区分布最多，其次在南北纬 20° ~ 23.5° 范围内也有大面积分布。中国种植椰子已有 2000 多年的历史，现主要集中分布于海南各地，主要分布在文昌，素有海南椰子半文昌，文昌椰子半东郊，占全国 52%，此外还有台湾南部、广东雷州半岛，云南西双版纳、德宏、保山、河口等地也有少量分布。椰子为热带喜光作物，在高温、多雨、阳光充足和海风吹拂的条件下生长发育良好。要求年平均温度在 25℃以上，温差小，全年无霜，椰子才能正常开花结果，最适生长温度为 26 ~ 27℃。一年中若有一个月的平均温度为 18℃，其产量则明显下降，若平均温度低于 15℃，就会引起落花、落果和叶片变黄。水分条件应为年降雨量 1500 ~ 2000mm 以上，但在地下水源较丰富或能进行灌溉的地区，年降雨量为 600 ~ 800mm 也能良好生长。椰子不耐干旱，一次干旱对椰子产量的影响长达 2 ~ 3 年，长期积水也会影响椰子的长势和产量。喜海淀和河岸深厚的冲积土，其次是砂壤土，再次是砾土，黏土最差。喜富含钾肥，土壤 pH 值 5.2 ~ 8.3，但以 7.0 最为适宜。椰子具有较强的抗风能力，6 ~ 7 级强风仅对其生长和产量有轻微的影响。8 ~ 9 级台风能吹断少数叶片。

［繁殖方式］播种繁殖。

［园林用途］椰子本身是优良的园林绿化树种，可作为行道树、风景树以及反映热带、亚热带风光的庭荫树，尤其适合海滨区种植。可丛植、片植或列植。在经济价值方面，椰肉味甘，性平，具有补益脾胃、杀虫消疳的功效；椰汁味甘，性温，有生津、利水等功能；椰壳可以烧制活性炭或加工椰雕、乐器；椰干可加工成椰油；椰木质地坚硬，花纹美观，可做家具或建筑材料。椰子综合利用产品达 360 多种，在国外有“宝树”、“生命木”之称。

8. 油棕

［学名］*Elaeis guineensis*

［别名］油椰子，非洲油棕

［科属］棕榈科油棕属

［识别要点］常绿直立乔木，高 4 ~ 10m，树径约 30 ~ 40cm，是世界上单位面积产量最高的一种木本油料植物。叶大而簇生茎顶，长 3 ~ 6m，羽状全裂，裂片约 50 ~ 60 对，线状披针形，叶柄两侧分布有刺。花单性，雌雄同株，肉穗花序，四季开花，花果并存，相映成趣。核果卵形或倒卵形，每个大穗结果多，聚合成球状，最大的果实重达 20kg。油棕的果实特别有趣，它们总是成串地“躲藏”在坚硬且边缘有刺的叶柄里面，近椭圆形，

图 8-8　油棕（图片设计师天堂网提供）

表皮光滑，刚长出来时为绿色或深褐色，大小如蚕豆，成熟时逐渐变成黄色或红色，比鸽卵稍大。成熟的油棕果采摘下来后，加点糖或盐用水一煮就可以直接食用，果肉油而不腻，清香爽口，但果肉中有一些比较粗糙的纤维，容易塞牙（见图 8-8）。

［**产地分布与习性**］油棕原产地在南纬 10° ～北纬 15°，海拔 150m 以下的非洲潮湿森林边缘地区，主要产地分布在亚洲的马来西亚、印度尼西亚、非洲的西部和中部、南美洲的北部和中美洲。中国引种油棕已有 80 多年的历史，主要分布于海南、云南、广东、广西。油棕喜高温、湿润、强光照环境。土层深厚、富含腐殖质、pH 值 5 ～ 5.5 的土壤最适于种植油棕。

［**繁殖方式**］播种繁殖。

［**园林用途**］植株高大，雄伟壮观。在园林中可作园景树和行道树。油棕的果肉、果仁含油丰富，一般亩产棕油 200kg 左右，比花生产油量高 5 ～ 6 倍，是大豆产油量的近 10 倍，因此有“世界油王”之称。

9. 酒瓶椰子

［**学名**］*Hyophore lagenicaulis*

［**别名**］德利椰子

［**科属**］棕榈科酒瓶椰子属

［**识别要点**］单干，树干短而光滑，中部以下膨大，肥似酒瓶，高可达 3m，最大处茎粗 38 ～ 60cm。叶聚生于干顶，叶数较少，常不超过 5 片，叶羽状拱形，长达 2.5m，裂片披针形 30 ～ 50 对，长约 45cm，宽约 5cm，线形排成整齐的两列，淡绿色。叶柄长约 45cm，叶鞘圆筒形，有时羽片和叶柄边缘略带红色。肉穗花序多分枝，油绿色。浆果椭圆，熟时黑褐色。花期 8 月，果期为翌年 3 ～ 4 月。常见栽培的近缘物种还有棍棒椰子，干高 5 ～ 9m，中部稍膨大，状似棍棒，羽状叶，小叶剑形，浆果长椭圆形（见图 8-9）。

图 8-9　酒瓶椰子（图片由天工网提供）

［**产地分布与习性**］原产马斯克林群岛，酒瓶椰子属典型的热带棕榈植物，中国除海南省以及广东南部、福建南部、广西东南部和台湾中南部可露地栽培外，北纬 26° 以北地区均需盆栽置温室越冬。酒瓶椰子性喜高温、湿润、阳光充足的环境，怕寒冷生长慢，冬季需在 10℃以上越冬。栽培土质要求以富含腐殖质的壤土或砂壤土，排水需良好。栽后需遮荫保湿直到新根生长后才能转入全日照正常管理，夏秋两季生长旺盛期间，需保持土壤湿润。生长期间需定期追肥，可每月一次，秋末增施一次钾肥，提高耐寒力。酒瓶椰子喜湿怕涝，梅雨季节易发生红叶螨危害，可用敌百虫或敌敌畏喷杀防治。

［**繁殖方式**］播种繁殖。

［园林用途］酒瓶椰子株形奇特，生长较慢，从种子育苗到开花结果，常需时 20 多年，每株开花至果实成熟需 18 个月，但寿命可长达数十年，其形似酒瓶，非常美观，是一种珍贵的观赏棕榈植物，非常适宜庭园配置和盆栽观赏。既可盆栽用于装饰宾馆的厅堂和大型商场，也可孤植于草坪或庭院之中，观赏效果极佳。此外，酒瓶椰子与华棕、皇后葵等植物一样，还是少数能直接栽种于海边的棕榈植物。

10. 蒲葵

［学名］*Livistona chinensis*

［别名］葵树、扇叶葵、葵竹

［科属］棕榈科蒲葵属

图 8-10 蒲葵（图片由天工网提供）

［识别要点］单干型常绿乔木，树冠紧实，近圆球形，冠幅可达 8m。叶簇生茎顶，阔肾状扇形，宽约 1.5 ~ 1.8m，长约 1.2 ~ 1.5m，掌状浅裂至全叶的 1/4 ~ 2/3，下垂，裂片条状披针形，顶端长渐尖再深裂为 2，叶柄两侧具骨质钩刺，叶鞘褐色，纤维甚多。肉穗花序腋生，长 1m 有余，分枝多而疏散，花小，两性，通常 4 朵聚生，花冠 3 裂，几乎达基部，花期 3 ~ 4 月。核果椭圆形，状如橄榄，长 1.8 ~ 2.2cm，径 1 ~ 1.2cm，熟时亮紫黑色，外略被白粉，果熟期为 10 ~ 12 月。种子椭圆形，长 1.5cm，径 0.9cm。蒲葵外形与棕榈较相似，从外形上区别如下：①棕榈叶柄上有许多连续分布的小钝刺；蒲葵叶柄上是相互分离的尖锐钩刺；②棕榈叶片不仅小，叶裂较深，在正常情况下叶裂末端挺直而不下垂；蒲葵叶则较大，叶裂较浅（因此常用的蒲扇一般是用蒲葵叶加工而成的，棕榈叶产量少且小，叶裂深，不适合做扇子），叶裂尖端自然下垂；③蒲葵茎秆上的纤维较棕榈的少，且易脱落而露出树干；棕榈的则浓厚而密，不易脱落，是对寒冷环境的适应，所以棕榈较蒲葵耐寒，分布范围比较广（见图 8-10）。

［产地分布与习性］原产中国南部，在广东、广西、福建、台湾等省（自治区）均有栽培，越南、日本也有栽培。喜温暖湿润的气候，喜光，稍耐阴，耐寒能力较棕榈差，能耐短期 0℃低温及轻霜，生长适温 20 ~ 28℃。抗风、抗旱、耐湿，也较耐盐碱，能在海边生长，抗污染性较强。适于土层深厚、湿润肥沃、富含腐殖质黏性土壤。

［繁殖方式］播种繁殖。

［园林用途］蒲葵四季常青，树冠伞形，叶大如扇，叶丛婆娑，为热带地区绿化的重要树种。可丛植或列植，作园景树，也可用作厂区绿化，夏日浓阴蔽日，一派热带风光。小树可盆栽摆设供观赏。在国外大型公共室内场所，蒲葵为常用植物，如新加坡国际机场中大堂里几组高大挺拔的蒲葵丛加上热带兰花，体现出了南国热带风情。蒲葵用途广泛，树干可作手杖、伞柄、屋柱，嫩芽可食。叶可制扇，广东江门新会葵扇驰名全国。

11. 软叶刺葵

［学名］*Phoenix roebelenii*

［别名］美丽针葵、美丽珍葵、罗比亲王椰子、罗比亲王海枣

［科属］棕榈科刺葵属

［识别要点］常绿乔木，单干细长，茎干表面具三角形突起状的残存叶柄基。叶大型，羽状全裂，长约 1m，

图 8-11　软叶刺葵（图片设计师天堂网提供）

常下垂，裂片长条形，柔软，2 排，近对生，背面沿叶脉被灰白色鳞粃，下部的叶片退化成细长的刺。肉穗花序生于叶丛中，长 30 ~ 50cm，花序轴扁平，总苞 1，上部舟状，下部管状。雌雄异株，雄花花萼长 1mm，3 齿裂，裂片 3 角形，花瓣 3，披针形，稍肉质，长 9mm，具尖头，雄蕊 6，雌花卵圆形，长 4mm。果矩圆形，具尖头，枣红色，果肉薄，有枣味（见图 8-11）。

［**产地分布与习性**］原产东南亚地区，老挝分布最多。现热带地区广为引种栽培。中国南亚热带常绿阔叶林区的福州、厦门、广州、佛山及热带季雨林及雨林区的海口、三亚、深圳等地都有大量栽植。喜高温高湿的热带气候，喜光也耐半阴，耐旱，耐瘠，喜排水性良好、肥沃的砂质壤土。

［**繁殖方式**］播种繁殖。

［**园林用途**］软叶刺葵株形丰满，叶片浅绿色、光亮，稍弯曲下垂，是优良的观叶植物。3 ~ 8 年生的播种苗，株高 30 ~ 120cm，用中等大小的花盆栽植，适合于家庭布置客厅、书房，雅观大方；大型植株常用于会场、大型建筑的门厅、前厅做室内观叶植物。及露天花坛、道路的布置。在光线较暗的室内摆放的时间不宜太久，约 2 ~ 3 周更换 1 次。软叶刺葵叶片基部有刺，家庭中有小孩应剪去刺尖或不摆放这种植物。在华南地区可露地栽植，适宜庭院及道路绿化，花坛、花带丛植、行植或与景石配植。

12. 加拿利海枣

［**学名**］*Phoenix canariensis*

［**别名**］长叶刺葵、加拿利刺葵、槟榔竹

［**科属**］棕榈科刺葵属

［**识别要点**］常绿乔木，高可达 10 ~ 15m，粗 20 ~ 30cm。茎干单生，其上覆以不规则的老叶柄基部。叶大型，长可达 4 ~ 6m，呈弓状弯曲，集生于茎端。羽状复叶，成树叶片的小叶有 150 ~ 200 对，形窄而刚直，端尖，上部小叶成不等距对生，中部小叶成等距对生，下部小叶每 2 ~ 3 片簇生，基部小叶成针刺状。叶柄短，基部肥厚，黄褐色。叶柄基部的叶鞘残存在干茎上，形成稀疏的纤维状棕片。5 ~ 7 月开花，肉穗花序从叶间抽出，多分枝。果期 8 ~ 9 月，果实卵状球形，先端微突，成熟时橙黄色，有光泽。种子椭圆形，中央具深沟，灰褐色（见图 8-12）。

图 8-12　加拿利海枣（图片设计师天堂网提供）

［**产地分布与习性**］原产于非洲西岸的加拿利岛。1909 年引种到中国台湾，20 世纪 80 年代引入中国大陆，中国热带至亚热带地区可露地栽培，在长江流域冬季需稍加遮盖，黄淮地区则需室内保温越冬。加拿利海枣为阳生植物，喜光，耐半阴。喜高温多湿，耐酷热，也能耐寒。生长适温 20 ~ 30℃，越冬温度 5 ~ 10℃，但有在更低温度下生存的记录。极为抗风，耐盐碱，耐贫瘠，在肥沃的土壤中生长迅速，但以含腐殖质之壤土最佳，排水需良好。栽时需施足基肥，栽后应定期追肥。

［繁殖方式］播种繁殖。

［园林用途］树形优美舒展，叶长而坚韧，茎干胸径常达 50cm 以上，具整齐而紧密排列的扁菱形叶痕，树形张开呈半球形，远观如同撑开了的罗伞，富有热带风情，可盆栽作室内布置，也可室外露地栽植，无论是列植或丛植，都有很好的观赏效果。常应用于公园造景、行道绿化效果极好。该树种成龄树能耐零下 10℃低温，为棕榈科植物中耐寒能力最强的植物之一，可在热带至亚热带气候条件下种植。由于耐寒性较强，目前在中国长江流域及以南地区用于园林绿化，特别是上海、重庆、长沙等地，常用其营造热带风景。

13. 棕竹

［学名］*Rhapis excelsa*

［别名］观音竹、筋头竹、棕榈竹、矮棕竹

［科属］棕榈科棕竹属

图 8-13　棕竹（图片由天工网提供）

［识别要点］常绿丛生灌木。茎干直立，高 1 ~ 3m。茎纤细如手指，不分枝，多数聚生，有叶节，包以有褐色网状纤维的叶鞘。叶集生茎顶，掌状，深裂几乎达基部，有狭长舌状的裂片 3 ~ 12 枚，裂片长 20 ~ 25cm、宽 1 ~ 2cm。叶柄细长，约 8 ~ 20cm。肉穗花序腋生，花小，淡黄色，极多，雌雄异株，花期 4 ~ 5 月。浆果球形，果期 10 ~ 12 月。栽培的棕竹有大叶、中叶和细叶棕竹之分，常见的栽培变种有花叶棕竹 Rhapis excela cv.Variegata，叶片具金黄色或白色斑纹（见图 8-13）。

［产地分布与习性］棕竹原产中国广东、云南等地，日本也有栽培。同属植物约有 20 种以上，主要分布于东南亚。它常繁生山坡、沟旁荫蔽潮湿的灌木丛中，喜温暖湿润及通风良好的半阴环境，不耐积水，极耐阴，夏季炎热光照强时，应适当遮阴。适宜温度 10 ~ 30℃，气温高于 34℃时，叶片常会焦边，生长停滞，越冬温度不低于 5℃。株形小，生长缓慢，对水肥要求不十分严格。要求疏松肥沃的酸性土壤，不耐瘠薄和盐碱，要求较高的土壤湿度和空气温度。棕竹生性强健，管理粗放，5 ~ 9 月要遮阴，宜保持 60% 的透光率，生长期土壤以湿润为度，宁湿勿干，空气干燥时，且要经常喷水保持环境有较高的湿度。施肥每月 1 ~ 2 次，粪肥或其他氮肥均可。通风不良处有时会发生介壳虫，若少量发现时应用人工刮除。

［繁殖方式］播种繁殖、分蘖繁殖。

［园林用途］棕竹株型秀美挺拔，枝叶繁密，四季常绿，可谓观叶植物中的上品。幼苗期可用于家庭点缀，适合布置客厅、走廊和楼梯拐角，富有热带韵味。大型盆栽适宜会议、宾馆和公共场所的厅堂、客室布置。园林中丛植效果好，温暖地区配植于庭院、廊隅均宜。树干剥去纤维可制手杖等工艺品，须根可接骨。

14. 大王椰子

［学名］*Roystonea regia*

［别名］王棕、文笔树、大王棕

［科属］棕榈科大王椰子属

［识别要点］常绿乔木，高达 20m。茎干高大，淡灰色，干面平滑，具整齐的环状叶鞘痕。茎基部有不定根伸展，幼株基部膨大，成株中央部分稍膨大，膨大部分是含水多的地方，乃为适应旱地生活所产生。叶聚生茎顶，羽状全裂，长达 3 ~ 4m，裂片条状披针形，长 60 ~ 100cm，宽 2 ~ 3cm，软革质，裂片排列不在同一个平面上。肉

图 8-14　大王椰子（图片由天工网提供）

穗花序3回分枝，排成圆锥花序式。花乳白色，雄花花萼3朵，花瓣3片，雄蕊6～12枚；雌花花瓣啮合状排 列，不完全雄蕊6枚，呈齿牙状突起，子房3室，柱头3个。佛焰苞2枚，外面一枚短而早落罗，里面一枚舟形。果为浆果，球形，红褐色至紫黑色。花期4～6月；果期7～8月（见图8-14）。

［产地分布与习性］原产美国、古巴、牙买加、巴拿马等。喜温暖，不耐寒；对土壤适应性强，但以疏松、湿润、排水良好，土层深厚，富含机质的肥沃冲积土或黏壤土最为理想。

［繁殖方式］播种繁殖。

［园林用途］大王椰子因其高大雄伟，姿态优美，四季常青，树干挺直如电线杆，成为热带及南亚热带地区最常见的棕榈类植物之一，寿命可长达数十年。可列植于会堂、宾馆门前，或作为城乡行道树，十分整齐美观。园林绿化中还常将其三五株不规则种植于草坪或庭院一角，再配以低矮的灌木与石头，则高矮错落有致，形成美丽的热带风光。北方常将幼龄树盆栽，用于装饰宾馆的门厅、宴会厅和大型会议室，则风采别致，气度非凡。

15. 棕榈

［学名］*Trachycarpus fortunei*

［别名］棕树、唐棕、唐棕榈、山棕、棕耙树

［科属］棕榈科棕榈属

［识别要点］常绿乔木，树干圆柱形，具环状叶痕，高达10m，茎达24cm，常残存有老叶柄及其下部的叶峭。叶形如扇，近圆形，径达70cm，掌状裂深达中下部，裂片条形，多数，硬挺而不下垂。叶柄长40～100cm，两侧细齿明显。雌雄异株，圆锥状肉穗花序腋生，花小呈黄色。核果肾状球形，径约1cm，熟时黑褐色，被白粉。花期4～5月，果熟10～11月（见图8-15）。

图 8-15　棕榈（图片由天工网提供）

［产地分布与习性］棕榈原产于中国，现世界各地均有栽培，是世界上最耐寒的棕榈科植物之一。棕榈在中国主要分布在秦岭、长江流域以南温暖湿润多雨地区，以四川、云南、贵州、湖南、湖北及陕西最多，垂直分布在海拔300～1500m，西南地区可达2700m。棕榈性喜温暖湿润的气候，可忍受零下14℃的低温，是中国栽培历史最早的棕榈类植物之一，较耐阴，但不能抵受太大的日夜温差。对烟尘、二氧化硫、氟化氢等多种有害气体具较强的抗性，并具有吸收能力，适于空气污染区大面积种植。栽培土壤要求排水良好、肥沃。棕榈根系较浅，无主根，种时不宜过深，栽后穴面要保持盘子状。生长缓慢，1～2年生苗仅生披针叶2～3片，多至4～5片；8～10年生的幼树生长慢慢加快，高可达1.5m；8～20年生成树生长迅速，节间长，产棕皮量也很大。

［繁殖方式］播种繁殖。

［园林用途］棕榈栽于庭院、路边及花坛之中，树势挺拔，叶色葱茏，适于四季观赏。木材可以制器具，棕榈叶可制扇、帽等工艺品，根入药。

16. 华盛顿棕榈

［学名］*Washingtonia filifera*

［别名］华棕、丝葵、老人葵

［科属］棕榈科丝葵属

［识别要点］常绿乔木，株高可达 28m。树干粗壮通直，近基部略膨大。树冠以下被以垂下的枯叶，若去掉枯叶，树干呈灰色，可见明显的纵向裂缝和不太明显的环状叶痕，叶基密集，不规则。叶大型，长 1.8m，簇生于干顶，斜上或水平伸展，下方的下垂，灰绿色，约分裂至中部而成 50 ~ 80 个裂片，圆形或扇形折叠，边缘具有白色下垂的丝状纤维，随年龄成长而消失。叶柄粗且长，淡红褐色，边缘有薄而宽的锯齿。肉穗花序生于叶间，分枝 3 ~ 4 枝，弓状下垂，花小，白色。核果椭圆形，熟时黑色。花期 6 ~ 8 月（见图 8-16）。

图 8-16　华盛顿棕榈（图片设计师天堂网提供）

［产地分布与习性］原产美国加利福尼亚、亚利桑那州以及墨西哥。现中国长江以南亚热带地区均有栽种，以福建、广东、海南等地种植最多。性喜温暖、湿润、向阳的环境。较耐寒，能耐 0℃的左右低温。抗风抗旱力均很强。喜湿润、肥沃的黏性土壤，也能耐一定的水湿与咸潮。

［繁殖方式］播种繁殖。

［园林用途］华盛顿棕榈是美丽的风景树，干枯的叶柄下垂覆盖于茎干似裙子，有人称之为“穿裙子树”，奇特有趣。叶裂片间具有白色纤维丝，似老翁的白发，又名“老人葵”。树形高大，枝叶繁茂，花果鲜艳，是极为美丽的城市街道、公园、庭园观赏绿化树种。叶片可盖屋顶，编织篮子。果实和顶芽可供食用，叶柄纤维可制牙签。

本章小结

棕榈科植物是华南地区重要的园林植物资源，全科约 210 属 2800 余种，以其独特的风格、别致的形态特征，成为营造园林绿化景观的热门树种。最早流行于欧美园艺界，后被世界各地争相采用作行道树、庭阴树，园景树。

在形态上棕榈科植物为常绿乔木或灌木，茎单生或丛生，直立或攀援，树干有宿存的叶基或环状叶鞘痕。单叶，常大型，掌状或羽状分裂，多聚生于茎顶，攀援种类则散生枝上，叶柄基部常扩大成具纤维的叶鞘。肉穗花序，有 1 至数个佛焰苞，花小，多辐射对称，两性或单性，雌雄同株或异株，有时杂性，萼片、花瓣各 3 枚，分离或合生，镊合状或覆瓦状排列；雄蕊 6 至多数，花丝短；子房上位，1 ~ 3 室，每室 1 胚珠。浆果或核果，具有宿存的花被。

在生物学特性方面棕榈科植物既是热带植物区系的特殊组成部分，又是热带雨林植物群落的典型代表。在生态习性上，有阳性、中性和耐荫性之分，适生力强，耐贫瘠，有多种棕榈科植物还能耐干旱、耐盐碱，很少有病虫为害，栽植养护较粗放。根部属须根系，对周围建筑物不造成影响。树干直而无分枝，不需修枝整形。叶子通常成片脱落，几乎不掉碎叶，不影响环境清洁，有利于房地产的物业管理。

在园林观赏特性方面棕榈科植物树形挺拔优美，在名目繁多的植物大家庭中，棕榈科植物以其独特的形态散发着浓郁的热带气息，备受人们青睐。其种类丰富，形态各异，形成不同的视觉景观，如袖珍椰子的娇小玲珑，大王椰子的伟岸飘逸，酒瓶椰子的奇特怪异等。因此，棕榈科植物在园林绿化上有着广泛的用途，可群植、丛植、孤植、对植于池旁、路边及楼前后，也可数株群植于庭院之中或草坪角隅。

尽管棕榈科植物的优点显而易见，但同样有许多方面不尽如人意，诸如树冠不够浓密，吸尘力弱，抗污染能力较差等，可以通过与其他植物的合理搭配栽植以弥补其不足。

思考与练习

1. 棕榈树木有哪些生物学特性？
2. 华南地区常见的棕榈科植物有哪些？其园林用途怎样？
3. 试述棕榈树木的总体配置原则。
4. 棕榈科植物中，叶片掌状分裂的有哪些？羽状分裂的有哪些？

第9章 竹 类

竹没有杨柳婀娜多姿，没有桃李绚丽多彩，但它饱经风霜，立茫茫原野之上，扎辽阔大地之中；无论是百花盛开的暖春，还是秋风瑟瑟的深秋；无论是烈日炎炎的酷暑，还是雪花飘落的寒冬；它总是傲然伫立，碧绿常青，生机勃勃，深受国人的喜爱。国人之所以爱竹，是因为竹具有“未出土时便有节，及凌云处尚虚心”的高尚情操，人们通常把竹的一尘不染，不畏严寒，高雅素洁的品性作为自己品行的准则，在其身上寄托着国人特别是历代文人清高的生活情趣。因此，在园林造景中竹一直扮演着重要角色，但随着人们对竹研究的进一步深入，在园林造景中竹的应用不仅体现了精神的象征，而且具有独特的优势。

9.1 竹的基本特性及园林用途

竹类属禾本科，竹亚科。全世界共有竹种 70 多属，1000 多种，主要分布在热带及亚热带地区，少数竹类分布在温带和寒带。世界的竹地理分布可分为 3 大竹区，即亚太竹区、美洲竹区和非洲竹区，有些学者还单列“欧洲、北美引种区”。东南亚位于热带和南亚热带，又受太平洋和印度洋季风汇集的影响，雨量充沛，热量稳定，是竹生长理想的生态环境，也是世界竹分布的中心。中国有竹种 37 属，占世界竹属的 50%多，竹种（含变种）500 余种，约占世界竹种的 42%。中国竹类种类繁多，据调查考证，我国有特有竹种 10 属 48 种，即酸竹属（Acidosasa）7 个种，悬竹属（Ampelocalamus）1 个种，巴山竹属（Bashania）4 个种，井冈寒竹属（Gelidocalamus）11 个种，铁竹属（Ferrocalamus）2 个种，薄竹属（Leptocanna）1 个种，异枝竹属（Metasasa）1 个种，单枝竹属（Monocladus）4 个种，少穗竹属（Oligostachyum）14 个种，筇竹属（Qiongzhuea）3 个种。

9.1.1 竹的基本特性

竹为乔木或灌木，叶有两种，一为茎生叶，俗称箨叶；另一为营养叶，披针形，长 7.5 ~ 16cm，宽 1 ~ 2cm，先端渐尖，基部钝形，叶柄长约 5mm，边缘之一侧较平滑，另一侧具小锯齿而粗糙；平行脉，次脉 6 ~ 8 对，小横脉显著；叶面深绿色，无毛，背面色较淡，基部具微毛；质薄而较脆。竹具地上茎（竹秆）和地下茎（竹鞭）。竹秆常为圆筒形，极少为四角形，由节间和节连接而成，节间常中空，少数实心，节由箨环和秆环构成。每节上分枝。竹花由鳞被、雄蕊和雌蕊组成。果实多为颖果。竹的一生中，大部分时间为营养生长，一旦开花结实后全部株丛即枯死而完成生活周期。

竹类植物根据地下茎的生长情况可分为三种生态型，即单轴散生型、合轴丛生型、复轴混合型。单轴散生型：由鞭根上的芽繁殖新竹，如毛竹、斑竹、水竹、紫竹等；合轴丛生型：由母竹基部的芽繁殖新竹，民间称“竹兜生笋子”，如慈竹、硬头簧、麻竹、单竹等；复轴混合型：既由母竹基部的芽繁殖，又能以竹鞭根上的芽繁殖。如苦竹、棕竹、箭竹、方竹等。

竹是常绿（少数竹种在旱季落叶）浅根性植物，大都喜温暖湿润的气候，一般年平均温度为 12 ~ 22℃，年降水量 1000 ~ 2000mm。对水热条件要求高，而且非常敏感，其对水分的要求，高于对气温和土壤的要求，既要有充足的水分，又要排水良好。散生竹类的适应性，强于丛生竹类。由于散生竹类基本上是春季出笋，入冬前新竹已充分木质化，所以对干旱和寒冷等不良气候条件有较强的适应能力，对土壤的要求也低于丛生竹和混生竹。丛生、混生竹类地下茎入土较浅，出笋期在夏、秋，新竹当年不能充分木质化，经不起寒冷和干旱，故北方一般生长受到限制，他们对土壤的要求也高于散生竹。竹常和其他树种一起组成混交林，而且处于主林层之下。当上层林木砍伐后，其生长快、繁殖力强的特点很快恢复成次生竹林。

竹类植物是世界上生长最快的，慢时每昼夜生长 20 ~ 30cm，快时每昼夜生长达 150 ~ 200cm。毛竹 30 ~ 40d 可长高 15 ~ 18m，巨龙竹 100 ~ 120d 可长高 30 ~ 35m。

不同类型的竹种，繁殖方法不同。一般丛生竹的竹兜、竹枝、竹秆上的芽，都具有繁殖能力，故可采用移竹、埋蔸、埋竿、插枝等方法；而散生竹类的竹秆和枝条没有繁殖能力，只有竹蔸上的芽才能发育成竹鞭和竹，故常采用移竹、移鞭等方法繁殖。

竹的适应性强，分布范围广，易繁殖、易栽种，病虫害少。竹类植物体内维管束没有形成层，故在新竹长成后，竹株的干形生长结束，高度粗度和体积不能随年龄的增加而增大，而只是组织变老，干物质增多，力学强度增大，也就是经常所说的竹长到一定长度后只长高不变粗。

9.1.2 竹的园林用途

竹在园林造景艺术中可以形成疏密有致，别具一格的景致，或单独成片成景，或与其他植物，或与石、水、建筑等相配成景，无不相宜。在我国不论是古典园林，还是近代园林，竹都是重要的植物材料。竹不仅是作为园林绿化配置要素，也是园林建筑物资之一。我国竹类的种类繁多，由于它枝叶秀丽，幽雅别致，四季常青，大多可供庭园观赏。在园林绿化观赏上，竹的利用正受到人们的普遍关注。竹能与自然景色融为一体，在庭园布局、园林空间、建筑周围环境的处理上有显著的效果，易形成优雅清静的景观。令人赏心悦目，以竹配置的庭园具有典型的东方园林韵味。

1. 竹的主要用途

（1）竹林。如毛竹、淡竹、桂竹、刚竹、粉单竹、慈竹、绿竹、青皮竹、车筒竹、细粉单竹及麻竹等大型竹种。

（2）片植。大中型竹种均可，尤以杆形奇特、姿态秀丽的竹种为佳，如斑竹、紫竹、方竹、黄金间碧玉竹、螺节竹、佛肚竹、龟甲竹、罗汉竹、粉单竹、筇竹及大明竹等。

（3）绿篱。以丛生竹、混生竹为宜，如孝顺竹、青皮竹、慈竹、吊丝竹、慧竹、泰竹、凤尾竹、花孝顺竹、大明竹、矢竹、绿篱竹及观音竹等。

（4）地被或护坡的镶边。最常见的是铺地竹、箬竹、菲白竹、鹅毛竹、赤竹、翠竹、菲黄竹、矢竹及黄条金刚竹等。

（5）孤植。以色泽鲜艳、姿态秀丽的丛生竹为佳，如孝顺竹、花孝顺竹、凤尾竹、佛肚竹、黄金间碧玉竹、慈竹及银丝竹等。

（6）盆景用竹。以秆形奇特或由斑纹、枝叶秀美的中小型竹种为宜。如佛肚竹、凤尾竹、菲白竹、菲黄竹、方竹、肿节竹、罗汉竹、金镶玉竹、螺节竹、斑竹、紫竹、鹅毛竹、江山倭竹及翠竹等。

（7）障景。如茶秆竹、苦竹、孝顺竹、花孝顺竹、矢竹及垂枝苦竹等密生性竹种为佳。

2. 竹在园林建设及园林造景配置中的作用

（1）大中型竹可以竹为主，以形态奇、色彩鲜艳的竹种，以群植、片植形式创造较为独立的竹林景观，或以自然的声音形式形成美丽的竹子景观，使竹具有独立的景观表象。身置竹径，会产生一种深邃、雅静、优美的意境。

（2）可与亭、堂、楼、阁及其他建筑配置，作小品点缀，既可衬托建筑物之秀丽，又可柔化硬质建筑之质感，创造幽雅环境竹作庭院、花园、房前屋后的绿化，也有独特之处。

（3）竹子专类园或竹子公园将千姿百态的竹集中在一起，形成竹的“大千世界”，供游人观赏，也可供科研、教学之用。

（4）竹还可以盆栽或作地被观赏。在竹类造园中的一枝奇葩是用竹作盆景。桩景的插瓶清供，它们也反映出中国式园林运用植物题材的独到之处。

在长江流域和华南各地，用竹作为城市绿化、布置公园绿地和居民住宅区的历史悠久。随着城市的扩大与发展，园林建设水平的不断提高和普及，竹在城乡绿化中亦日益受到重视。我国以竹造景的园林被国家列为名胜风景区的有：浙江莫干山竹林、金佛山的方竹林、洞庭湖君山斑竹林及皖南古黔竹浪等。

3. 园林建筑中的应用

现代园林建筑中，以竹为材料日益兴起。在云南昆明市，春漫公园中有错落有致的各式竹楼，浙江杭州市的西湖阮公墩，有一派田园风光的竹亭、竹阁、竹廊。江西九江浔阳公园的翠竹园，有古色古香仿古的竹厅、竹亭、竹轩、竹廊，组成竹荫轩、绿玉居、醉心亭及翠亭等景点。洞庭湖中君山也有竹制亭台、楼榭。浙江宁海南溪温泉，建有一座仿古竹亭，称颐寿亭。奉化口剡溪水面上有竹亭茶馆。这些富有乡土气息竹建造的景观，把竹大小、全圆、半圆的竹竿、竹节及竹扁巧妙地组合在一起，运用镶、嵌、斗、拼等工艺处理，制成俗雅共赏的造型图案，给人以清丽和谐的乐趣。

在东南亚各国的旅游区、公园、园林中，亦用竹建造小楼，其造价低廉、雅洁美观。泰国用大型竹竿在江、河、湖泊上建造成流动的房舍、游船和旅馆，把奇特的自然风光和人工造型巧妙结合，形成诗一般的意境，令人向往。

9.2 常见竹的种类

1. 毛竹

[学名] *Phyllostachys pubescens* Mazel ex H.de Lehaie

[别名] 楠竹、孟宗竹

[科属] 禾本科、刚竹属

图 9-1 毛竹

[识别要点] 高大乔木状竹类，秆高 10 ~ 25m，径 12 ~ 20cm，中部节间可长达 40cm；新秆密被细柔毛，有白粉，老秆无毛，白粉脱落而在节下逐渐变黑色，顶梢下垂；分枝以下秆上秆环不明显；枝叶 2 列状排列，每小枝保留 1 ~ 2 叶，叶较小，披针形，长 4 ~ 11cm；花枝单生，不具叶；颖果针状；笋期 3 月底至 5 月底（见图 9-1）。

[产地分布与习性] 原产中国秦岭、汉水流域至长江流域以南海拔 1000m 以下广大酸性土山地，分布很广，东起台湾，西至云南东北部，南自广东和广西中部，北至安徽北部、河南南部；其中浙江、江西、湖南为分布中心。喜温暖湿润的气候，要求年平均温度 15 ~ 20℃，耐极端最低温 −16.7℃，年降水量 800 ~ 1000mm；喜空气相对湿度大；喜肥沃、深厚、排水良好的酸性砂壤土，干燥的沙荒石砾地、盐碱地、排水不良的低洼地均不利生长。

[繁殖方式] 可播种、分株、埋鞭等法繁殖。

[园林用途] 毛竹秆高、叶翠，四季常青，秀丽挺拔，值霜雪而不凋，历四时而常茂，颇无夭艳，雅俗共赏。自古以来常植于庭园曲径、池畔、溪涧、山坡、石际、天井、景门，以至室内盆栽观赏；与松、梅共植，誉为“岁寒三友”，点缀园林。在风景区大面积种植，谷深林茂，云雾缭绕，竹林中有小径穿越，曲折、幽静、深邃，形成“一径万竿绿参天”的景感；湖边植竹，夹以远山、近水、湖面游船，实是一幅幅活动的画面；高大的毛竹

也是建筑、水池、花木等的绿色背景；合理栽植，又可以分隔园林空间，使境界更觉得自然、调和；毛竹根浅质轻，是植于屋顶花园的极好材料；植株无毛无花粉，在精密仪器厂、钟表厂等地栽植也极适宜。

2. 刚竹

［**学名**］*Phyllostachys viridis*（Young）Mc Clure

［**别名**］榉竹、胖竹

［**科属**］禾本科科、刚竹属

图 9-2　刚竹

［**识别要点**］秆高 10 ~ 15m，径 4 ~ 9cm，挺直，淡绿色，分枝下的秆环不明显，新秆无毛，微被白粉，老秆仅节下有白粉环，秆表面在放大镜下可见白色晶状小点。箨鞘无毛，乳黄色或淡绿色底上有深绿色纵脉及棕褐色斑纹；无箨耳；箨舌近截平或微弧形，有细纤毛；箨叶狭长三角形至带状，下垂，多少波折。每小枝有 2 ~ 6 叶，有发达的叶耳与硬毛，老时可脱落；叶片披针形，长 6 ~ 16cm。笋期 5 ~ 7 月（见图 9-2）。

［**产地分布与习性**］原产我国，分布于黄河流域至长江流域以南。刚竹抗性强，能耐 -18℃低温，微耐盐碱，在 pH 值 8.5 左右的碱土和含盐 0.1% 的盐土上也能生长。

［**繁殖方式**］可播种、分株、埋鞭等法繁殖。

［**园林用途**］观赏特性同毛竹。刚竹秆高挺秀，枝叶青翠，是长江下游各省区重要的观赏和用材竹种之一。可配植于建筑前后、山坡、水池边、草坪一角，宜在居民新村、风景区种植绿化美化。宜筑台种植，旁可植假山石衬托，或配植松、梅，形成“岁寒三友”之景。

3. 早园竹

［**学名**］Phyllostachys propinqua McClure

［**别名**］早竹、雷竹

［**科属**］禾本科、刚竹属

［**识别要点**］秆高 8 ~ 10 m，径 4 ~ 8cm，节间短而均匀，长约 20cm；新秆绿色具白粉，老秆淡绿色，节下有白粉圈，基部节间常具淡绿黄色的纵条纹。箨鞘褐绿色或淡黑褐色，初具白粉，密被褐斑；箨耳及鞘口遂毛不发育；箨舌先端拱凸，具短须毛，中上部箨两侧明显下延；箨叶长矛形至带形，反转，皱褶。小枝具叶 2 ~ 3 片，带状披针形，长 7 ~ 16cm，宽 1 ~ 2cm 背面基部有毛。笋期 3 月下旬至 4 月上旬或更早，故谓之早竹（见图 9-3）。

［**产地分布与习性**］主产于华东地区，北京、河南、山西有栽培。喜温暖湿润气候。耐旱力抗寒性强，能耐短期 -20℃低温；适应性强，轻碱地，沙土及低洼地均能生长。对土壤要求不严，早园竹生性强建，较耐盐碱，非常适合在北方盐碱地区种植。

［**繁殖方式**］可播种、分株、埋鞭等法繁殖。

［**园林用途**］早园竹秆高叶茂，生长强壮，是华北园林栽

图 9-3　早园竹

培观赏的主要竹种。可在庭园、建筑物周围、角隅、假山石旁、园路边、水边配植。秆质坚韧，篾性好，为柄材、棚架、编织竹器等优良材料。

4. 罗汉竹

[学名] *Phyllostachys aurea* Carr.ex A.et C.Riviere

[别名] 人面竹、寿星竹

[科属] 禾本科、刚竹属

[识别要点] 散生竹。秆高 5 ~ 8 m，径 2 ~ 3cm。基部或中部以下数节节间不规则的畸形缩短或肿胀或其节环交互歪斜，或节间近于正常而于节下有长约 1cm 一段明显膨大。老秆黄绿色或灰绿色，节下有白粉环。箨鞘无毛，紫色或淡玫瑰色上有黑褐色斑点，上部两侧边缘常有枯焦现象，基部有一圈细毛环；无箨耳；箨舌极短，截平或微凸，边缘具有长纤毛；箨叶狭长三角形，皱曲。叶片披针形，长 6 ~ 13cm。笋期 4 ~ 5 月（见图 9-4）。

图 9-4　罗汉竹

[产地分布与习性] 原产我国，长江流域各地均有栽培，安徽、江苏、浙江、福建、江西、湖南、四川等省罗汉竹均有分布。罗汉竹适应性强，喜湿润的气候条件，抗寒力强，能耐短时间 -20℃绝对低温，要求深厚的土层和肥沃的酸性土，不耐盐碱和干旱。

[繁殖方式] 可播种、分株、埋鞭等法繁殖。

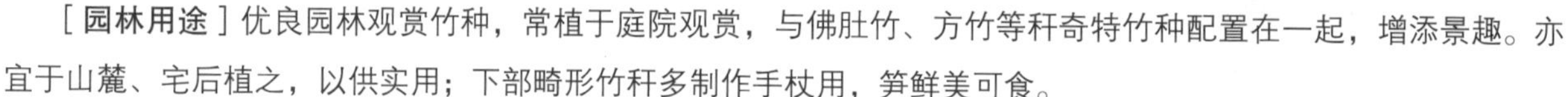

[园林用途] 优良园林观赏竹种，常植于庭院观赏，与佛肚竹、方竹等秆奇特竹种配置在一起，增添景趣。亦宜于山麓、宅后植之，以供实用；下部畸形竹秆多制作手杖用，笋鲜美可食。

5. 紫竹

[学名] *Phyllostachys nigra*（Lodd. ex Lindl.）Munro

[别名] 黑竹

[科属] 禾本科、刚竹属

图 9-5　紫竹

[识别要点] 中小型竹。秆散生；高 3 ~ 5（10）m，径 2 ~ 4cm，中部节间长 25 ~ 30cm；幼竿绿色，密被细柔毛及白粉，箨环有毛，一年生以后的竿逐渐先出现紫斑，最后全部变为紫黑色，无毛；箨鞘淡玫瑰紫色，背面密生毛，无斑点；箨耳长圆形至镰形，紫黑色；箨舌拱形至尖拱形，紫色，边缘生有长纤毛；每小枝有叶 2 ~ 3 片，叶片长 6 ~ 10cm，质地较薄。笋期 4 ~ 5 月（见图 9-5）。

[产地分布与习性] 原产我国，广泛分布于黄河流域以南及长江流域至西南地区，北京亦有栽培。喜温暖湿润气候，喜光；耐寒性强，适应性较强；稍耐水湿。

[繁殖方式] 可分株、埋鞭等法繁殖。

[园林用途] 紫竹为传统的观秆竹类，竹秆紫黑色，柔和发亮，隐于绿叶之下，甚为绮丽。宜种植于庭院山石之间或书斋、厅堂、小径、池水旁，也可栽于盆中，置窗前、几上，别有一番情趣。紫竹秆紫黑，叶翠绿，颇具特色，

若植于庭院观赏，可与黄槽竹、金镶玉竹、斑竹等秆具色彩的竹种同植于园中，增添色彩变化。竹材较坚韧，宜作钓鱼竿、手杖等工艺品及箫、笛、胡琴等乐器用品。笋可供食用。

6. 佛肚竹

[**学名**] *Bambusa ventricosa* McClure

[**别名**] 佛竹、密节竹

[**科属**] 禾本科、簕竹属

图 9-6　佛肚竹

[**识别要点**] 秆丛生；通常株高 2.5 ~ 5m，径 1.2 ~ 5.5cm；每节有枝条多数。秆有两种：正常秆高，节间长，圆筒形；畸形秆矮而粗，节间短，下部节间膨大呈瓶状。箨叶卵状披针形；箨鞘无毛；箨耳发达，圆形或卵形至镰刀形；箨舌极短。秆每节分枝 1 ~ 3 枚，小枝具叶 7 ~ 13 片，叶片卵状披针形至长圆状披针形，长 12 ~ 21cm，背具微毛（见图 9-6）。

[**产地分布与习性**] 我国广东特产，现我国南方各地以及亚洲的马来西亚和美洲均有引种栽培。性喜温暖、湿润、不耐寒。宜在肥沃、疏松、湿润及排水良好的砂质壤土中生长。

[**繁殖方式**] 分株繁殖。

[**园林用途**] 佛肚竹灌木状丛生，秆短小畸形，状如佛肚，姿态秀丽，四季翠绿。盆栽数株，当年成型，扶疏成丛林式，缀以山石，观赏效果颇佳。园林中常在角隅、庭院、窗外、路边、石旁丛植，也可作盆栽，施以人工截顶培植，形成畸形植株以供观赏。

7. 孝顺竹

[**学名**] *Bambusa glaucescens*（Willd.）Sieb.ex Munro

[**别名**] 凤凰竹、蓬莱竹、慈孝竹

[**科属**] 禾本科、簕竹属

[**识别要点**] 秆丛生；高 2 ~ 7m，径 1 ~ 3cm，尾梢近直或略弯，下部挺直；每节有枝条多数，绿色，老时变黄色。秆箨幼时薄被白蜡粉，早落；箨鞘呈梯形，背面无毛，先端稍向外缘一侧倾斜，呈不对称的拱形；箨耳极微小以至不明显，边缘有少许缝毛；每小枝有叶 5 ~ 9 枚，排成 2 列状；叶条状披针形，长 4 ~ 14cm，上表面无毛，下表面粉绿而密被短柔毛，先端渐尖具粗糙细尖头，基部近圆形或宽楔形，无叶柄（见图 9-7）。

图 9-7　孝顺竹

[**产地分布与习性**] 原产中国，主产于广东、广西、福建、西南等省（自治区）。多生在山谷间，小河旁，长江流域及以南栽培能正常生长，山东青岛有栽培，是丛生竹中分布最北缘的竹种。喜光，稍耐阴。喜温暖湿润环境，不甚耐寒。上海能露地栽培，但冬天叶枯黄。喜深厚肥沃、排水良好的土壤。

[**繁殖方式**] 分株、埋兜、埋秆、埋节繁殖。

[**园林用途**] 本种竹秆丛生，四季青翠，枝叶密集下垂，形状优雅、姿态秀丽，为传统观赏叶竹种。多栽培于

庭院供观赏，在庭院中可孤植、群植，作划分空间的高篱；也可在大门内外入口角道两侧列植、对植；或散植于宽阔的庭院绿地；还可以种植于宅旁作基础绿地中作缘篱用。也常见在湖边、河岸栽植。若配置于假山旁侧，则竹石相映，更富情趣。

8. 黄金间碧竹

［学名］*Bambusa vulgaris* Schrad.var.*striata* Gamble

［别名］青丝金竹

［科属］禾本科、簕竹属

［识别要点］乔木型竹，大型丛生竹；秆直立，高 6 ~ 15m，直径 4 ~ 6cm，节间圆柱形，鲜黄色间及绿色的纵条纹。箨片直立，卵状三角形或三角形，背面具凸起的细条纹，无毛或被极稀少的暗棕色刺毛，腹面脉上密被前向、贴生、暗棕色的短硬毛；箨耳近等大，暗棕色，边缘具细齿或条裂；叶片披针形或线状披针形，长 9 ~ 22cm，宽 1.8 ~ 3cm，顶端渐尖，基部近圆形或近截平，两面无毛，脉间具不明显的小横卧（见图 9-8）。

图 9-8　黄金间碧竹

［产地分布与习性］我国广西、海南、云南、广东和台湾等省（自治区）的南部地区庭园中有栽培。喜温暖湿润环境，耐寒性差，喜高温高湿，生长快，适应性强，喜深厚肥沃、排水良好的土壤。

［繁殖方式］分株、扦插、埋节繁殖。

［园林用途］其秆金黄色，兼以绿色条纹相间，色彩鲜明夺目，具有较高的观赏性，为著名的观秆竹种。宜于角隅、庭院、窗外、路边及石旁孤丛植配置观赏。竹秆可作灯柱、笔筒等用；嫩叶药用。

9. 粉单竹

［学名］*Lingnania chungii* McClure

［别名］单竹

［科属］禾本科、单竹属

图 9-9　粉单竹

［识别要点］丛生；常绿乔木状，高 8 ~ 18m。秆直立，分枝高，粉绿色，初时被白蜡粉，直径 5 ~ 8cm，节间长 50 ~ 100cm，壁厚 3 ~ 5mm，节上密被一环褐色刚毛，后秃净平滑无毛。箨鞘质硬，基部略被柔毛；箨叶外折，卵状披针形；箨耳狭长，边缘有睫毛。枝多条于节上簇生，大小略相等，被白粉。每小枝有叶 4 ~ 8 枚，叶片线状披针形，长达 20cm，宽约 2cm，质地较薄，背面无毛或疏生微毛。笋期 6 ~ 9 月（见图 9-9）。

［产地分布与习性］中国南方特产，分布两广、湖南、福建地区广泛栽培。其垂直分布达海拔 500m，但以 300m 以下的缓坡地、平地、山脚和河溪两岸生长为佳。性喜温暖湿润气候，适应性较强，喜光而耐半阴，略耐低温，喜疏松肥沃的砂壤土，在酸性或石灰性土上也能生长。

［繁殖方式］分株、扦插、埋鞭繁殖。

［园林用途］竹秆分枝高，节间修长，秆密被白粉兼绿，枝叶青翠，姿态优美，是岭南园林的优良乡土竹种。宜于公园或庭园孤丛植或群植，尤适于河岸、湖畔造景。竹篾供制绳、编织或造纸；叶芽药用，清肝热。

10. 阔叶箬竹

［学名］*Indocalamus latifolius*（Keng）McClure

［别名］寮竹、箬竹

［科属］禾本科、箬竹属

图 9-10　阔叶箬竹

［识别要点］秆丛生；高 1 ~ 1.5m，径 5 ~ 8mm，中部节间长 12 ~ 25cm，被微毛，尤以节下方为甚。竿环略高，箨环平；箨鞘硬纸质或纸质；叶鞘无毛，先端稀具极小微毛，质厚，坚硬，边缘无纤毛；叶舌截形；叶耳无；小枝顶端具叶 1 ~ 3 片，下表面灰白色或灰白绿色，多少生有微毛，叶片长圆状披针形先端渐尖，长 10 ~ 30（40）cm，宽 2 ~ 5（8）cm（见图 9-10）。

［产地分布与习性］原产于中国，分布于华东、华中地区及陕南汉江流域。山东南部有栽培。喜在低山谷间和河岸生长。阳性竹类，喜温暖湿润的气候，宜生长疏松、排水良好的酸性土壤，耐寒性较差。

［繁殖方式］分株、扦插繁殖。

［园林用途］植株低矮，竹叶宽大，丛状密生，翠绿雅丽，适宜种植于林缘、水滨、角隅、庭院、窗外、路缘丛植，也可点缀山石，也可作绿篱或地被。

本章小结

竹类是园林景观中不可缺少的观赏树种，尤其是观赏竹类，有特殊景观和审美价值。其竹秆修长，亭亭玉立，它可以表达四时青翠、凌霜傲雪、潇洒多姿、高风亮节、虚心自持、宁折不屈、正直挺拔及助人为乐等情节，有所谓声、影、意、形“四趣”。竹类是一类再生性很强的植物，是重要的造园材料。

竹是一个有性世代，一生只开一次花，有的几年，有的几十年甚至几百年，依不同的竹种而定。如果起源相同，可能成片同时开花。所以一般情况下主要凭借枝叶等营养器官的特征来区分不同的竹种。形态特征是竹类植物分类的主要依据，识别竹通常根据其形态特征和生长特点来鉴别，主要从繁殖类型、竹秆外形和竹箨的形状来识别。竹的地上部分有竹秆、分枝、竹叶等，竹在幼苗阶段称为竹笋，地下部分有地下茎、竹根、竹鞭及秆柄等。除竹秆、小枝与竹叶的性状是分类依据外，杆箨是分类鉴定的重要依据，包括箨鞘、箨舌、箨耳、箨叶和肩毛等。箨叶的形状有三角形、锥形、披针形、卵状披针形及带形等。箨叶在箨鞘上是直立还是反转，其本身是平直还是皱褶、颜色以及其基部宽度与箨鞘顶部宽度之比等都是可以用于分类的性状。不同竹种节间的长短差异显著，如粉单竹节间长达 1m，而大佛肚竹节间长仅数厘米。大多数竹种的节间为圆筒形，而方竹的节间为方形，大佛肚竹的节间为盘珠状。

100 多年来，经过植物分类学家的努力，在竹亚科的分类方面已取得了很大的成绩。我国观赏竹资源十分丰富，随着国民经济的迅速发展，城镇绿化建设规模、速度的加快和植物造景水平的提升，观赏竹越来越受到人们的重视并得到普遍应用，但仍有许多较高价值的野生观赏竹种尚待开发和利用。

思考与练习

1. 列举 5 种当地常用竹类，并简述其观赏特性及园林用途。
2. 当地常用的竹的种类有哪些?
3. 试述竹类的观赏价值和文化内涵。
4. 刚竹属有哪些观赏种类?
5. 如何建设竹的专类园?

附录　木本植物常用形态术语

一、叶的形态介绍

叶是植物进行光合作用，制造养料，进行气体交换和水分蒸腾的重要器官。叶主要着生于茎节处，芽或枝的外侧，其上没有芽和花（偶有，也是由于花序轴与叶片愈合形成而不是叶片本身固有的，如百部），通常含大量叶绿素，绿色片状。许多植物的叶，如番泻叶、大青叶、艾叶、桑叶、枇杷叶等都是常用的中药。叶的形态是多种多样的，其对于中草药的识别鉴定具有十分重要的意义，因此需要给予较多的注意。

（一）叶的组成

一个典型的叶主要由叶片，叶柄，托叶等三部分组成。同时具备此三个部分的叶称为完全叶，缺乏其中任意一或二个组成的则称为不完全叶。叶片通常片状，叶柄上端支持叶片，下端与茎节相连，托叶则着生于叶柄基部两侧或叶腋，在叶片幼小时，有保护叶片的作用，一般远较叶片为细小。

（二）叶的形态

1. 叶片的形状

叶片的形状即叶形，类型极多，就一个叶片而言，上端称为叶端，基部称为叶基，周边称为叶缘，贯穿于叶片内部的维管束则为叶脉，这些部分亦有很多变化（见附图 1）。

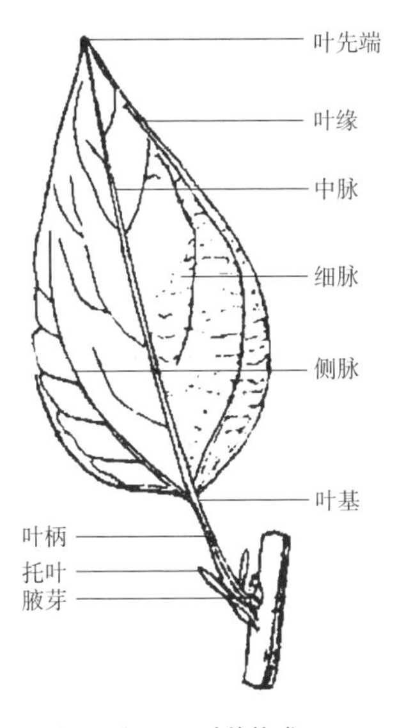

附图 1　叶片构成

（1）叶形即叶片的全形或基本轮廓，常见的包括以下几种。

1）倒宽卵形：长宽近相等，最宽处近上部的叶形（如玉兰）。

2）圆形：长宽近相等，最宽处近中部的叶形（如莲）。

3）宽卵形：长宽近相等，最宽处近下部的叶形（如马甲子）。

4）倒卵形：长约为宽的 1.5 ~ 2 倍，最宽处近上部的叶形（如栌兰）。

5）椭圆形：长约为宽的 1.5 ~ 2 倍，最宽处近中部的叶形（如大叶黄杨）。

6）微凹：上端向下微凹，但不深陷的叶端（如马蹄金）。

7）卵形：长约为宽的 1.5 ~ 2 倍，最宽处近下部的叶形（如女贞）。

8）倒披针形：长约为宽的 3 ~ 4 倍，最宽处近上部的叶形（如鼠曲草）。

9）长椭圆形：长约为宽的 3 ~ 4 倍，最宽处近中部的叶形（如金丝梅）。

10）披针形：长约为宽的 3 ~ 4 倍，最宽处近下部的叶形（如柳）。

11）线形：长约为宽的 5 倍以上，最宽处近中部的叶形（如沿阶草）。

12）剑形：长约为宽的 5 倍以上，最宽处近下部的叶形（如石菖蒲）。

至于为其他形状的，尚有三角形、戟形、箭形、心形、肾形、菱形、匙形、镰形、偏斜形等。叶的形状如附图 2 所示。

（2）叶端即叶片的上端，常见的有包括以下几种。

1）芒尖：上端两边夹角小于 30° ，先端尖细的叶端（如知母、天南星）。

2）骤尖：上端两边夹角为锐角，先端急骤趋于尖狭的叶端（如艾麻）。

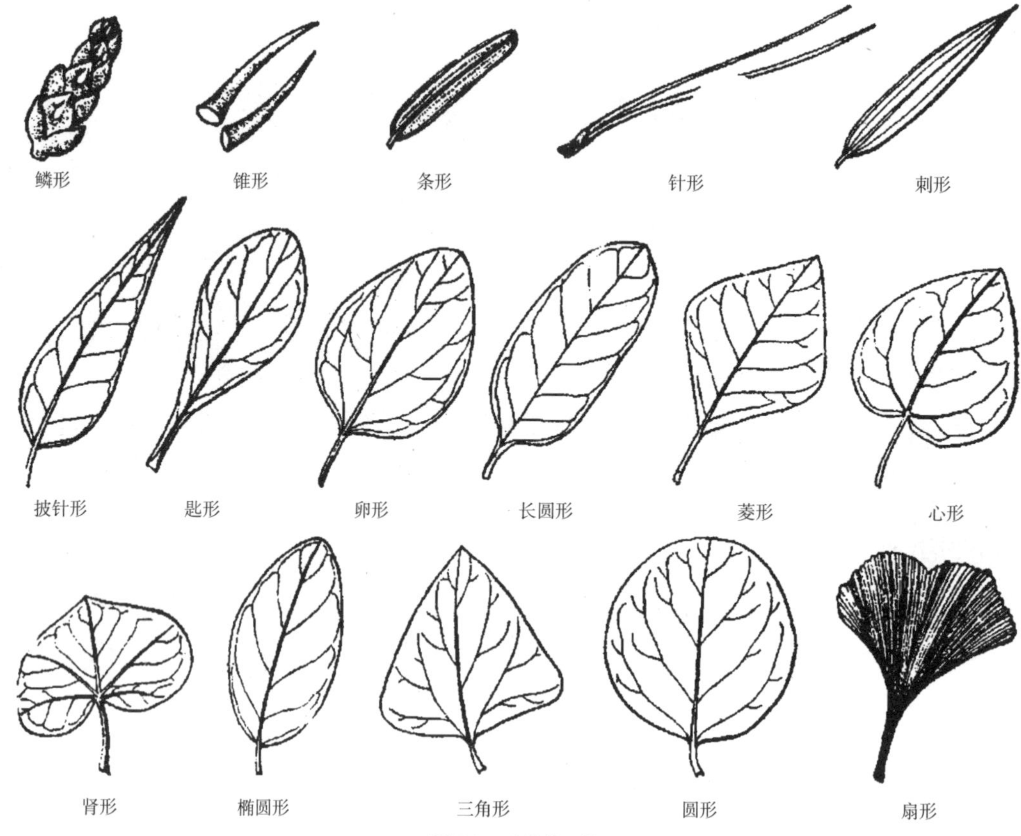

附图 2　叶片的形状

3）尾尖：上端两边夹角为锐角，先端渐趋于狭长的叶端（如东北杏）。

4）渐尖：上端两边夹角为锐角，先端渐趋于尖狭的叶端（如乌桕）。

5）锐尖：上端两边夹角为锐角，先端两边平直而趋于尖狭的叶端（如慈竹）。

6）凸尖：上端两边夹角为钝角，而先端有短尖的叶端（如石蟾蜍）。

7）钝形：上端两边夹角为钝角，先端两边较平直或呈弧线的叶端（如梅花草）。

8）截形：上端平截，即略近于平角的叶端（如火棘）。

9）倒心形：上端向下极度凹陷，而呈倒心形的叶端（如马鞋叶羊蹄甲）。

叶端形状如附图 3 所示。

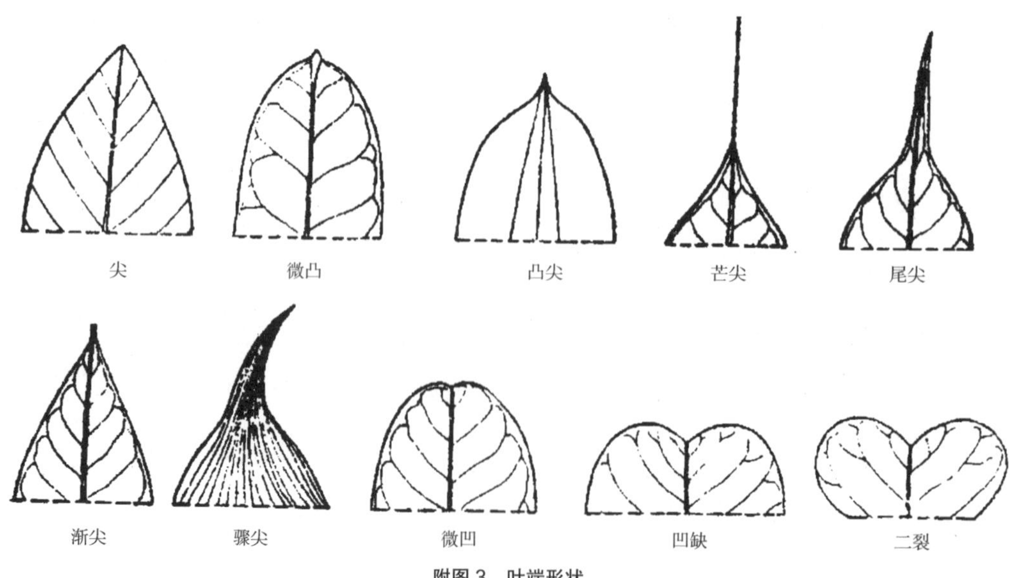

附图 3　叶端形状

（3）叶基即叶片的基部，常见的包括以下几种。

1）楔形：基部两边的夹角为锐角，两边较平直，叶片不下延至叶柄的叶基（如枇杷）。

2）渐狭：基部两边的夹角为锐角，两边弯曲，向下渐趋尖狭，但叶片不下延至叶柄的叶基（如樟树）。

3）下延：基部两边的夹角为锐角，两边平直或弯曲，向下渐趋狭窄，且叶片下延至叶柄下端的叶基（如鼠曲草）。

4）圆钝：基部两边的夹角为钝角，或下端略呈圆形的叶基（如蜡梅）。

5）截形：基部近于平截，或略近于平角的叶基（如金线吊乌龟）。

6）箭形：基部两边夹角明显大于平角，下端略呈箭形，两侧叶耳较尖细的叶基（如慈姑）。

7）耳形：基部两边夹角明显大于平角，下端略呈耳形，两侧叶耳较圆钝的叶基（如白英）。

8）戟形：基部两边的夹角明显大于平角，下端略呈戟形，两侧叶耳宽大而呈戟刃状的叶基（如打碗花）。

9）心形：基部两边的夹角明显大于平角，下端略呈心形，两侧叶耳宽大圆钝的叶基（如苘麻）。

10）偏斜形：基部两边大小形状不对称的叶基（如曼陀罗、秋海棠）。

叶茎形状如附图 4 所示。

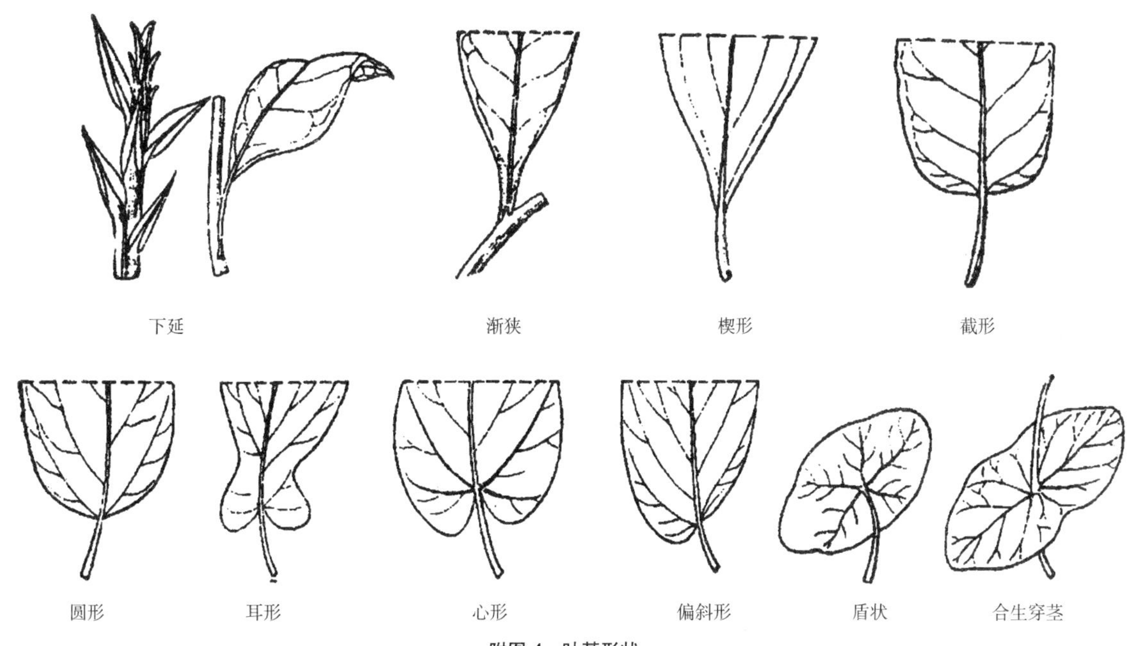

附图 4　叶基形状

（4）叶缘即叶片的周边，常见的包括以下几种。

1）全缘：周边平滑或近于平滑的叶缘（如女贞）。

2）睫状：缘周边齿状，齿尖两边相等，而极细锐的叶缘（如石竹）。

3）齿缘：周边齿状，齿尖两边相等，而较粗大的叶缘（如芋麻）。

4）细锯齿：缘周边锯齿状，齿尖两边不等，通常向一侧倾斜，齿尖细锐的叶缘（如茜草）。

5）锯齿：缘周边锯齿状，齿尖两边不等，通常向一侧倾斜，齿尖粗锐的叶缘（如茶）。

6）钝锯齿：缘周边锯齿状，齿尖两边不等，通常向一侧倾斜，齿尖较圆钝的叶缘（如地黄叶）。

7）重锯齿：缘周边锯齿状，齿尖两边不等，通常向一侧倾斜，齿尖两边亦呈锯齿状的叶缘（如刺儿菜）。

8）曲波：缘周边曲波状，波缘为凹凸波交互组成的叶缘（如茄）。

9）凸波：缘周边凸波状，波缘全为凸波组成（如连钱草）。

10）凹波：缘周边凹波状，波缘全为凹波组成（如曼陀罗）。

叶缘形状如附图 5 所示。

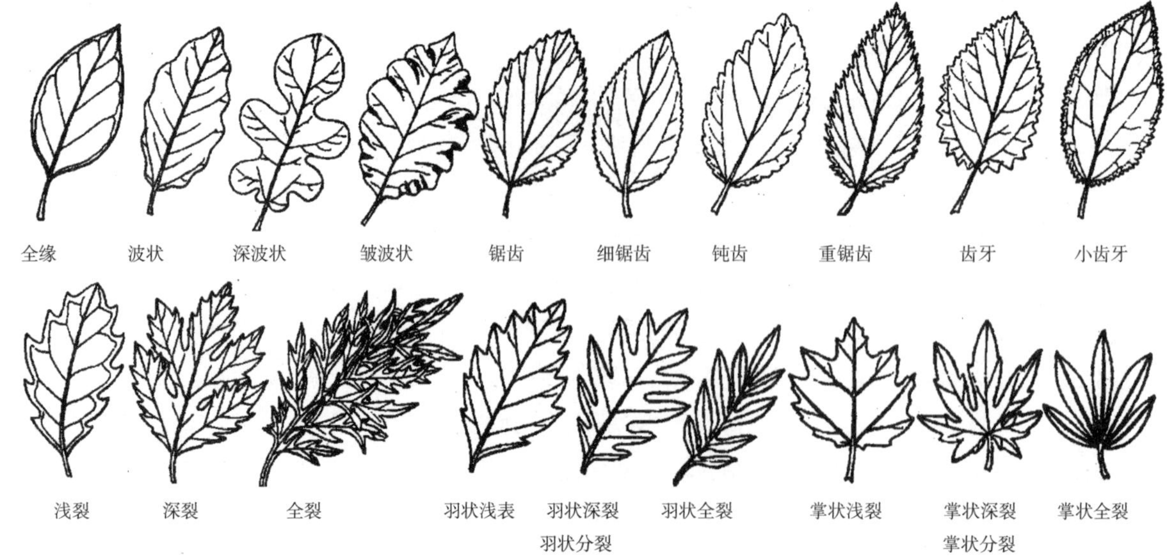

附图5　叶缘形状

（5）叶脉即叶片维管束所在处的脉纹，常见的包括以下几种。

1）二歧分枝脉：叶脉作二歧分枝，不呈网状亦不平行，通常自叶柄着生处发出（如银杏）。

2）掌状网状脉：叶脉交织呈网状，主脉数条，通常自近叶柄着生处发出（如八角莲）。

3）羽状网状脉：叶脉交织呈网状，主脉一条，纵长明显，侧脉自主脉两侧分出，并略呈羽状（如马兰）。

4）辐射平行脉：叶脉不交织成网状，主侧脉皆自叶柄着生处分出，而呈辐射走向（如棕榈）。

5）羽状平行脉：叶脉不交织成网状，主脉一条，纵长明显，侧脉自主脉两侧分出，而彼此平行，并略呈羽状（如姜黄）。

6）弧状平行脉：叶脉不交织成网状，主脉一条，纵长明显，侧脉自叶片下部分出，并略呈弧状平行而直达先端{如宝铎草）。

7）直走平行脉：叶脉不交织成网状，主脉一条，纵长明显，侧脉自叶片下部分出，并彼此近于平行，而纵直延伸至先端（如慈竹）。

叶脉形状如附图6所示。

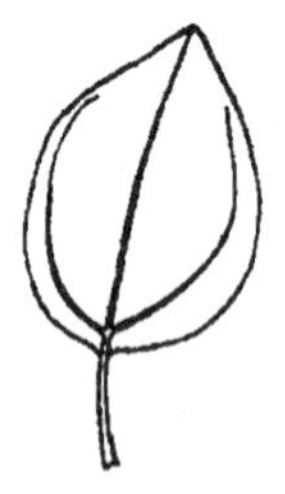

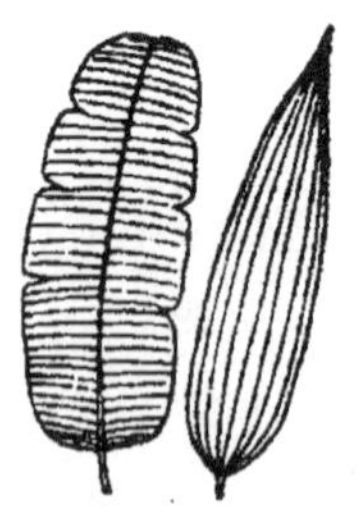

附图6　叶脉形状

2. 叶柄

叶柄为着生于茎上，以支持叶片的柄状物。

叶柄除有长、短、有、无的不同外，主要有两种。

（1）基着：叶柄上端着生于叶片基部边缘（如马兰）。

（2）盾着：叶柄上端着生于叶片中央或略偏下方（如莲）。

3. 托叶

托叶为叶柄基部或叶柄两侧或腋部所着生的细小绿色或膜质片状物。托叶通常先于叶片长出，并于早期起着保护幼叶和芽的作用。托叶的有无，托叶的位置与形状，常随植物种属而有不同，因此亦为中草药鉴定时需要给予适当注意的形态特征之一。常见的托叶包括以下几种。

（1）侧生托叶为着生于叶柄基部两侧，不与叶柄愈合成鞘状的托叶（如补骨脂）。

（2）侧生鞘状托叶为着生于叶柄基部两侧，并与叶柄愈合形成叶鞘及叶舌等的托叶（如慈竹）。

（3）腋生托叶为着生于叶柄基部的叶腋处，但不与叶柄愈合的托叶（如辛夷）。

（4）腋生鞘状托叶为着生于叶柄基部的叶腋处，而托叶彼此愈合成鞘状并包茎的托叶（如何首乌）。

（三）叶的缺裂

叶的叶片在演化过程中，有发生凹缺的现象，这种凹缺，称为缺裂。缺裂通常是对称的。常见的缺裂包括以下几种。

（1）掌状浅裂为叶片具掌状叶脉，并于侧脉间发生缺裂，但缺裂未及叶片半径 1/2 的（如瓜木）。

（2）掌状深裂为叶片具掌状叶脉，并于侧脉间发生缺裂，但缺裂已过叶片半径 1/2 的（如黄蜀葵）。

（3）掌状全裂为叶片具掌状叶脉，并于侧脉间发生缺裂，且缺裂已深达叶柄着生处的（如大麻）。

（4）羽状浅裂为叶片具羽状叶脉，并于侧脉间发生缺裂，但缺裂未及主脉至叶缘间距离 1/2 的（如苣荬菜）。

（5）羽状深裂为叶片具羽状叶脉，并于侧脉间发生缺裂，但缺裂已过主脉至叶缘间距离 1/2 的（如荠菜）。

（6）羽状全裂为叶片具羽状叶脉，并于侧脉间发生缺裂，但缺裂已深达主脉处的（如水田碎米荠）。

此外，在羽状缺裂中，如缺裂后的裂片大小不一，呈间断交互排列的，则为间断羽状抉裂，如缺裂后的裂片向下方倾斜，并呈倒向排列的，则为倒向羽状缺裂，如缺裂后的裂片，又再发生第二次或第三次缺裂的，则为二回或三回羽状缺裂。

（四）单叶与复叶

叶柄上只着生一个叶片的称为单叶，叶柄上着生多个叶片的称为复叶。复叶上的各个叶片，称为小叶，小叶以明显的小叶柄着生于主叶柄上，并呈平面排列，小叶柄腋部无芽，有时小叶柄一侧尚有小托叶。

复叶是由单叶经过不同程度的缺裂演化而来的（如无患子初生叶为全缘单叶，稍后为羽状缺裂单叶，最后则完全成为羽状复叶）。已发生缺裂的各个叶片部分称为裂片，此时各个裂片下尚无小叶柄的形成，所以这种尚无小叶柄的各种不同程度的缺裂叶仍是单叶而不是复叶。

复叶具有多个小叶，但在一些种类（如宜昌橙）其小叶有简化成一枚的趋向，这种只有一枚小叶的简化复叶，称为单身复叶。单身复叶是柑橘属植物的特征。

复叶的种类很多，常见的包括以下几种。

（1）三出掌状复叶系由具掌状叶脉的单叶演化而来，有小叶 3 片（如酢浆草）。

（2）五出掌状复叶亦由具掌状叶脉的单叶演化而来，有小叶 5 片（如牡荆）。

（3）七出掌状复叶亦由具掌状叶脉的单叶演化而来，有小叶 7 片（如天师栗）。

（4）一回羽状复叶系由羽状叶脉的单叶演化而来，即通过普遍缺裂一次形成，依小叶的奇数或偶数，以及小叶的数目又有：

1）一回偶数羽状复叶即一回羽状复叶的小叶片为偶数，也就是顶端小叶为 2 枚的一回羽状复叶（如决明）。

2）一回奇数羽状复叶即一回羽状复叶的小叶片为奇数，也就是顶端小叶为 1 枚的一回羽状复叶（如月季）。

3）一回三出羽状复叶即一回羽状复叶的小叶片只有 3 枚的一回羽状复叶（如截叶铁扫帚）。

（5）二回羽状复叶亦由具羽状叶脉的单叶演化而来，即通过普遍缺裂二次形成，亦有偶奇之分。

1）二回偶数羽状复叶即小叶片为偶数，也就是顶端小叶为 2 枚的二回羽状复叶（如山合欢）。

2）二回奇数羽状复叶即小叶片为奇数，也就是顶端小叶为 1 枚的二回羽状复叶（如丹参）。

（6）三回羽状复叶亦由具羽状复叶的单叶演化而来，即通过普遍缺裂三次形成（如唐松草）。

复叶的种类如附图7所示。

附图7　复叶的种类

（五）叶的质地

叶的质地常见的有以下类型。

（1）革质即叶片的质地坚韧而较厚（如构骨）。

（2）纸质即叶片的质地柔韧而较薄（如毛蒟）。

（3）肉质即叶片的质地柔软而较厚（如马齿苋）。

（4）草质即叶片的质地柔软而较薄（如薄荷）。

（5）膜质即叶片的质地柔软而极薄（如麻黄）。

（六）叶的变态

植物的叶因种类不同与受外界环境的影响，常产生很多变态，常见的变态类型包括以下几种。

（1）叶柄叶即叶片完全退化，叶柄扩大呈绿色叶片状的叶，此种变态叶，其叶脉与其同科植物的叶柄及叶鞘相似，而与其相应的叶片部分完全不同（如阿魏、柴胡）。

（2）捕虫叶即叶片形成掌状或瓶状等捕虫结构，有感应性，遇昆虫触动，能自动闭合，表面有大量能分泌消化液的腺毛或腺体（如茅膏菜）。

（3）革质鳞叶即叶的托叶，叶柄完全不发育，叶片革质而呈鳞片状的叶，通常被覆于芽的外侧，所以又称为芽鳞（如玉兰）。

（4）肉质鳞叶即叶的托叶、叶柄完全不发育，叶片肉质而呈鳞片状的叶（如贝母）。

（5）膜质鳞叶即叶的托叶，叶柄完全不发育，叶片膜质而呈鳞片状的叶（如大蒜）。

（6）刺状叶即整个叶片变态为棘刺状的叶（如壕猪刺）。

（7）刺状托叶即叶的托叶变态为棘刺状，而叶片部分仍基本保持正常的叶（如马甲子）。

（8）苞叶即叶仅有叶片，而着生于花轴、花柄、或花托下部的叶。通常着生于花序轴上的苞叶称为总苞叶，着生于花柄或花托下部的苞叶称为小苞叶或苞片（如柴胡）。

（9）卷须叶即叶片先端或部分小叶变成卷须状的叶（如野豌豆）。

（10）卷须托叶即叶的托叶变态为卷须的叶（如菝葜）。

（七）叶序

即叶在茎或枝上着生排列方式及规律。常见的包括以下几种。

（1）互生即叶着生的茎或枝的节间部分较长而明显，各茎节上只有叶 1 片着生的（如乌头）。

（2）对生即叶着生的茎或枝的节间部分较长而明显，各茎节上有叶 2 片相对着生的（如薄荷）。

（3）轮生即叶着生的茎或枝的节间部分较长而明显，各茎节上有叶 3 片以上轮状着生的（如夹竹桃）。

（4）簇生即叶着生的茎或枝的节间部分较短而不显，各茎节上着生叶片为一或数枚的（如蟓猪刺）。

（5）从生即叶着生的茎或枝的节间部分较短而不显，叶片 2 或数枚自茎节上一点发出的（如马尾松）。

叶序形状如附图 8 所示。

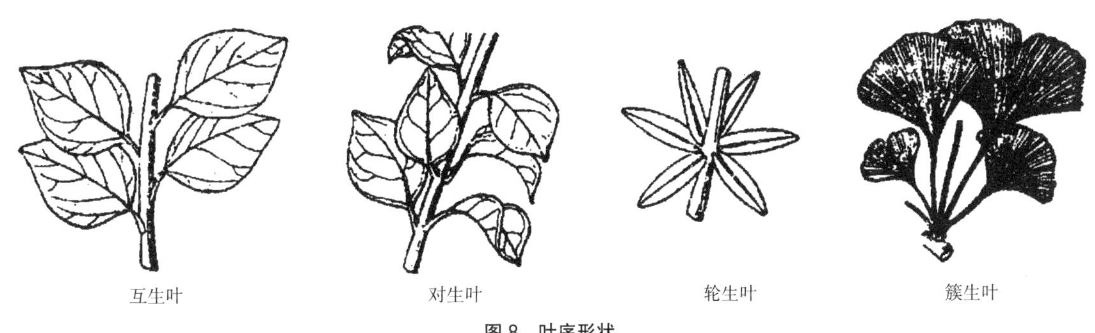

图 8　叶序形状

二、花的形态及其术语介绍

花是种子植物进行有性繁殖的主要器官，是种子植物固有特征之一。从演化的观点来看，花是由枝变态而来的，花亦有花茎与花叶之分。在被子植物的花，花的花梗、花托相当于花茎，花的花被（包括花萼，花冠）、雄蕊、雌蕊相当于花叶。花的各部常随植物种属的不同而有极大的差异，其与根、茎，叶等营养器官比较，这些差异又具有相对的稳定性，故花的特征是植物分类鉴定的主要根据。

（一）花的组成

花一般由花梗、花托、花被（包括花萼、花冠）、雄蕊群、雌蕊群几个部分组成（见附图 9）。

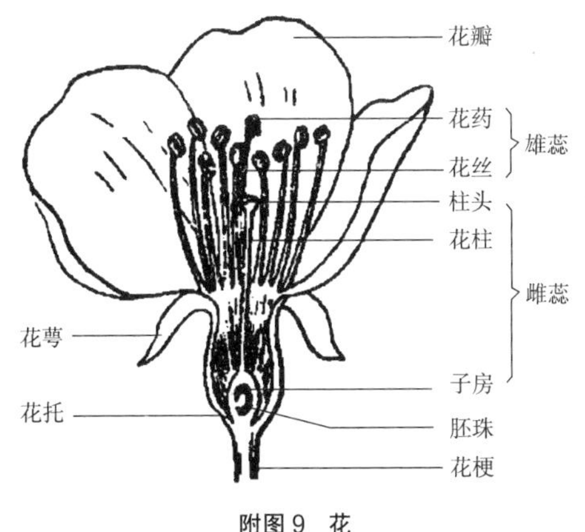

附图 9　花

1. 花梗

花梗又称为花柄，为花的支持部分，自茎或花轴长出，上端与花托相连。其上着生的叶片，称为苞叶、小苞叶或小苞片。

2. 花托

为花梗上端着生花萼、花冠、雄蕊、雌蕊的膨大部分。其下面着生的叶片称为副萼。花托常有凸起、扁平、凹陷等形状。

3. 花被

包括花萼与花冠

（1）花萼：为花朵最外层着生的片状物，通常绿色，每个片状物称为萼片，分离或联合。

（2）花冠：为紧靠花萼内侧着生的片状物，每个片状物称为花瓣。花冠有离瓣花冠与合瓣花冠之分（见附图 10）。

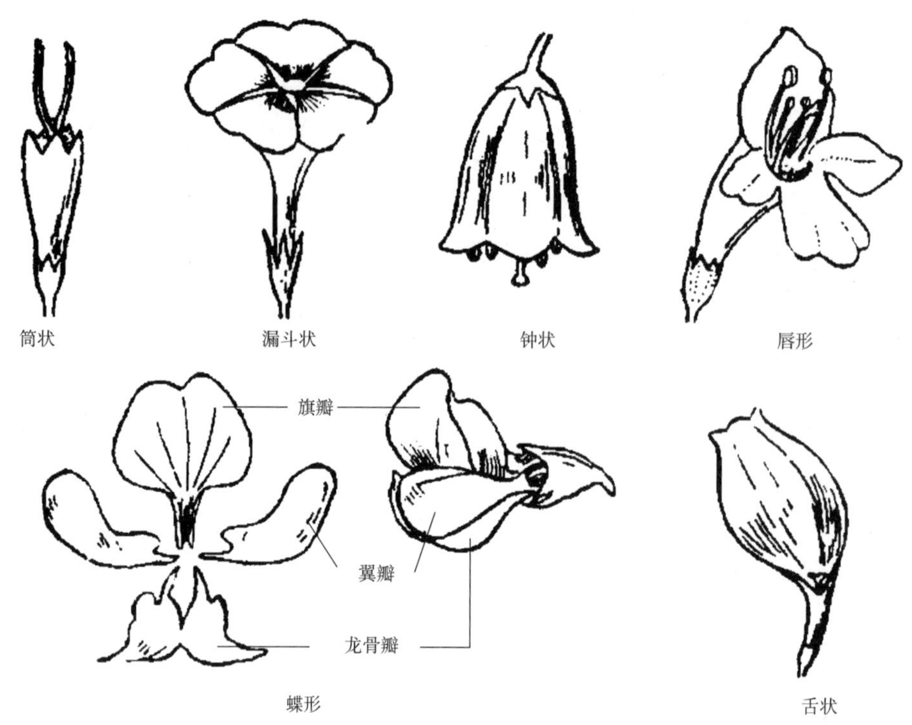

附图 10　花冠的形状

离瓣花冠：即花瓣彼此分离的花冠。花瓣上部宽阔部分，称为瓣片，下面狭窄部分，称为瓣爪。属于此种类型的花冠，从基数性划分有：三数性的花冠（如葱）、四数性的花冠（如菘兰）及五数性的花冠（如梅）。从形状上划分有：蝶形花冠（如槐）、矩形花冠（如延胡索）及兰形花冠（如白及）。

合瓣花冠：即花瓣彼此联合的花冠。花瓣联合的下方狭窄部分称为花冠管部，上方宽阔部分称为花冠舷部，花冠管部与花冠舷部交会处称为花冠喉部，而花冠舷部外侧未联合部分则称为花冠裂片。属于此种类型的花冠，除亦可从基数性进行划分外，主要是从外形上进行划分，这些花冠是：钟状花冠（如党参）、壶状或坛状花冠（如滇白珠树）、漏斗状花冠（如裂叶牵牛）、高脚碟状（如迎春花）、轮状或辐状花冠（如枸杞）、钉状花冠（如密蒙花）、管状花冠（如红花）、唇形花冠（如丹参）、有距唇形或假面状花冠（如金鱼草）、及舌形花冠（如蒲公英）。

此外，既有花萼又有花冠的花称为重被花（如月季），仅有花萼或花冠的花称为单被花（如，芫花），既无花萼又无花冠的则称为无被花（如杜仲）。

（3）花被的排列分为镊合状、包旋状和覆瓦状。

1）镊合状排列：即花被片彼此互不覆盖，状如镊合的（如桔梗）。

2）包旋状排列：即花被片彼此依次覆盖，状如包旋的（如木槿）。

3）覆瓦状排列：即花被片中的一片或一片以上覆盖其邻近两侧被片，状如覆瓦的（如夏枯草）。基本属于此种排列方式，但较特殊的，尚有如下两种排列。真蝶形排列：即花瓣 5 片，上方 l 片宽大如旗的称为旗瓣，两侧 2 片稍小，附贴如翼的称为翼瓣，下方两片最小，相对着生如船龙骨状的称为龙骨瓣，具有此种形状的花冠，且旗瓣覆盖着翼瓣，翼瓣覆盖着龙骨瓣的，为真蝶形花冠（如葛）。假蝶形排列：即花瓣 5 片，亦有旗瓣，翼瓣、龙骨瓣之分，但其覆盖情况则是翼瓣覆盖着旗瓣，同时亦覆盖着龙骨瓣的，为假蝶形花冠（如云实）。

4. 雄蕊群

由一定数目的雄蕊组成，雄蕊为紧靠花冠内部所着生的丝状物，其下部称为花丝，花丝上部两侧有花药，花药中有花粉囊，花粉囊中贮有花粉粒，而两侧花药间的药丝延伸部分则称为药隔。

（1）雄蕊的类型（见附图 11）。

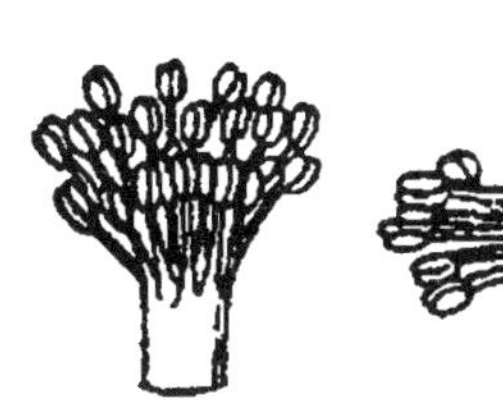

单体雄蕊

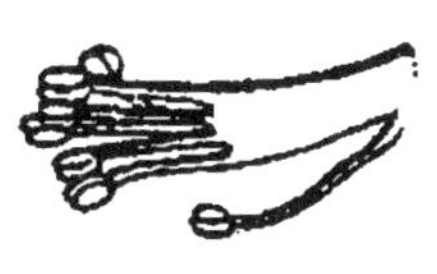

两体雄蕊

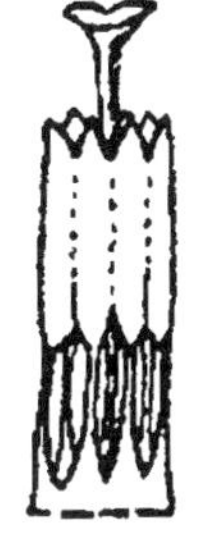

聚药雄蕊

二强雄蕊

冠生雄蕊

附图 11　雄蕊的类型

1）分生雄蕊：即雄蕊多数，彼此分离，长短相近（如桃）。

2）四强雄蕊：即雄蕊 6 枚，彼此分离，4 枚较长，2 枚较短（如油菜）。

3）二强雄蕊：即雄蕊 4 枚，彼此分离，2 枚较长，2 枚较短（如芝麻）。

4）多体雄蕊：即雄蕊多数，于花丝下部彼此联合成多束（如金丝梅）。

5）二体雄蕊：即雄蕊 10 枚，于花丝下部 9 枚彼此联合，另 1 枚单独存在，形成 2 束（如槐树）。

6）单体雄蕊：即雄蕊多数，于花丝下部彼此联合成管状（如黄蜀葵）。

7）聚药雄蕊：即雄蕊 5 枚，于花药，甚至上部花丝彼此联合成管状（如半边莲、旋覆花）。

（2）花丝的着生雄蕊花丝在药隔上的着生方式与位置有。

1）底着：即花丝着生在药隔基部（如莲）。

2）背着：即花丝着生在药隔近基部（如白花曼陀罗）。

3）丁着：即花丝着生在药隔中部（如石蒜）。

4）个着：即花丝着生在药隔顶部，花药叉开形如个字（如地黄）。

（3）花药的开裂。雄蕊花药开裂的方式有。

1）孔裂：即花药顶部孔状开裂（如龙葵）。

2）瓣裂：即花药中部瓣状开裂，并能自动开启如盖（如蠔猪刺）。

3）纵裂：即花药由上至下纵向开裂（如蒲草）。

（4）雄蕊的花粉粒。花粉粒在显微镜下，具有多种不同的形态特征，并对植物种属的分类和鉴定具有一定的意义。

1）花粉粒的组成：常见的有单粒（如一般被子植物），四分体（如石南科植物），花粉块（如部分兰科植物）。

2）花粉粒的形状：常见的有圆形（如月季），椭圆形（如蜡梅），三角形（如丁香），五边形（如三色堇）。

3）花粉粒的表面：常见的有光滑的（如银杏）。

具槽的：包括单槽的（如黄精），三槽的（如蛇莓），多槽的（如薄荷）。

具萌发孔的：包括单萌发孔的（如扁豆），三萌发孔的（如丁香），多萌发孔的（如瞿麦）。

具突起的：包括细小突起的（如细辛），刺状突起的（如旋覆花）。

具网纹的：包括细网纹的（如水蓼），粗网纹的（如蒲公英）。

具气囊的（如马尾松）。

5. 雌蕊群

雌蕊群由一定数目的雌蕊所组成，雌蕊为花最中心部分的瓶状物，相当于瓶体的下部为子房，瓶颈部为花柱，瓶口部为柱头，而组成雌蕊的爿片则称为心皮。若将子房切开，则所见空间称为子房室，室的外侧为子房壁，室与室间为子房隔膜，子房壁或子房隔膜上着生的小珠或小囊状物为胚珠，胚珠着生的位置为胎座，胎座的上下延伸线是为腹缝线，而腹缝线的对侧则是背缝线。

雌蕊的类型很多，依心皮的联合状况划分有以下几种（见附图 12）。

（1）离生心皮。雌蕊即心皮 2 个以上，各自于边缘愈合成分离的雌蕊，所成子房为单子房（如乌头）。

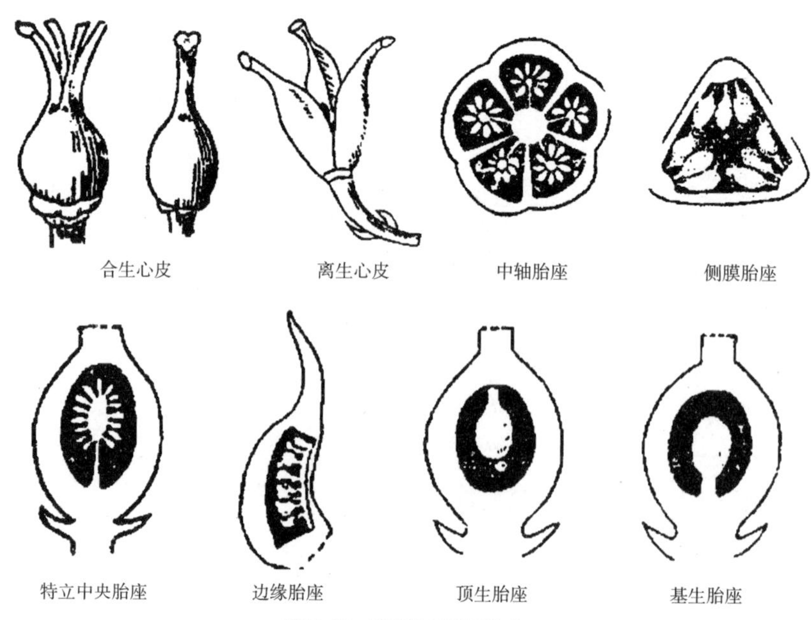

附图 12 雌蕊的类型及胎座

（2）合生心皮。雌蕊即心皮 2 个以上，彼此愈合成 1 个合生的雌蕊，所成子房为复子房（如藜芦、黄精、葱）。

依子房位置划分有以下几种（见附图 13）。

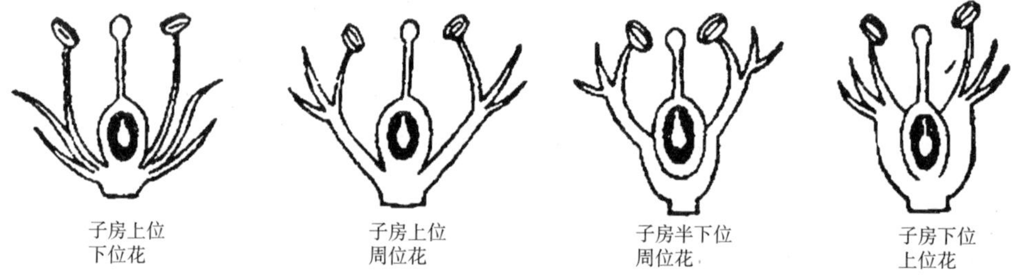

附图 13 子房着生在花托上的位置

（1）子房上位。即雌蕊子房着生于凸出或平坦的花托上，而侧壁不与花托愈合。由于花的其他部分的基部位于子房下面，所以又称为花下位（如白花曼陀罗）。

（2）子房周（中）位。即雌蕊子房着生于凹陷的花托上，而侧壁不与花托愈合。由于花的其他部分的基部位于子房四周，所以又称为花周位（如桃）。

（3）子房下位。即雌蕊子房着生于凹陷的花托上，而侧壁与花托愈合。由于花的其他部分的基部位于子房上面，所以又称为花上位（如丁香）。

依胎座的类型划分包括以下几种。

（1）边缘胎座。即心皮 1 枚，自行于边缘愈合成单室子房，胚珠着生于子房内侧壁的腹缝线上（如扁豆）。

（2）侧膜胎座。即心皮数枚，彼此于边缘愈合成单室子房，胚珠着生于子房内侧壁的腹缝线上（如龙胆）。

（3）中轴胎座。即心皮数枚，彼此愈合成多室子房，胚珠着生于子房的中轴上（如白花曼陀罗）。

（4）中央胎座。即心皮数枚，彼此愈合成单室子房，胚珠着生于子房的中央。包括：① 特立中央胎座为胚珠多枚着生于子房中柱上的中央胎座（如过路黄）；② 顶生胎座为胚珠 1 枚着生于子房室顶上的中央胎座（如芫花）；③ 基生胎座为胚珠 1 枚着生于子房基部的中央胎座（如红花）。

（二）花的类型

1. 从组成划分

从组成划分包括以下 2 种。

（1）完全花。即各部组成齐全的花（如月季花）。

（2）不完全花。即缺乏其中某一或数个组成的花（如杜仲花）。

2. 从性别划分

从性别划分包括以下 3 种。

（1）两性花。即同时具雌蕊与雄蕊的花（如旋覆花的管状花）。

（2）单性花。即只具雌或雄蕊的花（如旋覆花的舌状花）。其中又有下列三种情况：① 雌雄同株即雌花与雄花同时着生在一株植物上（如蒲草）；② 雌雄异株即雌花与雄花分别着生于不同株的植物上（如大麻）；③ 杂性同株即雌花、雄花、两性花同时着生在一株植物上（如番木瓜）。

（3）无性花。即不具雌蕊及雄蕊的花（如矢车菊的漏斗状花）。

3. 从对称性划分

从对称划分包括以下 3 种。

（1）辐射对称花：即具有两个以上对称面的花（如芫花）。

（2）两侧对称花：即只具有 1 个对称面的花（如忍冬）。

（3）不对称花：即没有对称面的花（如马先蒿）。

（三）花序

花在花枝（花轴）上排列的方式称为花序。花轴有主轴与侧轴之分，一般由顶芽萌发出的为主轴，由腋芽萌发出或自主轴分枝出的为侧轴。花轴又有长短之分，花轴的节间长的为花轴长，花轴的节间短的为花轴短。

花序的类型很多，主要根据主轴顶端是否能无限生长（或花开放的顺序）、主侧轴的长短，分枝状况及质地等来划分。通常分为无限花序、有限花序及混合花序三大类（见附图 14）。

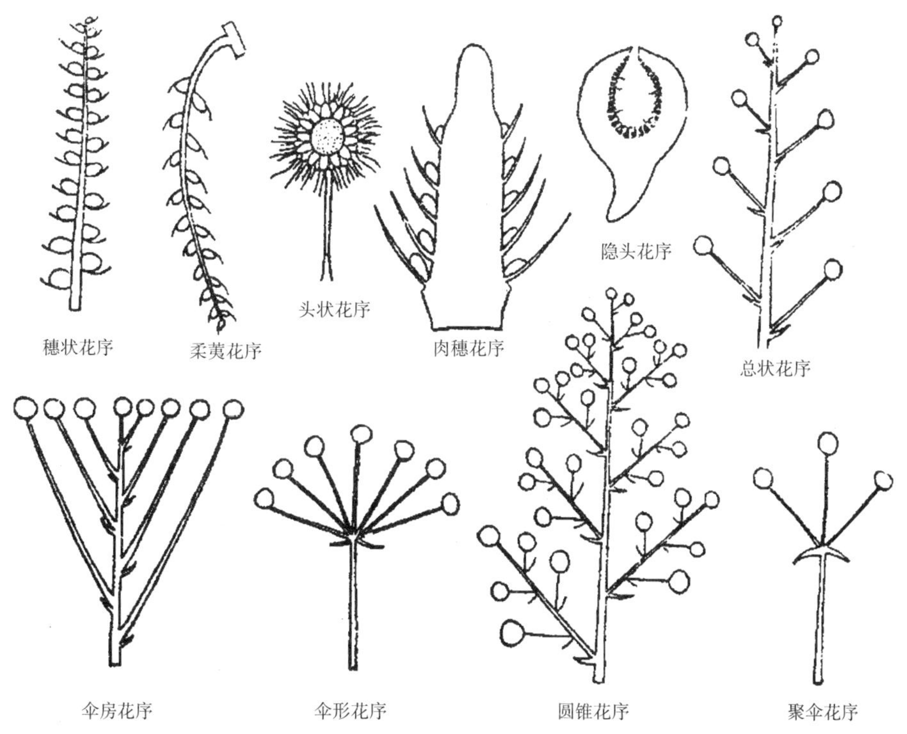

图 14　常见的花序

1. 无限花序

无限花序为花序主轴顶端能不断生长，花开放的顺序，是由下向上或由周围向中央，最先开放的花是在花序的下方或边缘。这类花序包括：

（1）总状花序。为主轴、侧轴皆较长，侧轴不再分枝，且长短大小相近的花序（如荠菜）。

（2）伞房花序。为主轴、侧轴皆较长，侧轴虽不再分枝，但下方侧轴远较上方侧轴为长，至顶面略近于齐平的花序（如麻叶绣球）。

（3）复总状花序。为主轴、侧轴皆较长，侧轴又再作总状分枝的花序。此种花序因形状略似一圆锥，所以又称为圆锥花序（如南天竹）。

（4）穗状花序。为主轴长，侧轴短，侧轴不再分枝，而主轴较硬，直立，粗细较正常的花序（如车前草）。

（5）葇荑花序。为主轴长，侧轴短，侧轴不分枝或微分枝，但主轴较细软，通常弯曲下垂的花序。其上着生的花常为单性花（如杨树）。

（6）肉穗花序。为主轴长，侧轴短，侧轴不分枝或微分枝，但主轴较肥大的花序。由于其外常有一极长大状如烛焰的总苞，所以又称为佛焰花序（如马蹄莲）。

（7）复穗状花序。为主轴长，侧轴短，而侧轴再作穗状分枝的花序（如小麦）。

（8）伞形花序。为主轴短，侧轴长，侧轴不再呈伞状分枝的花序（如五加）。

（9）复伞形花序。为主轴短，侧轴长，而侧轴上端又再呈伞状分枝的花序（如柴胡）。

（10）球穗花序。为主轴短，侧轴亦短，且主轴顶端较肥大凸出，而略近于球形的花序（如悬铃木）。

（11）头状花序。为主轴短，侧轴亦短，主轴顶端虽亦肥大，但较平坦或微凹的花序。由于其外形略似花篮，所以又称为篮状花序（如向日葵）。

（12）隐头状花序。为主轴短，侧轴亦短，但主轴顶端极度肥大，并明显凹陷呈坛状，花陷藏着生于坛状花轴内的花序（如无花果）。

2. 有限花序

有限花序为花序主轴顶端先开一花，因此主轴的生长受到限制，而由侧轴继续生长，但侧轴上也是顶花先开放，故其开花的顺序为由上而下或由内向外。这类花序包括：

（1）镰状聚伞花序。为主轴上端节上仅具一侧轴，分出侧轴又继续向同侧分出一侧轴，整体形状略似一镰刀的花序。因其常呈螺状卷曲，所以又称为螺状聚伞花序（如附地菜）。

（2）蝎尾状聚伞花序。为主轴上端节上仅具一侧轴，所分出的侧轴又继续向两侧交互分出一侧轴，整体形状略似一蝎尾的花序（如香雪兰）。

（3）二歧聚伞花序。主轴上端节上具二侧轴，所分出侧轴又继续同时向两侧分出二侧轴的花序（如繁缕）。

（4）多歧聚伞花序。主轴上端节上具三个以上侧轴，分出侧轴又作聚伞状分枝（如泽膝）。

此外，尚有一种特殊的有限花序称为轮伞花序，此种花序的排列与结构为：在植物茎上端具对生叶片的各个叶腋处，分别着生有两个细小的聚伞花序，故各茎节处有四个小花序着生呈轮状，如此各节层层向上排列，即构成了此种轮伞花序。轮伞花序严格说来，不是一种独立的花序类型，而只是聚伞花序的一种特殊排列着生形式（如筋骨草）。

3. 混合花序

混合花序为具有两种以上类型特征混合组成的花序。此种花序往往没有单独固定的名称，而更多的情况则是以某种类型花序呈某种方式排列来进行说明，例如滇紫草的花序，即描述为镰状聚伞花序排列呈复总状或圆锥状。

三、果实的形态及其术语

（一）果实的组成

果实主要由受精后的子房发育而成；子房壁发育而成果皮，胚珠发育而成种子。这种纯由子房发育而成的果实称为真果。但有时也有花的其他部分参加，如苹果、梨等的肉质部分主要是由花托发育而成的，无花果的肉质部分是由花轴发育而成的，荔枝的肉质部分是由胎座发育而成的等。这种由子房和花的其他部分共同发育而成的果实称为假果。因此，果实外为果皮，内有种子（见附图 15）。果皮通常有外果皮、中果皮、内果皮的分化。

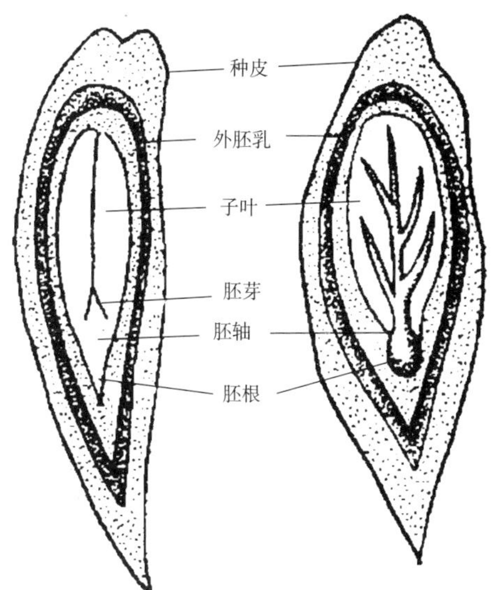

附图 15　种子

（二）果实的类型

果实的形成是对于保证种子传播及保护上适应及在形态上所形成的一种变异，此种变异也就是果实的不同类型，常随植物的种属及其对于动物，风、水等不同传播媒介的适应而有所不同。

其具体划分有如下述。

1. 聚花果（复合果、复果）

聚花果即由花序受精形成的果实（如桑）。

2. 聚合果（聚心皮果）

聚合果即由子房上位，具多个离生雌蕊的单花受精形成的果实（如八角茴香）。

3. 蔷薇果

蔷薇果即由子房周位、具多个离生雌蕊的单花，于子房受精后连同花托所形成的果实（如金樱子）。

4. 单果

单果即由具一个雌蕊的单花受精后所形成的果实，其下又分果皮肉质多浆的肉果（液果）与果皮干燥的干果，干果中又有成熟后开裂的裂果与成熟后不开裂的闭果。常见的肉果有浆果、瓠果、梨果、核果，柑果等，常见的裂果有蒴果、角果、荚果、蓇荚果等，常见的闭果有坚果、瘦果、菊果、翅果、悬果、颖果等。

（1）浆果是果皮肉质多浆，外果皮易于分离，内、中果皮肉质化（如枸杞）。

（2）瓠果是果皮肉质多浆，外果皮不易分离，内，中果皮肉质化，为下位子房并有花托参加形成的一种假果（如括楼）。

（3）梨果是部分果皮肉质多浆，外果皮不易分离，中果皮肥厚，内果皮木化，中、内果皮难于分离，亦为由下位子房形成的假果（如木瓜）。

（4）核果是部分果皮肉质多浆，外果皮不易或微可分离，中果皮肥厚，内果皮木化坚硬，但与中果皮极易分离的果实（如杏）。

（5）柑果是果皮亦有肉质多浆部分，外果皮不易分离，中果皮肥厚松软，内果皮革质化，内有多数肉质多浆毛囊（即通常可食部分），内果皮可与中果皮分离的果实（如橘）。

（6）蒴果是果皮干燥革质，成熟后开裂，心皮数枚形成复子房的果实（如马兜铃、曼陀罗）。

（7）角果是果皮干燥革质，成熟后开裂，心皮 2 枚形成复子房，子房内由假隔膜分为 2 室的果实。果实长而狭的称为长角果（如油菜），短而宽的称为短角果（如荠菜）。

所谓假隔膜，即不是真正由子房壁而是由胎座组织突起延伸所形成的隔膜，此处的假隔膜通常是以其上无种子着生为其主要识别特征。

（8）荚果是果皮干燥革质，成熟后开裂，心皮 1 枚形成单子房，其开裂方式为自背、腹缝线同时开裂的果实（如豌豆）。

（9）蓇葖果是果皮干燥革质（或木质），成熟后开裂，心皮 1 枚形成单子房，其开裂方式为仅自腹缝或背缝一线开裂的果实（如长果升麻）。

（10）坚果是果皮干燥坚硬，通常木质或硬革质，成熟后不开裂的果实（如板栗）。

（11）瘦果是果皮干燥革质，成熟后不开裂的果实（如天名精）。在瘦果上端延伸成喙，喙上着生有冠毛的为菊果（如蒲公英）。

（12）翅果是果皮干燥革质，成熟后不裂，其表面常有翅翼状附属物的果实（如榆）。

（13）悬果是果皮干燥革质，成熟后分为2个分果，但各个分果不再开裂露出种子，每个分果称为果爿，各果爿分别以其上端悬挂于一由果柄发出，并作二歧分枝的担柱上的果实（如茴香）。

（14）颖果是果皮干燥膜质、菲薄，与种皮愈合而无从区分，其外常有颖片等附属物的果实（如大麦）。

果实的类型如附图16所示。

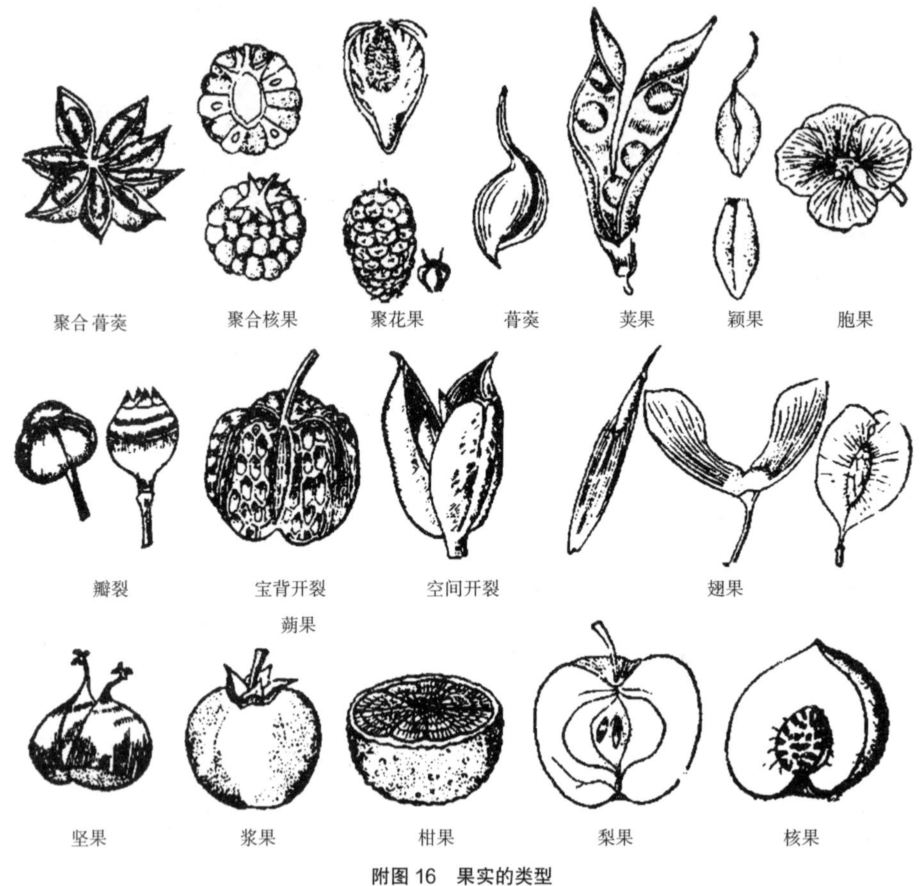

附图16　果实的类型

四、茎的形态及常见术语介绍

茎为植物的主干，一般生于地上或部分生于地下，有节与节间；生叶、芽和花。茎的主要功能是输导售支持，亦有储藏等功能。

（一）茎的外部形态

一般正常的茎主要有下列各部分（见附图17）。

1. 芽

芽是未萌发的茎、枝或花。位于茎顶端的为顶芽，位于旁侧叶腋的为侧芽或腋芽。此外尚有一种不定芽，这种不定芽不是茎枝固有的，而是以后自节间等处发出的，它既可以于根上产生（如甘薯），也可以从叶上产生（如落地生根），所以不定芽不能作为辨别茎枝的形态特征。顶芽萌发成为植物的主干或顶枝，侧芽萌发成为植物的枝干或侧枝，但亦有长期不萌发的休眠芽与位于主芽侧的副芽。

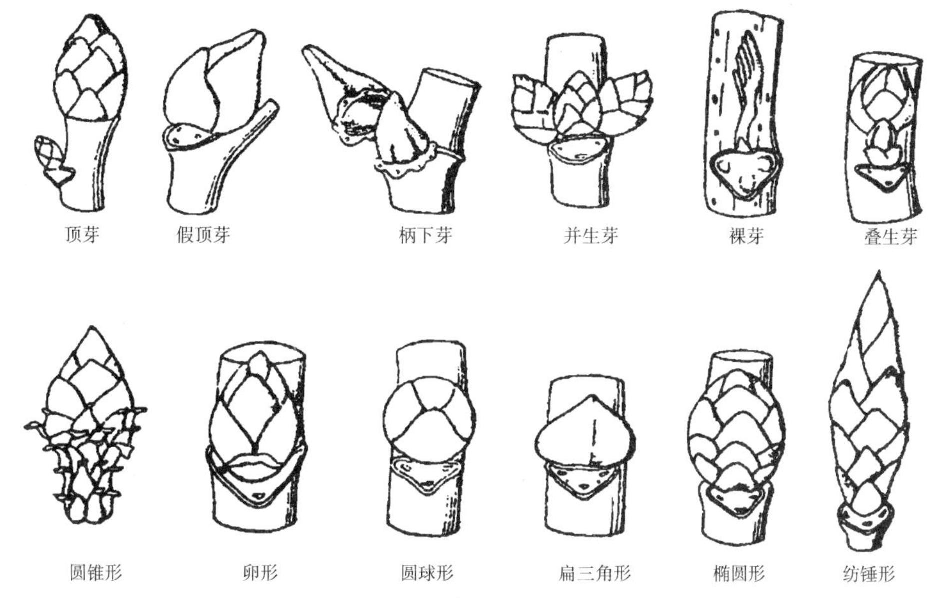

附图 17 芽的类型及形状

2. 节

节是芽与叶的着生部位，通常凸出或微凹下，为辨别茎枝的主要特征，而茎节不明显时，主要是通过其上着生的芽和叶，以及叶落后的叶痕与叶痕中的叶迹来察知其存在的。

3. 节间

节间是节与节之间的部分。表面常有许多隆起或凹陷的细小裂隙状皮孔。其形状大小亦常随植物种类而有所不同。

（二）茎的种类

一般正常茎（见附图 18），依质地划分有木质茎与草质茎，依生长状况划分有直立茎、攀援茎、缠绕茎、匍匐茎。

1. 木质茎

木质茎指木质部发达的茎。具有此种茎的植物称为木本植物，其中高大、主干明显、下部少分枝的为乔木（如厚朴），矮小、主干不明显、下部多分枝的为灌木（如小蘗），又长又大、柔韧、上升必需依附它物的则为木质藤本（如木通）。

2. 草质茎

草质茎指木质部不甚发达的茎。具有此种茎的植物称为草本植物，其中在一年内完成生长发育过程的为一年生草本（如旱莲草），至第二年才能完成生长发育过程的为二年生草本（如茺蔚），至三年以上仍能长期生存的则为多年生草本（如薄荷），至于细长柔软、上升必需依附它物的则为草质藤本（如牵牛）。

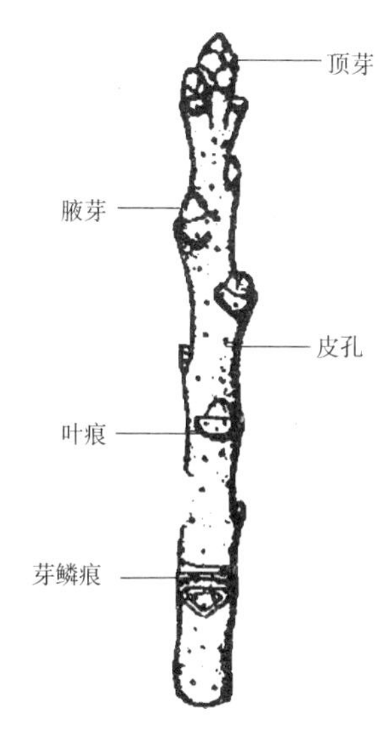

图 18 茎

3. 直立茎

直立茎指直立着生不依附它物的茎（如亚麻）。

4. 攀援茎

攀援茎指需要依附它物才能上升的茎。其依附它物的部分有由根变态而成的吸盘（如常春藤），有由茎或叶变态而成的卷须（如黄瓜、豌豆）。

5. 缠绕茎

缠绕茎指依靠茎本身缠绕上升的茎。缠绕茎又分左缠绕茎与右缠绕茎两种。

（1）左缠绕茎。向植物体本身的左方缠绕，亦即由下向上呈反时针方向缠绕的茎（如打碗花）。

（2）右缠绕茎。向植物体本身的右方缠绕，亦即由下向上呈顺时针方向缠绕的茎（如葎草）。

6. 匍匐茎

匍匐茎指水平着生或匍匐于地面，节上同时有不定根长入地下的茎（如草莓）。

（三）茎的变态

茎的变态有地下的变态茎与地上的变态茎两类，常见的地下变态茎有根状茎、球茎、块茎、鳞茎，常见的地上变态茎有卷须茎、刺状茎、钩状茎、叶状茎及油质茎等。

1. 根状茎

根状茎指茎部肉质肥大呈根状，横长，茎节明显而节间较长，茎上叶片通常相对较小而呈鳞片状（如黄精）。

2. 球茎

球茎指茎部肉质肥大呈球状夕茎节与节间明显，茎上叶片亦常退化呈鳞片状（如荸荠）。

3. 块茎

块茎指茎部肉质肥大，呈不规则块状，茎节、节间、叶、芽皆不甚明显，仅于表面凹陷处，有退化茎节所形成的芽眼及其中着生的芽（如马铃薯、薯蓣、黄独等）。

此外，尚有一种小块茎（又名零余子）形态特征与块茎相似，但较细小，其着生部位不在地下，而在地上茎的叶腋处（如薯蓣、黄独）。

4. 鳞茎

鳞茎指茎部较退化而小，称为鳞茎盘，而叶部则较发达，位于内层、肉质肥大的称为肉质鳞叶，位于外层、质薄干枯的称为膜质鳞叶，有些种类尚有明显的顶芽或腋芽（如大蒜）。

此外，尚有一种小鳞茎（又名珠芽），形态特征与鳞茎相似，但较细小，通常着生于地上茎叶腋处（如卷丹）。

5. 卷须茎

卷须茎通常呈卷须状，常细长飞柔软飞卷曲而常有分枝，位于叶柄对侧，由茎的主轴变态而来（如乌蔹莓）。

6. 刺状茎

刺状茎通常呈刺状，常粗短，坚硬，无分枝或有分枝，位于叶腋处，由茎的侧轴变态而来（如皂荚）。

7. 钩状茎

钩状茎通常呈钩状，常粗短，坚硬，弯曲而无分枝，位于叶腋处，由茎的侧轴变态而来（如钩藤）。

8. 叶状茎

叶状茎通常呈叶状扁平，色绿，但其着生部位却在叶腋，其叶腋外侧的叶片往往较退化（如天门冬）。

9. 肉质茎

肉质茎通常呈肉质肥大，成片块状、圆球状、圆柱状或棱柱状，叶片常部分或全部退化成针刺状，仅个别种类具有完全正常的叶片（如仙人掌）。

参考文献

[1] 张文静，许桂芳 . 园林植物 [M]. 郑州：黄河水利出版社，2010.

[2] 徐晔春，吴棣飞 . 观赏乔木 [M]. 北京：中国电力出版社，2009.

[3] 何国生 . 园林树木学 [M]. 北京：机械工业出版社，2008.

[4] 陈月华，王晓红 . 园林植物识别与应用实习教程：东南、中南地区 [M]. 北京：中国林业出版社，2008.

[5] 熊济华 . 观赏树木学 [M]. 北京：中国农业出版社，2004.

[6] 任宪威 . 树木学 [M]. 北京 : 中国林业出版社，1997.

[7] 杨自辉，俄有浩 . 干旱沙区 46 种木本植物的物候研究 ~ 以民勤沙生植物园栽培植物为例 [J]. 西北植物学报，2000，20 (6)：1102-1109.

[8] 陈坤军 . 东营市园林树种物候期观测 [J]. 山东林业科技 ,1998，(增刊)：12-14.

[9] 陈有民 . 园林树木学 [M]. 北京 : 中国林业出版社，1990.

[10] 邱国金 . 园林树木 [M]. 北京 : 中国林业出版社，2005.

[11] 臧德奎 . 园林树木 [M]. 北京 : 中国建筑工业出版社，2007.

[12] 车生泉，王洪轮 . 城市绿地研究综述 [J]. 上海交通大学学报 (农业科学版)，2001，19 (3)：229-234.

[13] 陈自新，苏雪痕，刘少宗 . 北京城市园林绿化生态效益的研究 [J]. 中国园林，1998，14 (2)：51-54.

[14] 柴一新，祝宁，韩焕金 . 城市绿化树种的滞尘效应——以哈尔滨市为例 . 应用生态学报，2002，13 (9)：1121-1126

[15] 张天麟 . 园林树木 1200 种 [M]. 北京 : 中国建筑工业出版社，2005.

[16] 赵九洲 . 园林树木 . 重庆大学出版社，2006.

[17] 潘文明 . 观赏树木 . 北京 : 中国农业出版社，2001.

[18] 苏雪痕 . 植物造景 . 北京 : 中国林业出版社，1994.

[19] 卓丽环，陈龙清 . 园林树木学 . 北京 : 中国农业出版社，2004.

[20] 庄雪影 . 园林树木学 [M]. 广东：华南理工大学出版社，2006.

[21] 吴玉华 . 园林树木 [M]. 北京：中国农业大学出版社，2008.

[22] 毛龙生 . 观赏树木学 [M]. 南京：东南大学出版社，2006.

[23] 佘远国 . 园林植物栽培与养护管理 . 北京：机械工业出版社，2007.

[24] 刘仁林 . 园林植物学，北京 : 中国科学技术出版社，2003.

[25] 张志翔 . 树木学 (北方本)(第 2 版)，北京：中国林业出版社，2010.

[26] 祁承经，汤庚国 . 树木学 (南方本)(第 2 版)，北京 : 中国林业出版社，2005.

[27] 王辰，高新宇 . 识别树木，重庆：重庆大学出版社，2009.

[28] 陈月华，王晓红 . 园林植物识别与应用实习教程：东南、中南地区 [M]. 北京：中国林业出版社，2008.

[29] 邓莉兰 . 风景园林树木学 [M]. 北京：中国林业出版社，2010.

[30] 吴棣飞 . 常见园林植物识别图鉴 [M]. 重庆：重庆大学出版社，2010.

[31] 赵和文 . 园林树木选择・栽植・养护 [M]. 北京：化学工业出版社，2009.